普通高等教育"十一五"国家级规划教材

高职高专电子信息专业系列教材

电路分析基础

（第2版）

曹才开 主编

曹帅 朱咏梅 副主编

清华大学出版社

北京

内 容 简 介

全书共分 8 章,主要内容有电路的基本概念与定律、电阻电路的基本分析方法、电路定理、动态电路的时域分析、正弦稳态交流电路、具有耦合电感的电路、三相正弦电路和电路实验项目。书中编写了 13 个实验项目,其中基本技能实验项目 9 个,设计性实验项目 2 个,综合性实验项目 2 个,加强了实践方面的内容。本书内容除标注" * "的章节外,授课时间 60 学时左右,实验 16 学时左右。

书中除第 8 章外均配有小结、习题和自测题,并提供了部分习题与自测题答案,便于教学与自学。

本书既可作为高职高专和成人教育电类专业"电路"课程教材,也可供相关专业工程技术人员参考。

图书在版编目(CIP)数据

电路分析基础/曹才开主编. —2 版. —北京:清华大学出版社,2015(2023.8重印)

高职高专电子信息专业系列教材

ISBN 978-7-302-40018-9

Ⅰ. ①电… Ⅱ. ①曹… Ⅲ. ①电路分析-高等职业教育-教材 Ⅳ. ①TM133

中国版本图书馆 CIP 数据核字(2015)第 086746 号

责任编辑:王剑乔
封面设计:常雪影
责任校对:袁 芳
责任印制:宋 林

出版发行:清华大学出版社

  网 址:http://www.tup.com.cn,http://www.wqbook.com

  地 址:北京清华大学学研大厦 A 座   **邮 编:**100084

  社 总 机:010-83470000   **邮 购:**010-62786544

  投稿与读者服务:010-62776969,c-service@tup.tsinghua.edu.cn

  质量反馈:010-62772015,zhiliang@tup.tsinghua.edu.cn

  课件下载:http://www.tup.com.cn,010-62795764

印 装 者:天津鑫丰华印务有限公司

经 销:全国新华书店

开 本:185mm×260mm   **印 张:**19.75   **字 数:**440 千字

版 次:2009 年 6 月第 1 版 2015 年 8 月第 2 版 **印 次:**2023 年 8 月第 10 次印刷

定 价:59.00 元

产品编号:062532-03

PREFACE

第2版前言

本书的第 1 版是根据教育部（原国家教育委员会）1995 年颁布的高等工业学校"电路"课程的基本要求和教育部关于普通高等教育"十一五"国家级规划教材的基本要求，由湖南、上海部分高等学校教师在多年教学研究和教材建设的基础上编写而成的。

第 1 版教材经过 6 年多的实际教学应用。为了适应目前高职高专和成人教育的需要，编者对第 1 版教材进行了全面修改，除保留其主要风格和特点之外，修改的内容说明如下。

（1）在实际电路中，常用的电路元器件有电阻、电容、电感、小功率变压器、保险丝与断路器、机械开关和各种类型的半导体器件等，这些都是电路的基本元器件。为了加强读者对电路元器件的认识，第 2 版教材增加了电路基本元器件的外形结构图。

（2）随着电子技术的发展，运算放大器（简称"运放"）的应用日益广泛。它是电路理论中一个重要的多端器件。含有运放电路的应用越来越广泛，因此，在第 2 章（电阻电路的基本分析方法）中增加了运放的电路模型、运放在理想情况下的特性，以及理想运放的电阻电路分析等内容。

（3）为了加强读者对电路定理的理解与应用，将有关电路中替代定理、叠加定理、戴维南定理、诺顿定理与最大功率传输定理的内容综合在一起，单独成为第 3 章。

（4）根据高职高专和成人教育的特点，删除了第 1 版教材中难度比较大的 3 个实验项目，即 R、L、C 元件阻抗特性的测定、无源单口网络的等效阻抗与导纳的测量、变压器的特性测量。

（5）根据编者的实际教学经验和体会，每章的习题和自测题也作了部分修改。

（6）考虑不同专业、不同学校的实际需要，对书中的一些章节内容标注"﹡"，供教师灵活选用，学生自由选学。

（7）本书除第 8 章外均配有小结、习题和自测题，书末提供部分习题和自测题答案，便于教学与自学。

本书由湖南工学院曹才开教授担任主编，湖南工学院曹帅和上海电子信息职业技术学院朱咏梅担任副主编。参加编写工作的有：曹才开（编写第 1 章和第 2 章,并负责统稿)、曹帅(编写第 3 章和第 4 章,并负责文字校对)、朱咏梅(编写第 5 章)、湖南工学院戴日光(编写第 6 章)、李旭华(编写第 7 章)、胡红艳(编写第 8 章)、龙卓珉(编写习题和自测题)。

在本书的编写过程中,得到了湖南省高等学校电子技术教学研究会专科分会和参编学院的大力支持,谨致以衷心的感谢!

由于编者水平有限,书中难免有疏漏和不妥之处,恳请读者指正。

编　者

2015 年 3 月

PREFACE

第1版前言

本书是根据教育部(原国家教育委员会)1995 年颁布的高等工业学校"电路"课程的基本要求和教育部关于普通高等教育"十一五"国家级规划教材的基本要求,由湖南、辽宁、上海部分高等学校教师在多年教学研究和教材建设的基础上编写而成。

本书的主要特色如下。

(1) 基础理论"四弱四加强"。电路有关定理的证明弱化甚至不证明,加强定理的应用;数学推导弱化,加强基本内容和概念;每章的例题、习题的难度减弱,突出基本概念和内容的例题和习题加强;动态电路分析弱化,加强 RC、RL 电路充放电、微分电路和积分电路的概念和应用。

(2) 加强应用和实践内容。每章从基本内容到例题、习题均注重理论结合实际,而且最后一章有 16 个实验项目,这些项目可以加强学生的基本技能训练,强化学生的创新意识,提高综合应用能力,积累工程经验,加强学生的实际应用能力和动手能力,缩短从学校到工作岗位的适应距离。

(3) 本书突出基本内容和概念。全书通俗易懂,突出工程应用,较好地处理了教学内容继承与更新、先进性与实用性的关系,较好地实现了高职高专教育的"基础理论以必需、够用为度,突出应用性"的基本指导思想。

(4) 考虑不同专业不同学校的实际需要,对书中一些章节内容加有 * 号,供教师灵活选用,学生自由选学。

(5) 本书除第 8 章外均配有小结、习题和自测题,书末提供了部分习题和自测题答案,便于教学与自学。

本书由湖南工学院曹才开教授、辽宁科技学院郭瑞平副教授担任主编,上海电子信息职业技术学院朱咏梅高级工程师担任副主编。参加本书编写的有:曹才开(第 1 章、第 2 章)、罗雪莲(第 3 章)、易杰(第 4 章)、郭瑞平(第 5 章、第 7 章,文字校对)、朱咏梅(第 6 章)。本书由天津大学万健如教授和国防科技大学邹逢兴教授担任主审。

在本书的编写过程中,得到了湖南省高等院校电子技术教学研究会专科分会和参编学院的大力支持,谨致以衷心的感谢!

本书于 2007 年 12 月经教育部组织专家评审,确定为普通高等教育"十一五"国家级规划教材。

由于编者水平有限,书中难免有疏漏和不妥之处,恳请读者指正。

编　者

2008 年 1 月

CONTENTS 目录

第1章

电路的基本概念与定律

本章介绍电路模型的概念和电阻、电容、电感、电压源、电流源、受控源等理想电路元件,并绘出它们的外形结构。本章还将引出电流和电压的参考方向的概念。电路中的电压和电流受到两类约束,其中一类约束来自元件本身的性质,即元件的伏安特性描述的内容;另一类约束来自元件的相互连接方式,即基尔霍夫定律涉及的内容。本章最后介绍电路中电位的概念。

1.1 实际电路和电路模型

1.1.1 实际电路

实际电路是为实现某种应用目的,由若干电气设备或器件按一定方式用导线连接而成的电流通路。

实际电路的形式多种多样,但就其作用而言,划分为两大类。

一类主要用来实现电能的传输和转换,称为电力电路或强电电路。典型的例子是电力系统。发电机组产生的电能通过变压器、输电线等输送给各用电单位,构成一个复杂的电路。又如人们熟识的手电筒,是用来照明的一种最简单的电力电路,它由电池、灯泡和开关按钮通过手电筒壳(导体)连接而成,如图 1.1(a)所示。其中,电池是提供电能的器件,称为电源;灯泡是耗用电能的器件,称为负载;按钮(开关)和导体介于电源和负载之间,起传输和控制作用,称为中间环节。在一般电路中,中间环节还包括保障安全用电的保护电器和测量仪表等。

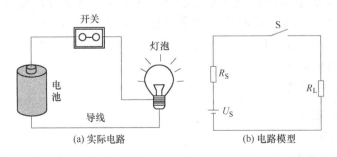

(a) 实际电路　　　　　　　(b) 电路模型

图 1.1　实际电路及其电路模型

另一类电路主要用来实现信号的传递和处理,称为电子电路或弱电电路,例如收音机电路。

电源、负载和中间环节是电路的三个基本组成部分。

1.1.2   电路元件和电路模型

在电路分析中,对实际元件的所有性质都加以考虑是十分困难的。为了便于对实际电路进行分析和数学描述,在电路理论中采用模型的概念,即在一定条件下,对实际元件近似化和理想化,把电和磁分离开,用只具有单一电磁性能的理想电路元件代表它。所以,理想电路元件是实际元件抽象的理想化模型。一种实际元件可以用一种或几种理想电路元件的组合表征。例如上面提到的灯泡,若只考虑其消耗电能的性质,可用电阻元件表征。对于电磁性能相近的实际元件,可以用同一种理想电路元件近似表征。例如,电阻器、灯泡、电烙铁、电熨斗等都可以用电阻元件表征。在电路分析中,常用的理想电路元件只有几种(如电阻元件、电感元件、电容元件和电源元件等),但它们可以用来表征千千万万种实际元件。将理想电路元件简称为电路元件,它们有各自的精确定义和数学模型,在电路图中用规定的符号表示。

由电路元件构成的电路称为电路模型。今后我们研究的电路都是电路模型,即由理想元件构成的电路,并非实际电路。所有的实际电路,不论是简单的还是复杂的,都可以用几种电路元件构成的电路模型表示。例如,手电筒的电路模型如图 1.1(b)所示,其中 U_S 表示开关 S 断开时,电池两端的电压;R_S 表示电池的内阻;R_L 表示灯泡(负载)。如何把实际电路变成电路模型,即所谓"建模"的问题,不是本课程的任务,对此不作讨论。

1.1.3   实际电路元件的外形结构

用于构成实际电路的电气设备和器件统称为实际电路元件,简称实际元件。实际元件不但种类繁多,而且其电磁性能不是单一的。例如实验室用的滑线变阻器,它由导线绕制而成,当有电流通过时,不仅会消耗电能(具有电阻性质),还会产生磁场(具有电感性质);不仅如此,导线的匝与匝之间还存在分布电容(具有电容性质)。上述性质是交织在一起的,而且电压、电流频率不同时,其表现程度不一样。

在实际电路中,常用的电路元器件有电阻、电容、电感、小功率变压器、保险丝与断路器、机械开关和各种类型的半导体器件等,这些都是电路的基本元件。下面给出它们的外形结构,以便读者识别。

1. 实际电阻元件

1)定值电阻元件

常用的两类小功率定值电阻元件如图 1.2 所示,几种大功率定值电阻元件如图 1.3 所示。

(a) 碳质电阻

(b) 金属膜电阻

图 1.2　两类小功率定值电阻元件

(a) 轴向引脚线绕电阻　　　　　(b) 可调线绕电阻

(c) 可插入印制电路板的径向引脚电阻

(d) 表面安装

图 1.3　几种大功率定值电阻元件

2）贴片电阻与电阻网络

常用的贴片电阻与电阻网络元件如图 1.4 所示。

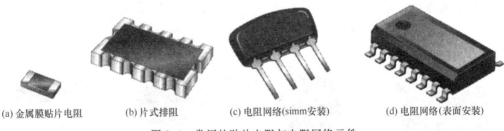

(a) 金属膜贴片电阻　　(b) 片式排阻　　(c) 电阻网络(simm安装)　　(d) 电阻网络(表面安装)

图 1.4　常用的贴片电阻与电阻网络元件

3）可变电阻

常见类型的可变电阻如图 1.5 所示。

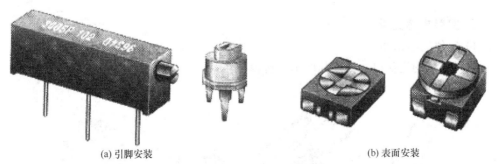

(a) 引脚安装　　　　　　　　　　　　　　(b) 表面安装

图 1.5　常见类型的可变电阻

2. 实际电容元件

1）定值电容元件

常见类型的定值电容元件如图 1.6 所示。

(a) 电解电容,轴向引脚和表面安装

(b) 陶瓷电容,轴向引脚和表面安装

(c) 薄膜电容,轴向引脚和贴片安装

图 1.6　常见类型的定值电容元件

2) 可变电容元件

常见类型的可变电容元件如图 1.7 所示。

图 1.7　常见类型的可变电容元件

3. 实际电感元件

1) 定值电感元件

常见类型的定值电感元件如图 1.8 所示。

图 1.8　常见类型的定值电感元件

2）可变电感元件

常见类型的可变电感元件如图 1.9 所示。

图 1.9　常见类型的可变电感元件

4. 小功率变压器

常见类型的小功率变压器如图 1.10 所示。

图 1.10　常见类型的小功率变压器

5. 保险丝与断路器

保险丝与断路器均用于当电路出现故障而使电流超过一定值时,使电路开路。

保险丝与断路器的基本区别是:保险丝会熔断,不能再次使用,需要替换;断路器断开后,只要复位,就可以重复使用。

常见类型的保险丝与断路器如图 1.11 所示。

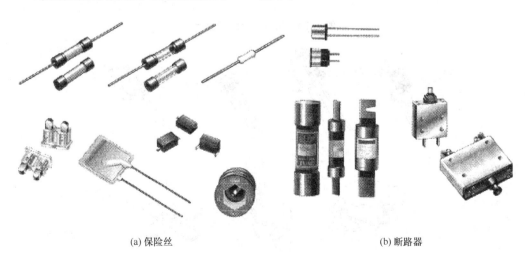

(a) 保险丝　　　　　　　　　　　(b) 断路器

图 1.11　常见类型的保险丝与断路器

6. 常用机械开关

常用机械开关如图 1.12 所示。

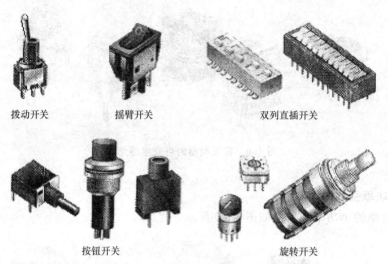

拨动开关　　　　摇臂开关　　　　　双列直插开关

按钮开关　　　　　　　旋转开关

图 1.12　常用机械开关

7. 半导体器件

图 1.13～图 1.15 分别列举了几种半导体二极管、三极管和集成电路芯片。它们的工作原理、特性和应用在电子技术课程详细介绍,本书不涉及。

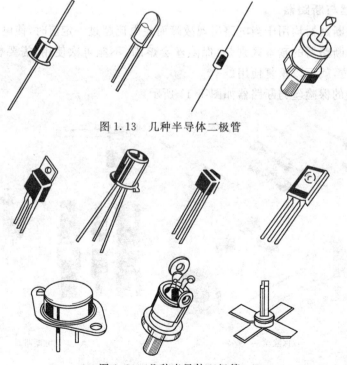

图 1.13　几种半导体二极管

图 1.14　几种半导体三极管

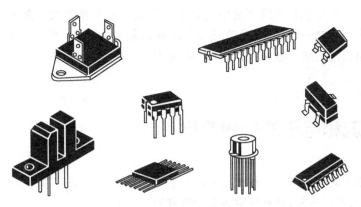

图 1.15　几种集成电路芯片

1.1.4　电路的工作方式

相对于电源来说，电路通常工作在下列任一种方式下：负载、空载或短路。

在负载工作方式下，负载与电源接通，负载中有电流通过。该电流称为负载电流，其大小与负载电阻有关。通常负载都是并联的，其两端接在一定的电压下，因此当负载增加时(例如并联的负载数目增加)，负载电阻减小，负载电流增大，即功率增大。一般所说的负载大小指的是负载电流或功率的大小，而不是指负载电阻的大小。

在空载工作方式下，负载与电源未接通，电路中电流为零。这时，电源的端电压叫作空载电压或开路电压。

短路是指由于某种原因使电源两端直接接通，这时电源两端的外电阻等于零，电源输出的电流仅由电源内阻限制。此电流称为短路电流。如内阻很小，则此电流将很大，以致烧毁电源、导线等。短路通常是一种严重事故。为了避免短路的发生，一般在电路中接入熔断器或其他自动保护装置，一旦发生事故，它们能迅速将故障电路自动切断。

1.1.5　集总假设与集总电路

理想电路元件只表现一种电或磁的性能，并认为其电磁过程都集中在元件内部进行，这样的元件称为集总参数元件。由集总参数元件构成的电路称为集总参数电路，简称集总电路。

用集总电路近似描述实际电路，需要满足以下条件：实际电路的尺寸(长度)远远小于电路工作频率对应的电磁波的长度。例如，我国电力用电的频率为 50Hz，对应的波长为 6000km，而电力传输线的长度一般有几百千米至几千千米，即传输线的长度接近它工作频率对应的电磁波的长度。因此，电力传输线不能用集总电路近似描述，而要用分布参数电路理论分析。对实验室电路来说，其尺寸比它的工作频率对应的电磁波的长度小得多，可以忽略不计，因而用集总的概念来分析是完全可以的。

集总参数电路模型是电路理论中最基本的假设。对集总参数电路的分析是电路理论的三大基本内容之一(电路理论的三大基本内容是网络分析、网络综合和故障诊断)。本书研究的电路均为集总电路,因此将省略"集总"二字。本书讨论的内容是"网络分析"的最基本知识。

1.2   电流和电压的参考方向

电流和电压是描述电路工作过程的两个基本物理量。关于它们的定义,在物理学中已有介绍,本书不再重复,只着重讲述其参考方向。

1.2.1   电流的参考方向

电流用"i"或"I"表示。"I"表示直流电流或交流电流有效值,"i"表示任意电流。在国际单位制(SI)中,电流的单位是安培,简称安(A),其辅助单位有千安(kA)、毫安(mA)和微安(μA)。$1\text{mA}=10^{-3}\text{A},1\mu\text{A}=10^{-6}\text{A}$。

在电路中,习惯上把正电荷运动的方向规定为电流的实际方向。对于一个简单电路,有时可以判断电流的实际方向;但对于复杂电路,很难做到。如果是正弦交流电流,由于它的实际方向时刻在变化,就更难判定了。为了分析电路,引入参考方向概念,有的书中把参考方向称为正方向。

电流参考方向,是人们任意假定的电流方向,在电路图中用箭头表示。例如,对于图 1.16 所示的一段电路,它的电流参考方向既可以选定为 A 至 B,如图 1.16(a)所示;也可以选定为由 B 至 A,如图 1.16(b)所示。电流的参考方向也可以用双下标表示,如 i_{AB},表示电流的参考方向选定为由 A 指向 B。电流的参考方向不一定就是它的实际方向。我们规定:当电流的实际方向与参考方向一致时,电流的数值前用"＋"号表示;反之,用"－"号表示。因此,在选定的电流参考方向下,根据计算得到的电流值的正或负,就可以判断它的实际方向。例如,图 1.17(a)中电流 $i=-6\text{A}$(实线箭头),电流的实际方向如

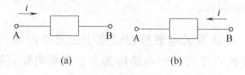

图 1.16   电流的参考方向

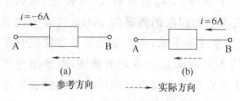

图 1.17   电流实际方向的确定

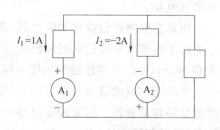

图 1.18   直流电流的测量

图 1.17(a)中虚线箭头所示,即电流的实际方向与电流的参考方向相反。图 1.17(b)中电流 $i=6A$(实线箭头),电流的实际方向如图 1.17(b)中虚线箭头所示,即电流的实际方向与电流的参考方向相同。

测量电路中的电流时,必须将电流表串入被测电流的支路。在测量直流电流时,电流的实际方向应从电流表的"+"端流入,如图 1.18 所示。

1.2.2　电压的参考方向

电压用"u"或"U"表示。"U"表示直流电压或交流电压有效值,"u"表示任意电压。在国际单位制中,电压的单位为伏特,简称伏(V),它的辅助单位是千伏(kV)、毫伏(mV)和微伏(μV)。$1mV=10^{-3}V$、$1\mu V=10^{-6}V$。

图 1.19　电压的参考方向

电压是对电路中的两点而言的,它表示两点之间的电位差。电压的实际方向规定为由高位点指向低位点,即电位下降的方向。电压的参考方向是任意假定的电位下降的方向,它在电路图中用"+"、"-"极性表示(也可以用箭头表示)。还可以用双下标表示,如 u_{AB} 表示电压的参考方向为:A 为正极、B 为负极,如图 1.19(a)所示;反之,u_{BA} 表示电压的参考方向为:B 为正极、A 为负极,如图 1.19(b)所示。根据规定,如果电压的实际方向与参考方向一致,在电压的数值前取"+"号,反之取"-"号。因此,在选定的电压参考方向下,根据计算得到的电压值的正或负,就可以判断出它的实际方向。例如,对于图 1.19(a)所示电路的电压参考方向,若 u 为负,说明电压的实际方向与参考方向相反,即 B 端电位较 A 端高。

测量电路中的电压时,必须将电压表与被测电压的支路并联。在测量直流电压时,电压的实际"+"极应与电压表的"+"端一致,如图 1.20所示。

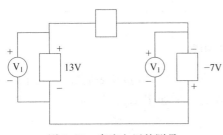

图 1.20　直流电压的测量

1.2.3　电压、电流的关联参考方向

前面已经指出,电流和电压的参考方向可以任意选定。但是对于同一段电路或同一个元件,通常将电压的参考方向和电流的参考方向选为一致,如图 1.21(a)所示,这时称电压和电流采用关联参考方向。采用关联参考方向后,在电路图中只需标明电压或电流的参考方向。另一种情况是非关联参考方向如图 1.21(b)所示,这时电压和电流的参考方向不一致,称电压和电流采用非关联参考方向。本书一般情况下采用关联的参考方向。

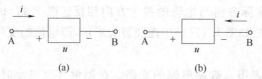
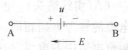

图 1.21   电压和电流的关联参考方向   图 1.22   电动势的参考方向

为了表示电场力对电荷做功的能力,在物理学中有电动势,它用字母"e"或"E"表示。电动势的实际方向规定为电位升的方向,即从电源的低电位端("-"极)指向高电位端("+"极)的方向。它与电压的实际方向正好相反,如图 1.22 所示。电动势与电压是两个不同的概念,但是都可以用来表示电源正、负极之间的电位差。由于电动势不便于测量,故在电路理论中很少用到。

需着重指出,电流和电压的参考方向是电路分析中一个十分重要的概念。在分析和计算电路前,首先必须在电路中标出参考方向。参考方向可以任意选定,但一经选定,在电路的分析、计算过程中就不允许改变。没有参考方向时,电流、电压数值前的"+"、"-"号就没有任何意义。

【例 1.1】   在图 1.23 所示电路中,方框表示电源或电阻,各元件的电压和电流的参考方向如图 1.23(a)所示。通过测量可知:$I_1 = 1\text{A}, I_2 = 2\text{A}, I_3 = -1\text{A}, U_1 = 4\text{V}, U_2 = -4\text{V}, U_3 = 7\text{V}, U_4 = -3\text{V}$。试标出各电流和电压的实际方向。

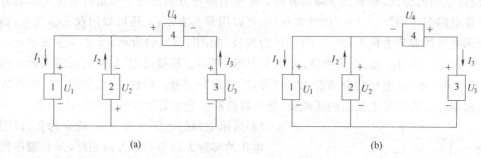

图 1.23   例 1.1 的图

解:电流和电压为正值者,其实际方向和参考方向一致;为负值者,其实际方向和参考方向相反。按照上述原则,得到各电流和电压实际方向如图 1.23(b)所示。

1.3   电路的功率

功率是电路分析中常用的另一个物理量,用"P"或"p"表示。"P"表示直流功率或交流平均功率,"p"表示瞬时功率。在国际单位制中,当电压和电流的单位为伏和安时,功率的单位为瓦特,简称瓦(W),它的辅助单位是千瓦(kW)和毫伏(mW)等。

如图 1.24(a)所示,当电压和电流采用关联参考方向时,计算功率的公式为

$$p = ui \qquad\qquad (1.1)$$

在直流情况下,计算功率的公式为

$$P = UI \tag{1.2}$$

上述公式是按吸收功率计算的,即当 $p>0$(或 $P>0$)时,表示该段电路吸收(消耗)功率;当 $p<0$(或 $P<0$)时,表示该段电路发出(产生)功率。

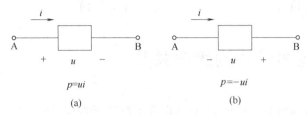

图 1.24　功率的计算

如图 1.24(b)所示,若电压和电流的参考方向不一致,计算功率的表达式为

$$p = -ui \quad 或 \quad P = -UI \tag{1.3}$$

判定是吸收功率还是发出功率的准则与式(1.1)和式(1.2)相同。

【例 1.2】　试计算图 1.23(a)所示电路中每个元件的功率,并判断其是电源还是负载。

解： 对于元件 1：因为它的电压和电流参考方向一致,则有

$$P_1 = U_1 I_1 = 4 \times 1 = 4(\text{W}) > 0$$

因此,该元件吸收功率,为负载。

对于元件 2：因为它的电压和电流参考方向一致,则有

$$P_2 = U_2 I_2 = (-4) \times 2 = -8(\text{W}) < 0$$

因此,该元件发出功率,为电源。

对于元件 3：因为它的电压和电流的参考方向不一致,则有

$$P_3 = -U_3 I_3 = -7 \times (-1) = 7(\text{W}) > 0$$

因此,该元件吸收功率,为负载。

对于元件 4：因为它的电压和电流的参考方向不一致,则有

$$P_4 = -U_4 I_3 = -(-3) \times (-1) = -3(\text{W}) < 0$$

因此,该元件发出功率,为电源。

由上述计算,得整个电路吸收功率的代数和为

$$P_1 + P_2 + P_3 + P_4 = 4 - 8 + 7 - 3 = 0$$

这说明,在同一个电路中,电源提供的功率与负载消耗的功率总是相等的。可以利用功率相等的关系校核计算结果正确与否。

从上述计算过程可以看到:在电路计算中,要与两套符号打交道,一种是由电压和电流的参考方向引起的符号;另一种是公式本身的符号。在电路分析中,经常会碰到这类问题,因此要足够重视。

为了保证电气设备和器件(包括电线、电缆)安全、可靠和经济地工作,每种设备、器件在设计时,都规定了工作时允许的最大电流、最高电压和最大功率等,分别用 I_N、U_N 和 P_N 表示。这些数值统称为额定值,如额定电流、额定电压和额定功率。额定值常标在电气设备和器件的铭牌上或打印在外壳上,故又叫铭牌值。在选用设备和器件时,应使其工作时的电流、电压、功率不超过额定值,一般也不要低于它。通过设备的电流过大,会

由于过热而加速绝缘老化,缩短设备寿命,甚至烧毁设备。若电压过高,会引起电流增大,还可能使绝缘被击穿。反之,若工作时,电流、电压值低于额定值,设备往往不能正常工作,或者不能被充分利用。电气设备工作在额定值情况下,叫作额定工作状态。当电流和功率超过额定值时,叫作过载。过载一般是不允许的。

1.4　基本电路元件的伏安关系

我们研究的电路都是电路模型,它是由若干电路元件构成的。通常采用的电路元件有电阻元件、电容元件、电感元件和电源元件。这些均是二端元件,因为它们只有两个端钮与其他元件相连接。其中,电阻元件、电容元件和电感元件不产生能量,称为无源元件;电源元件是电路中提供能量的元件,称为有源元件,它在电路中起激励作用,使电路中产生电流和电压。由激励引起的电流和电压称为响应。

上述元件端钮间的电压与通过它的电流之间有确定的关系,叫作元件的伏安关系。该关系由元件性质决定,元件不同,其伏安关系不同。这种基于元件性质给元件的电压、电流施加的约束称为元件约束,表示伏安关系的方程式称为该元件的特性方程或约束方程。

1.4.1　无源元件

1. 电阻元件

1) 电阻元件的伏安关系

电阻元件是从实际电阻器件抽象出来的理想化模型。例如灯泡、电阻炉、电烙铁等电阻器件,当忽略其电感等作用时,可将它们抽象为只具有消耗电能性质的电阻元件。在 u、i 参考方向一致时,如图 1.25(a)所示,线性电阻元件的特性方程为

$$u = Ri \tag{1.4}$$

这便是著名的欧姆定律。它表明线性电阻元件的端电压与通过它的电流成正比。比例常数 R 称为电阻,是表征电阻元件特性的参数。当 u 的单位为伏(V),i 的单位为安(A)时,R 的单位为欧姆,简称欧(Ω),较大的单位为千欧($k\Omega$)、兆欧($M\Omega$),$1M\Omega = 10^6 \Omega$。习惯上也常把电阻元件简称为电阻,所以"电阻"这个名词,既表示电路元件,又表示元件的参数。

当式(1.4)中的 R 为常数时,即 R 与它的电压、电流无关时,该电阻元件为线性电阻元件。线性电阻元件在电路图中用图 1.25(a)所示的符号表示。

当式(1.4)中的 R 不是常数时,即 R 与它的电压、电流有关时,该电阻元件为非线性电阻元件,例如晶体二极管、稳压管等是非线性电阻元件。非线性电阻元件不服从欧姆定律。

式(1.4)是在 u、i 参考方向一致的条件下得到的。若 u、i 参考方向不一致,应表述为

$$u = -Ri \tag{1.5}$$

电阻元件的特性方程还可用下式表示

$$i = Gu \qquad (1.6)$$

式中：$G = 1/R$，称为电导，单位为西门子，简称西（S）。

线性电阻元件的伏安关系在 $u \sim i$ 平面上绘出时，称为电阻元件的伏安特性曲线。它是通过坐标原点的一条直线，电阻值 R 为这条直线的斜率，如图 1.25(b)所示。晶体二极管的伏安特性曲线如图 1.25(c)所示。可见，它是一个非线性电阻元件。本书只讨论线性电阻元件。

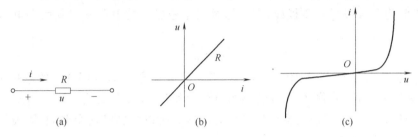

图 1.25 电阻元件的符号和伏安特性曲线

2）电阻元件的特性

由式（1.4）可以得到线性电阻元件的如下两点特性。

（1）电阻元件两端的电压与通过该电阻的电流成正比。

（2）电阻元件的电压和电流同时出现，同时消失，即电阻元件的电压和电流无"记忆"性，电压和电流均可以跃变。

3）电阻元件的功率与能量

采用 u、i 一致的参考方向时，电阻元件功率的计算式为

$$P = ui = Ri^2 = u^2 G = \frac{u^2}{R} \qquad (1.7)$$

若采用 u、i 不一致的参考方向，其计算结果相同。上式说明，P 总是正值，所以电阻元件总是吸收功率（消耗功率），故电阻元件又称为耗能元件。

电阻元件从某时刻 t_0 到任意时刻 t 时间段内消耗的电能为

$$W_R(t) = \int_{t_0}^{t} Ri^2(\tau) d\tau$$

工程上常利用电阻器实现限流、分压和分流等。常用的这类电阻器有碳膜电阻、金属膜电阻及绕线电阻等。工程上还利用电阻器件消耗电能转化为热能的效应，制作各种电热器，如电烙铁、电炉和电灯等。在选用电阻器时，注意其工作时的电压（或电流）和功率不超过它们的额定值。

【例 1.3】 有一个 400Ω、$1\mathrm{W}$ 的电阻器，试问该电阻在使用时，电流、电压不得超过多大值？

解： 因为 $P = RI^2$，则有

$$I = I_N = \sqrt{\frac{P}{R}} = \sqrt{\frac{1}{400}} = 50(\mathrm{mA})$$

$$U_N = RI_N = 400 \times 50 \times 10^{-3} = 20(\mathrm{V})$$

所以,在使用该电阻器时,电流不得超过 50mA,电压不得超过 20V。

2. 电容元件

1) 电容元件的伏安关系

电容元件是从实际电容器抽象的理想化模型。实际电容器通常由两块金属极板中间充满介质(如空气、云母、绝缘纸、塑料薄膜、陶瓷等)构成。电容器加上电压后,极板上聚集等量异性电荷 q,在介质中建立电场,储存能量。当忽略电容器的漏电阻和引线电感时,可将其抽象为只具有储存电场能量性质的电容元件。若电容元件上电压的参考方向为正板极指向负板极,则任何时刻正板极上的电荷 q 与其两端电压 u 的关系为

$$q = Cu \tag{1.8}$$

式中:C 为电容,是表征电容元件特性的参数。当 u 的单位为伏(V),i 的单位为安(A)时,C 的单位为法拉,简称法(F),较小的单位为微法(μF)和皮法(pF)。$1\mu F = 10^{-6}$ F,$1pF = 10^{-12}$ F。习惯上常把电容元件简称为电容。所以"电容"这个名词,既表示电路元件,又表示元件的参数。

当 C 是一个常数时,该电容元件为线性的。本书只讨论线性电容元件。

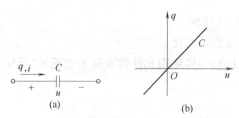

图 1.26　线性电容的符号和库伏特性曲线

线性电容元件在电路图中用图 1.26(a)所示的符号表示,线性电容元件的库伏特性曲线如图 1.26(b)所示。

在 u、i 为关联参考方向的情况下,线性电容元件的伏安特性方程为

$$i = \frac{\mathrm{d}q}{\mathrm{d}t} = C\frac{\mathrm{d}u}{\mathrm{d}t} \tag{1.9}$$

式(1.9)表明电容元件中的电流与其端点间电压对时间的变化率成正比。

式(1.9)是在 u、i 为关联参考方向的情况下得出的。若 u、i 为非关联参考方向,则电容元件的特性方程为

$$i = -C\frac{\mathrm{d}u}{\mathrm{d}t}$$

线性电容元件伏安关系的另一种形式为

$$u(t) = \frac{1}{C}\int_{-\infty}^{t} i(\tau)\mathrm{d}\tau = \frac{1}{C}\int_{-\infty}^{t_0} i(\tau)\mathrm{d}\tau + \frac{1}{C}\int_{t_0}^{t} i(\tau)\mathrm{d}\tau$$

$$= u(t_0) + \frac{1}{C}\int_{t_0}^{t} i(\tau)\mathrm{d}\tau$$

若选参考时间 $t_0 = 0$,上式变为

$$u(t) = u(0) + \frac{1}{C}\int_{0}^{t} i(\tau)\mathrm{d}\tau = u(0) + u_1(t) \tag{1.10}$$

式中:$u(0)$ 为电容元件的初始值;$u_1(t) = \frac{1}{C}\int_{0}^{t} i(\tau)\mathrm{d}\tau$ 为 $t \geqslant 0$ 时电容元件的伏安关系,或者说,当电容元件的初始值为零时的伏安关系。

2) 电容元件的特性

由式(1.9)和式(1.10)可以得到电容元件的如下特性。

(1) 电容元件的电流与电压的变化率成正比。

从式(1.9)可清楚地看到,只有当电容元件两端的电压发生变化时,才有电流通过。电压变化越快,电流越大。当电压不变化(即直流电压)时,电流为零,这时的电容元件相当于开路,所以电容元件具有隔断直流(简称隔直)的作用。

(2) 电容元件的电压只能连续变化,不能跃变。

从式(1.9)还可以看到,电容两端的电压不能跃变,这是电容元件的一个重要性质。如果电压跃变,将产生无穷大的电流,对实际电容器来说,这是不可能的。

(3) 电容元件的电压具有"记忆"过去电流的作用,因为

$$u(t_0) = \frac{1}{C} \int_{-\infty}^{t_0} i(\tau) \mathrm{d}\tau$$

表示在 t_0 以前由电流产生的电压,即电容元件上的电压与电流的全部历史有关。

3) 电容元件的功率与能量

在 u、i 为关联参考方向的情况下,电容元件的功率计算式为

$$p = ui = Cu\frac{\mathrm{d}u}{\mathrm{d}t}$$

电容元件储存的电场能量为

$$W_C(t) = \int_{-\infty}^{t} u(\tau) i(\tau) \mathrm{d}\tau = \int_{-\infty}^{t} Cu(\tau)\frac{\mathrm{d}u(\tau)}{\mathrm{d}\tau}\mathrm{d}\tau$$

$$= C\int_{u(-\infty)}^{u(t)} u(\tau)\mathrm{d}u(\tau) = \frac{1}{2}Cu^2(t) - \frac{1}{2}Cu^2(-\infty)$$

当 $t = -\infty$ 时,电容元件储存的电场能量为零,即当 $u(-\infty) = 0$ 时,由上式可知,在任意 t 时刻电容元件储存的电场能量为

$$W_C(t) = \frac{1}{2}Cu^2(t) \tag{1.11}$$

式(1.11)表明,电容元件在某时刻储存的电场能量只与该时刻的端电压有关。当电压增加时,电容元件从电源吸收能量,储存在电场中的能量增加,这个过程称为电容的充电过程。当电压减少时,电容元件向外释放电场能量,这个过程称为电容的放电过程。电容在充、放电过程中并不消耗能量,因此,电容元件是一种储能元件。

在选用电容器时,除了选择合适的电容量外,还需注意实际工作电压与电容器的额定电压是否相等。如果实际工作电压过高,介质会被击穿,电容器将损坏。

3. 电感元件

1) 电感元件的伏安关系

用导线绕制成的空心或具有铁心的线圈在工程中应用很广泛。线圈中通以电流 i,将产生磁通 Φ。若磁通 Φ 与线圈的 N 匝都交链,则磁通链 $\psi = N\Phi$。如果线圈中的电流和两端的电压采用关联参考方向,由楞次定律,有

$$u = \frac{\mathrm{d}\psi(t)}{\mathrm{d}t} \tag{1.12}$$

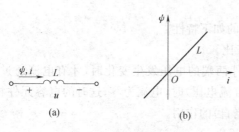

图 1.27　线性电感元件

电感元件是从实际电感器抽象的理想化模型。当忽略导线电阻及线圈匝与匝之间的电容时,可将其抽象为只具有储存磁场能量性质的电感元件,其符号如图 1.27(a)所示。当 u、i 为关联参考方向时,线性电感元件的磁通链与电感元件的电流具有下述关系:

$$\psi = Li \tag{1.13}$$

其关系曲线如图 1.27(b)所示。式(1.13)中,L 为该元件的自感或电感,是表征电感元件特性的参数。当 u 的单位为伏,i 的单位为安时,L 的单位为亨利,简称亨(H),较小的单位为毫亨(mH)、微亨(μH)。$1\text{mH} = 10^{-3}\text{H}$,$1\mu\text{H} = 10^{-6}\text{H}$。习惯上常把电感元件称为电感。所以"电感"这个名词,既表示电路元件,又表示元件的参数。

将式(1.13)代入式(1.12),得

$$u = L\frac{\mathrm{d}i}{\mathrm{d}t} \tag{1.14}$$

式(1.14)就是电感元件的伏安特性方程,它表明电感元件两端间的电压与其电流对时间的变化率成正比。

当 L 为常数时,该电感元件为线性电感元件。本书只讨论线性电感元件。

式(1.14)是在 u、i 为关联参考方向的情况下得出的。若 u、i 为非关联参考方向,它们的表示式又如何呢?请读者考虑。

线性电感元件伏安关系的另一种形式为

$$i(t) = \frac{1}{L}\int_{-\infty}^{t} u(\tau)\mathrm{d}\tau = \frac{1}{L}\int_{-\infty}^{t_0} u(\tau)\mathrm{d}\tau + \frac{1}{L}\int_{t_0}^{t} u(\tau)\mathrm{d}\tau$$

$$= i(t_0) + \frac{1}{L}\int_{t_0}^{t} u(\tau)\mathrm{d}\tau$$

若选参考时间 $t_0 = 0$,上式变为

$$i(t) = i(0) + \frac{1}{L}\int_{0}^{t} u(\tau)\mathrm{d}\tau = i(0) + i_1(t) \tag{1.15}$$

式中:$i(0)$ 为电感元件的初始值;$i_1(t) = \dfrac{1}{C}\int_{0}^{t} u(\tau)\mathrm{d}\tau$ 为 $t \geqslant 0$ 时电感元件的伏安关系,或者说,当电感元件的初始值为零时的伏安关系。

2) 电感元件的特性

由式(1.14)和式(1.15)可得到电感元件的如下特性。

(1) 电感元件的电压与电流的变化率成正比。

从式(1.14)很清楚地看到,只有当电感元件的电流发生变化时,才有电压。电流变化越快,电压越大。当电流不变化(即直流电流)时,电压为零,这时的电感元件相当于短路,所以电感元件具有通直流(简称通直)的作用。

(2) 电感元件的电流只能连续变化,不能跃变。

从式(1.14)还可以看到,电感的电流不能跃变,这是电感元件的一个重要性质。如

果电流跃变,将产生无穷大的电压,对实际电感器来说,这当然是不可能的。

(3) 电感元件的电流具有"记忆"过去电压的作用。

$$i(t_0) = \frac{1}{L} \int_{-\infty}^{t_0} u(\tau) \mathrm{d}\tau$$

表示在 t_0 以前由电压产生的电流,即电感元件上的电流与电压的"全部历史"有关。

3) 电感元件的功率与能量

若 u、i 有一致的参考方向,电感元件功率计算式为

$$p = ui = Li\frac{\mathrm{d}i}{\mathrm{d}t}$$

电感元件储存的磁场能量为

$$W_\mathrm{L}(t) = \int_{-\infty}^{t} u(\tau) i(\tau) \mathrm{d}\tau = \int_{-\infty}^{t} Li(\tau) \frac{\mathrm{d}i(\tau)}{\mathrm{d}\tau} \mathrm{d}\tau$$
$$= L \int_{i(-\infty)}^{i(t)} i(\tau) \mathrm{d}i(\tau) = \frac{1}{2}Li^2(t) - \frac{1}{2}Li^2(-\infty)$$

当 $t = -\infty$ 时,电感元件储存的磁场能量为零,即当 $i(-\infty) = 0$ 时,由上式可知,在任意 t 时刻电感元件储存的磁场能量为

$$W_\mathrm{L}(t) = \frac{1}{2}Li^2(t) \tag{1.16}$$

式(1.16)表明,电感元件在某时刻储存的磁场能量只与元件该时刻的电流有关。当电流增加时,电感元件吸收能量,储存的磁场能量增加。当电流减小时,电感元件向外释放磁场能量。电感元件并不消耗能量,所以电感元件也是一种储能元件。

在选用电感器时,除选择合适的电感量外,还需注意实际工作电流不能超过电感器的额定电流,否则电流过大,线圈会发热而被烧毁。

1.4.2　有源元件

1. 电压源

电源元件是从实际电源抽象的理想化模型。实际电源,能近似输出一定的电压,如电池、发电机和晶体管稳压源等;或能近似提供一定的电流,如光电池、晶体管恒流源等。下面将介绍其理想化模型——电压源和电流源。本节讨论电压源模型及其特性。

电压源的图形符号如图1.28所示。其中,图1.28(a)表示电池,图1.28(b)表示直流电压源,图1.28(c)表示任意电压源(包括直流电压源)。

电压源外接电路如图1.29(a)所示。电压源的特性方程为

$$U = U_\mathrm{S} \quad 或 \quad u = u_\mathrm{S} \tag{1.17}$$

绘在 $u \sim i$ 平面上是一条平行于 i 轴的直线,如图1.29(b)所示。从图1.29(b)可以得到电压源的两个基本性质。

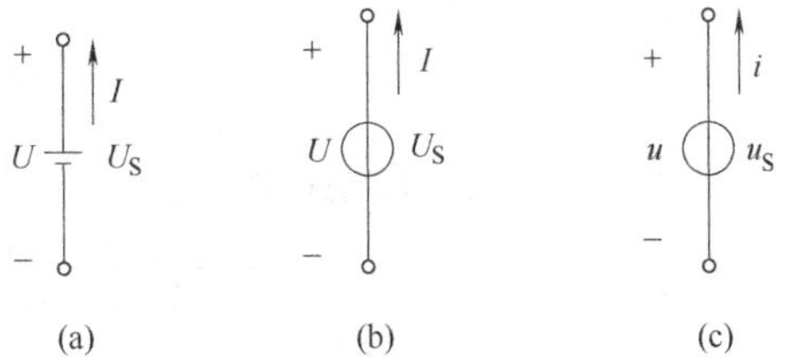

(1) 其端电压在任何时刻与外接电路

图 1.28　电压源的符号

无关,或者恒定不变(直流情况),或者按某一规律随时间而变化。

（2）其输出电流的大小随外接电路不同而变化。

(a)
(b)

图 1.29　电压源的伏安特性曲线

由于电源元件是对外提供能量的,所以习惯上常采用电压、电流非一致的参考方向。此时,计算功率的公式为

$$p = -ui = -u_S i$$

当 $p<0$ 时,表示电源产生功率; $p>0$ 时,表示电源吸收功率(电源作为负载)。

【**例 1.4**】 求图 1.30 所示各电路中的电流 I 和电压 U,并求电压源发出的功率。

解：在图 1.30(a)所示电路中,a、b 两端开路,故

$$I = 0, \quad U = 10V$$

电压源发出的功率为

$$P = -UI = -10 \times 0 = 0$$

在图 1.30(b)所示电路中

$$I = \frac{U}{R} = \frac{10}{10} = 1(A)$$

$$U = IR = 1 \times 10 = 10(V)$$

电压源发出的功率为

$$P = -UI = -10 \times 1 = -10(W)$$

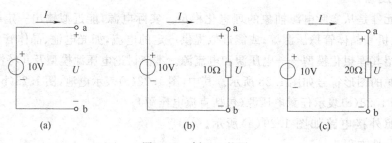

(a)　　　　　　　　(b)　　　　　　　　(c)

图 1.30　例 1.4 的图

在图 1.30(c)所示电路中

$$I = \frac{U}{R} = \frac{10}{20} = 0.5(A)$$

$$U = IR = 0.5 \times 20 = 10(V)$$

电压源发出的功率为

$$P = -UI = -10 \times 0.5 = -5(\text{W})$$

由上可见,由于外接负载不同,同一电压源输出的电流不同,电压源发出的功率也不同。但是,其端电压均为 10V,与外接负载无关,这是由电压源的特性决定的。

2. 电流源

电流源的图形符号如图 1.31 所示。图 1.31(a)所示为直流时的电路模型;图 1.31(b)所示为交流(或任意电流源)时的电路模型。

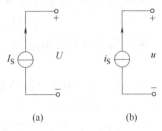

电流源外接电路如图 1.32(a)所示。电流源的特性方程为

$$I = I_\text{S} \quad \text{或} \quad i = i_\text{S} \qquad (1.18)$$

绘在 $u \sim i$ 平面上是一条平行于 u 轴的直线,如图 1.32(b)所示。从图 1.32(b)可以得到电流源的两个基本性质。

图 1.31　电流源的图形符号

(1) 其输出电流在任何时刻与外接电路无关,或者恒定不变(直流情况),或者按某一规律随时间而变化。

(2) 其端电压的大小随外接电路不同而变化。

电流源的功率计算公式为

$$p = -ui = -ui_\text{S}$$

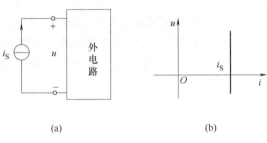

(a)　　　　　　　　　(b)

图 1.32　电流源的伏安特性曲线

【例 1.5】 求图 1.33 所示各电路中的电流 I 和电压 U,并求电流源发出的功率。

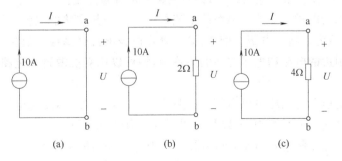

(a)　　　　　　　　(b)　　　　　　　　(c)

图 1.33　例 1.5 的图

解:在图 1.33(a)所示电路中

$$I = I_\text{S} = 10\text{A}, \quad U = 0$$

电流源发出的功率为

$$P = -UI = -10 \times 0 = 0$$

在图 1.33(b)所示电路中

$$I = I_S = 10\text{A}, \quad U = I_S R = 10 \times 2 = 20(\text{V})$$

电流源发出的功率为

$$P = -UI = -20 \times 10 = -200(\text{W})$$

在图 1.33(c)所示电路中

$$I = I_S = 10\text{A}, \quad U = I_S R = 10 \times 4 = 40(\text{V})$$

电流源发出的功率为

$$P = -UI = -40 \times 10 = -400(\text{W})$$

由上述可见,由于外接负载不同,同一电流源的端电压不相同,电流源发出的功率也不同。但是,其输出电流均为 10A,与外接负载无关,这是由电流源的特性决定的。

【例 1.6】 求图 1.34 所示电路中 5Ω 电阻的电压 U_R 及电压源的功率。

解:根据电流源的性质,得

$$I = 2\text{A}$$

故

$$U_R = 5 \times 2 = 10(\text{V})$$

电压源的功率(U、I 的参考方向一致)为

$$P = 2 \times 2 = 4(\text{W}) > 0$$

从本例可见,2A 电流源虽然对电压源的端电压无影响,但对它的电流、功率均有影响。电流从电压源的"+"极性端流入,此时电压源实际是吸收功率,成为负载。

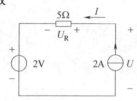

图 1.34　例 1.6 的图

1.4.3　受控源

前面讨论了电流源和电压源,这类电源的特性是恒定不变,或对于给定的时间函数,不受外电路控制,因此,又称这类电源为独立电源(简称独立源)。在电路理论中,根据实际电路情况,引进"受控源"电路元件,会给电路分析带来方便。

受控电压源的电压和受控电流源的电流是受电路中某支路的电流或电压控制的,因此,又称这类电源为非独立电源。例如,晶体管集电极电流受基极电流控制,变压器原边电流和电压与副边的电流和电压之间的关系等,均可以用受控源这个电路元件描述其工作性能。

由于受控电压源的电压可以由其他支路的电流或电压控制,受控电流源的电流可以由其他支路的电流或电压控制,所以受控源可以分为以下四种。

电压控制的电压源(Voltage Controlled Voltage Source,VCVS)。

电流控制的电压源(Current Controlled Voltage Source,CCVS)。

电压控制的电流源(Voltage Controlled Current Source,VCCS)。

电流控制的电流源(Current Controlled Current Source,CCCS)。

它们的电路符号分别如图 1.35(a)、(b)、(c)和(d)所示。

上述四种受控源的特性方程分别为

$$\left.\begin{array}{ll} \text{VCVS：} & u_2 = \mu u_1 \\ \text{CCVS：} & u_2 = r i_1 \\ \text{VCCS：} & i_2 = g u_1 \\ \text{CCCS：} & i_2 = \beta i_1 \end{array}\right\} \tag{1.19}$$

图 1.35 中的菱形符号表示受控电压源和受控电流源,采用的参考方向的表示方法与独立电源相同。每个受控源的另一条支路的电压或电流称为控制量,μ、g、r 和 β 称为控制系数。如果这些系数为常数,称这类受控源为线性受控源。其中,μ 和 β 无量纲;g 和 r 分别具有电导和电阻的量纲。由图 1.35 可知,受控源是一种四端元件。

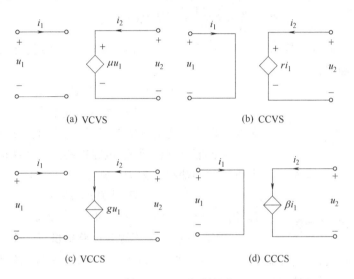

(a) VCVS　　　　　(b) CCVS

(c) VCCS　　　　　(d) CCCS

图 1.35　四种受控源

必须指出,受控源与独立源不同,独立源在电路中起"激励"作用,是能量的提供者;受控源则不同,它的电压或电流受电路中其他支路的电压或电流所控制,当这些控制电压或电流为零时,受控源的电压或电流为零。因此,受控源只不过是用来反映电路中某处的电压或电流受另一处的电压或电流的控制这一现象,它本身不直接起"激励"作用。

在分析具有晶体管、变压器和互感等的电路时,受控源的概念会经常用到。

例如,晶体管三个极的电流如图 1.36(a)所示,基极电流 i_b 与集电极电流 i_c 的关系式为 $i_c = \beta i_b$,用受控源描述这种关系的等效电路如图 1.36(b)所示。这就是一个 CCCS,其中控制量是晶体管的基极电流。受控量是晶体管的集电极电流。当得到图 1.36(b)所示的等效电路后,可以运用线性电路分析方法去分析晶体管电路。

【例 1.7】　电路如图 1.37 所示,分别求各个元件的功率,并指出它们是吸收功率还是发出功率。

解: 因为流经电阻元件的电流为 20A,所以电阻元件的电压为

$$u = iR = 20 \times 10 = 200(\text{V})$$

电阻元件吸收的功率为

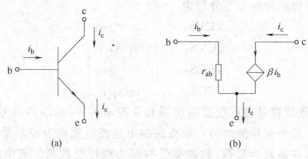

图 1.36   晶体管等效电路

$$P_R = \frac{u^2}{R} = \frac{200^2}{10} = 4000(\mathrm{W}) = 4(\mathrm{kW})$$

受控源两端的电压为 $0.5u = 100(\mathrm{V})$，由于受控源的电流、电压为非关联参考方向，因此受控源的功率为

$$P_V = -100 \times 20 = -2000(\mathrm{W}) = -2(\mathrm{kW})$$

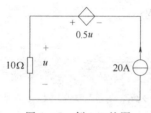

图 1.37   例 1.7 的图

由于 $P_V < 0$，因此受控源对电路提供了功率。这是因为受控源内部还有独立源，所以它有可能发出功率。

根据能量守恒原理，电路中各元件功率的代数和为零。若电流源的功率记为 P_I，则有

$$P_R + P_V + P_I = 0$$

即 $P_I = -P_R = P_V = -4000 - (-2000) = -2000(\mathrm{W}) = -2(\mathrm{kW})$。可见，电流源为电路提供了功率。

对整个电路而言，受控源、电流源各提供了 2000W 功率，而电阻元件吸收了 4000W 功率，这符合功率平衡的原理。

1.5   基尔霍夫定律

1.5.1   电路变量的两类约束关系及电路术语

前面讨论了几种电路元件的电压、电流关系。该关系由元件性质决定，是电路中电压、电流受到的一类约束，称为元件约束。我们知道，任何一个电路都是由若干元件连接而成的，具有一定的几何结构形式。电路中的电压、电流必须受连接方式的约束。这类约束称为整体约束(或几何约束)，基尔霍夫定律概括了这类约束的关系。基尔霍夫定律包括基尔霍夫电流定律和基尔霍夫电压定律。

在描述定律之前，先介绍有关电路的几个术语。

(1) 支路是一个元件或多个元件的串联组合。在图 1.38 所示电路中，共有 3 条支路。

(2) 节点。3 条或 3 条以上支路的连接点称为节点。在图 1.38 所示电路中，共有

2 个节点,即节点 a 和 b。

注意:对于 c、d 两点,用人工分析电路时,不认为是节点;用计算机分析电路时,看成是节点。

(3) 回路。电路中的任一闭合路径称为回路。在图 1.38 所示电路中,共有 3 个回路,即 abca、abda 和 adbca。

(4) 网孔。内部没有其他支路穿过的回路称为网孔。在图 1.38 所示电路中,共有 2 个网孔,即 abca 和 abda。从定义可知,网孔必定是回路,但回路不一定是网孔。

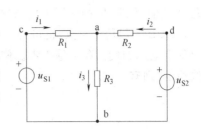

图 1.38　电路示例

1.5.2　基尔霍夫电流定律

基尔霍夫电流定律(Kirchgoff's Current Law,KCL)描述了与任一节点相连的各支路电流之间的约束关系。它的物理本质是电荷守恒,即在任一时刻,任一节点的所有支路电流的代数和恒等于零。其数学表示式为

$$\sum_{k=1}^{n} i_k = 0 \tag{1.20}$$

称为基尔霍夫电流方程或节点电流方程。应用该定律列写方程时,首先要标出每条支路电流的参考方向。一般规定,凡支路电流的参考方向离开节点的,在节点电流方程中,该电流的前面取"+",反之取"−";或者流入节点的电流取"+",反之取"−"。

例如,在图 1.38 所示电路中,对于节点 a,列写 KCL 方程为

$$-i_1 - i_2 + i_3 = 0$$

【例 1.8】　电路如图 1.39 所示,已知 $U_R = 5V$,求支路电流 I_1 和 I_2。

解: 由欧姆定律有

$$I_1 = \frac{U_R}{5} = \frac{5}{5} = 1(A)$$

对节点 a 列 KCL 方程,得

$$-I_1 + I_2 + 2 = 0$$

故　　　　　　　　　　$$I_2 = I_1 - 2 = 1 - 2 = -1(A)$$

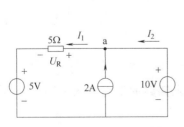

图 1.39　例 1.8 的图

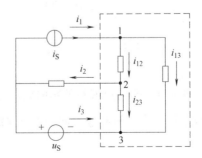

图 1.40　KCL 的推广

I_2 为负值,说明 I_2 的实际方向与参考方向相反,不是流向 a 点,而是从 a 点流出。

KCL 一般用于节点,也可推广用于电路中任意假想的闭合面,即在任一时刻,任一闭合面上电流的代数和恒等于零。例如,在图 1.40 所示的电路中任意取一个闭合面,如虚线所示,则有

$$-i_1+i_2-i_3=0$$

1.5.3 基尔霍夫电压定律

基尔霍夫电压定律(Kirchhoff's Voltage Law,KVL)描述一个回路中各部分电压间的约束关系。它的物理本质是能量守恒,即在任一时刻,沿任一回路的所有支路或元件的电压的代数和恒等于零。其数学表示式为

$$\sum_{k=1}^{m} u_k=0 \qquad\qquad (1.21)$$

式(1.21)称为基尔霍夫电压方程,或回路电压方程。应用该定律列写方程时,首先任意选定一个回路的绕行方向。一般规定,凡支路或元件电压的参考方向与回路绕行方向一致时,在回路电压方程中,该电压的前面取"+";反之取"−"。请注意,该"+"、"−"与支路或元件电压值本身所带的"+"、"−"是不同的。它们有什么区别,请读者考虑。

图 1.41 所示电路是某复杂电路中的一个回路,现对该回路列写 KVL 方程。首先选定回路的绕行方向为顺时针方向,如图 1.41 所示。按图 1.41 中指定的各元件电压的参考方向有

$$-u_1-u_2-u_3+u_4-u_5+u_6=0$$

式中:u_1、u_2、u_3 和 u_5 前面取"−",因为这些电压的参考方向与回路绕行方向相反。注意,每一个元件电压值本身可"+"可"−",在代入具体数值时不要弄错。

【例 1.9】 在图 1.42 所示电路中,若已知 $R_1=2\Omega$,$R_2=4\Omega$,$R_3=3\Omega$,$R_4=1\Omega$,$U_{S1}=12V$,$U_{S2}=8V$。试求电路中的电流 I 和 U_{AB}。

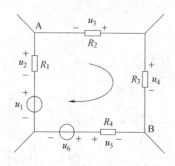

图 1.41 基尔霍夫电压定律示例

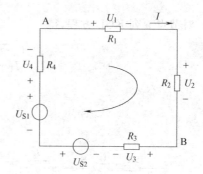

图 1.42 例 1.9 的图

解: 设电流 I 的参考方向如图 1.42 所示。选定回路的绕行方向为顺时针方向,由 KVL 得

$$U_1+U_2+U_3-U_{S1}-U_{S2}+U_4=0$$

根据电阻元件特性方程有

$$U_1 = R_1 I, \quad U_2 = R_2 I, \quad U_3 = R_3 I, \quad U_4 = R_4 I$$

将此四式代入上式,得

$$(R_1 + R_2 + R_3 + R_4) I - U_{S1} - U_{S2} = 0$$

故

$$I = \frac{U_{S1} + U_{S2}}{R_1 + R_2 + R_3 + R_4} = \frac{12 + 8}{2 + 4 + 3 + 1} = 2(\text{A})$$

由 KVL 可知

$$U_1 + U_2 + U_{BA} = 0$$

即

$$U_1 + U_2 - U_{AB} = 0$$

故

$$U_{AB} = U_1 + U_2 = (R_1 + R_2) I = (2 + 4) \times 2 = 12(\text{V})$$

同样,由 KVL 可知

$$U_{AB} + U_3 - U_{S1} - U_{S2} + U_4 = 0$$

即

$$U_{AB} = -U_3 + U_{S1} + U_{S2} - U_4$$

$$= -(R_3 + R_4) I + U_{S1} + U_{S2} = 12(\text{V})$$

可见,沿两条不同路径求得的 U_{AB} 是相同的。由此例可知,任意两点间的电压等于沿该两点间任一路径各元件的电压代数和。计算时,必须首先选定待求电压的参考方向。凡元件电压参考方向与待求电压参考方向相同,取"+",否则取"−"。列写电路中两点间电压的表达式,是电路分析重点要掌握的一项基本技能,必须引起足够重视。

【例 1.10】 求图 1.43(a)、(b)所示含源支路的未知量。

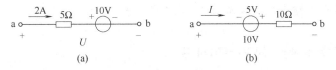

图 1.43　例 1.10 的图

解:对于图 1.43(a),求 a、b 两点间的电压,得

$$U = 2 \times 5 + 10 = 20(\text{V})$$

对于图 1.43(b),已知 a、b 两点间的电压,求支路中的电流。因为

$$10 = -5 + 10I$$

故

$$I = \frac{10 + 5}{10} = 1.5(\text{A})$$

由此例可知,对于一段含源支路的计算,首先用 KVL 列出这段支路的电压方程,然后求待求量。一段含源支路的计算是电路分析要熟练掌握的一项基本技能。

需要指出,上面的讨论中并未提及各支路、各回路是由什么元件构成的,所以,不管电路元件是线性的还是非线性的,是有源的还是无源的,基尔霍夫电流定律和电压定律统统适用,即基尔霍夫定律与构成电路元件的性质无关。

1.6 电路中电位的概念

在电子线路的分析计算中,经常用到电位(potential)的概念。电路中电位的计算与电压一样,都是计算两点间的电位差。但是,电路中某点的电位是指该点与某特定点之间的电位差,而不是指该点与任一点的电位差。这个特定点通常称为参考点,其电位认为是零,所以参考点又叫零电位点或零点。

在计算电位时,必须首先选定参考点。参考点可以任意选定。在电力工程中常选大地作为参考点,在电子路线中常选一条特定的公共线作为参考点。这条公共线常是很多元件的汇集处且与机壳相连,俗称"地线"。参考点在电路图中用符号"⊥"表示。电位用字母"V"表示,如 a 点的电位记为 V_a。下面举例说明电位的计算方法。

【例1.11】 电路如图 1.44(a)所示,计算电路中各点的电位,并计算电压 U_{ab} 和 U_{cd}。

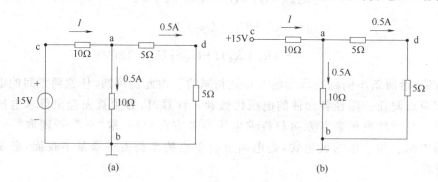

图 1.44 例 1.11 的图

解:首先计算电路中的支路电流 I。由 KCL 得

$$I = 0.5 + 0.5 = 1(A)$$

选定 b 点作为参考点,即 $V_b = 0$,可得

$$V_a = 0.5 \times 10 = 5(V)$$

$$V_c = U_{ca} + V_a = 1 \times 10 + 5 = 15(V)$$

$$V_d = 0.5 \times 5 = 2.5(V)$$

$$U_{ab} = V_a - V_b = 5 - 0 = 5(V)$$

$$U_{cd} = V_c - V_d = 15 - 2.5 = 12.5(V)$$

若选定 a 点作为参考点,即 $V_a = 0$,可得

$$V_b = -0.5 \times 10 = -5(V)$$

$$V_c = 1 \times 10 = 10(V)$$

$$V_d = -0.5 \times 5 = -2.5(V)$$

$$U_{ab} = V_a - V_b = 0 - (-5) = 5(V)$$

$$U_{cd} = V_c - V_d = 10 - (-2.5) = 12.5(V)$$

从上面的结果可以看出,电路中某一点的电位等于该点与参考点之间的电压。参考

点选择不同,电路中同一点的电位值就不同,这就是电路中电位的相对性。但是,任意两点间的电压值是不变的。一旦选定了参考点,电路中某点的电位是唯一的,这就是电路中电位的唯一性。因此,离开参考点的选择来谈论某点的电位是没有意义的。

在电子线路中,常常不画电源,而用标明的端点极性和电位值代替电源。例如,图 1.44(a)所示电路可简化为如图 1.44(b)所示。

【例 1.12】 电路如图 1.45(a)所示,分别求开关 S 断开与闭合时电路中 A 点的电位。

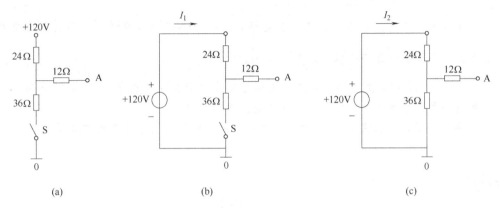

图 1.45 例 1.12 的图

解:当开关 S 断开时,电路如图 1.45(b)所示,这时电流 $I_1 = 0$。因此,A 点电位等于电源电压值,即 $V_A = 120\text{V}$。

当开关 S 闭合时,电路如图 1.45(c)所示,这时电流为

$$I_2 = \frac{120}{24 + 36} = 2(\text{A})$$

因此,A 点电位为

$$V_A = 36 I_2 = 36 \times 2 = 72(\text{V})$$

本章小结

(1) 实际电路通常由电源、负载和中间环节三部分组成。构成电路的各种电气设备和器件必须按额定值使用。

(2) 电流和电压的参考方向是电路分析中一个重要的概念。在电路分析和计算前,必须在电路图上标出参考方向。参考方向可以任意选定,但一经选定,在电路分析和计算过程中不能改变。为简化计算,一般选取电压和电流的关联参考方向。

(3) 在电压、电流为关联参考方向的情况下,电路中功率的计算公式为 $p = ui$;若电压、电流为非关联参考方向,电路中功率的计算公式为 $p = -ui$。当 $p > 0$ 时,表明该电路段吸收功率;当 $p < 0$ 时,表明该电路段产生功率。

(4) 电路分析研究的对象是电路模型,而非实际电路。电路模型是由电路元件构成的。电路元件只具有单一的电磁性能。基本的电路元件有电阻元件、电容元件、电感元

件和电源元件(电压源和电流源)。

(5) 电路元件的伏安关系(特性方程)和基尔霍夫定律是电路中电压和电流受到的两类约束,前者称为元件约束,后者称为几何约束。它们是分析电路的基本依据。

(6) 基尔霍夫定律包括基尔霍夫电流定律和基尔霍夫电压定律。

基尔霍夫电流定律适用于节点。该定律说明:在任一时刻,任一节点的所有支路电流的代数和恒等于零,即 $\sum_{k=1}^{n} i_k = 0$。

基尔霍夫电压定律适用于回路。该定律说明:在任一时刻,沿任一回路的所有支路或元件的电压代数和恒等于零,即 $\sum_{k=1}^{m} u_k = 0$。

(7) 计算电路中两点之间的电压是电路分析和计算的基本技能,必须熟练掌握。电路中两点间的电压等于所取路径中各元件电压降的代数和。

电路中某点的电位值,等于该点与参考点之间的电压。它与参考点的选择有关。

习题一

1.1　已知流过某元件的直流电流 I 为 2A,它可以有两种表示方式: $I = 2A$ 和 $I = -2A$。试问这两种表示方法有什么不同?

1.2　U_{ab} 是否一定表示 a 端的电位高于 b 端的电位? 若 $U_{ab} = -5V$,试问 a、b 两点中哪一点的电位高?

1.3　在图 1.46 所示电路中,电流方向和各元件的电压极性均为参考方向。经过计算,它们的数值分别为 $I = -2.4A$,$U_1 = 15V$,$U_2 = -5V$,$U_3 = 10V$。

试标明电路中电流和各元件电压的实际方向。

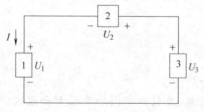

图 1.46　题 1.3 的图

1.4　一般所说的负载大小,指的是负载电流或功率的大小,还是负载电阻的大小?

1.5　(1) 在图 1.47(a)中,若元件 M 的吸收功率为 10W,求电流 I。

(2) 求图 1.47(b)中元件 N 的功率,并指出是发出功率,还是吸收功率。

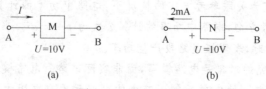

(a)　　　　　　　(b)

图 1.47　题 1.5 的图

1.6　试判断图 1.48 所示各电路中元件的伏安关系式,哪些是正确的? 哪些是错误的? 为什么?

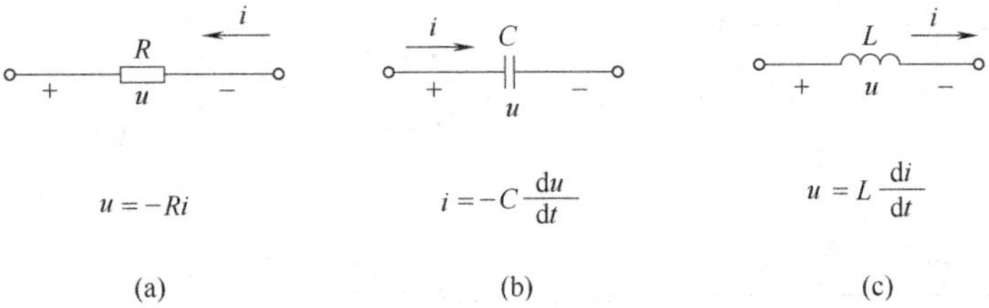

$$u = -Ri$$

(a)

$$i = -C \dfrac{\mathrm{d}u}{\mathrm{d}t}$$

(b)

$$u = L \dfrac{\mathrm{d}i}{\mathrm{d}t}$$

(c)

图 1.48　题 1.6 的图

1.7　有一个 100Ω、$1\mathrm{W}$ 的碳膜电阻用于直流电路,求电流、电压的额定值。

1.8　电容元件两端加直流电压时可视作开路,是否此时电容 C 为无穷大? 电感元件中通过直流电流时可视作短路,是否此时电感 L 为零?

1.9　在图 1.49 所示电路中,求电流 I 和电压 U;求各元件的功率,并讨论电路功率平衡情况。

1.10　在图 1.50 所示电路中,求电流 I 和电压 U;求各元件的功率,并讨论电路功率平衡情况。试与题 1.9 进行比较,找出它们的不同之处。

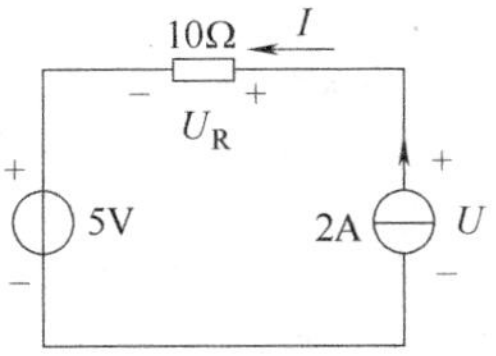

图 1.49　题 1.9 的图 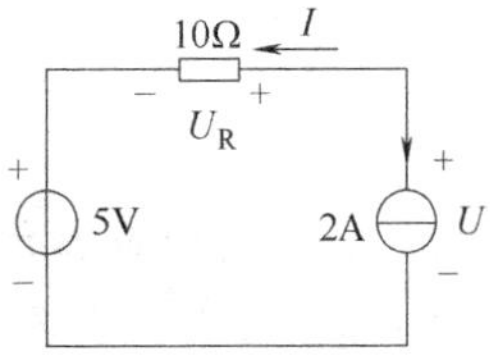　　　　图 1.50　题 1.10 的图

1.11　对于图 1.51 所示各电路,求解下列各问题。

(1) 对于图 1.51(a),若元件 A 的吸收功率为 $10\mathrm{W}$,$U_A = ?$

(2) 对于图 1.51(b),若元件 B 的吸收功率为 $10\mathrm{W}$,$I_B = ?$

(3) 对于图 1.51(c),求元件 C 的功率,并指出是产生功率,还是吸收功率。

(4) 对于图 1.51(d),$U_{ab} = ?$

(5) 对于图 1.51(e),$U_{ab} = ?$

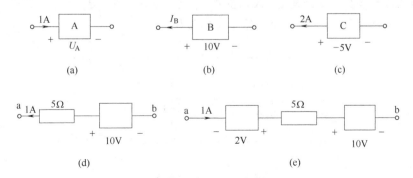

(a)　　　　　　(b)　　　　　　(c)

(d)　　　　　　　　(e)

图 1.51　题 1.11 的图

1.12   写出图 1.52 所示各元件的特性方程。

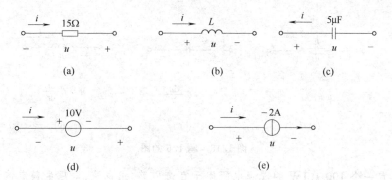

图 1.52   题 1.12 的图

1.13   求图 1.53 所示各元件的端电压或通过的电流。

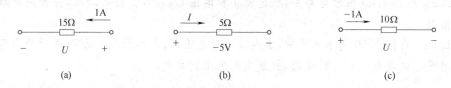

图 1.53   题 1.13 的图

1.14   求图 1.54 所示电路中的电流 I_1、I_2 和 U_R。

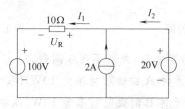

图 1.54   题 1.14 的图

1.15   已知一个电感元件 $L = 0.5H$,当其中流过变化率为 $\dfrac{\mathrm{d}i}{\mathrm{d}t} = 20\mathrm{A/s}$ 的电流时,该元件的端电压为多少?如果通过 5A 的直流电,其端电压为多少?

1.16   试求图 1.55 所示两个电路中的电压 U。

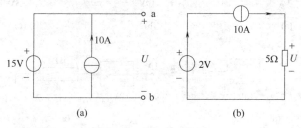

图 1.55   题 1.16 的图

1.17　求图 1.56(a)所示电路中的 U 和图 1.56(b)所示电路中的 U_{ab}。

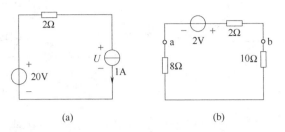

图 1.56　题 1.17 的图

1.18　求图 1.57 所示各段电路的 U_{ab} 或 I。已知在图 1.57(a)中，$I=2A$，$R=2\Omega$，$U_S=4V$，求 U_{ab}；在图 1.57(b)中，$I=1A$，$R=4\Omega$，$U_{S1}=2V$，$U_{S2}=-6V$，求 U_{ab}；在图 1.57(c)中，$U_{ab}=10V$，$R=5\Omega$，$U_S=-2V$，求 I；在图 1.57(d)中，$I=2A$，$R=2\Omega$，$U_S=4V$，求 U_{ab}。

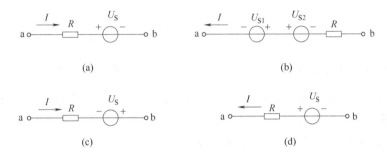

图 1.57　题 1.18 的图

1.19　求图 1.58 所示电路中各电源的功率，并指出是发出功率，还是吸收功率。

1.20　在图 1.59 所示电路中，请问：①当开关 S 断开时，a、b 两端的开路电压 U_{ab} 及中间支路电路 I 是多少？②当开关 S 闭合时，中间支路电流是否变化？为什么？

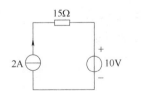

图 1.58　题 1.19 的图

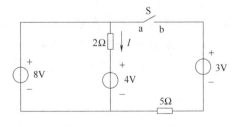

图 1.59　题 1.20 的图

1.21　求图 1.60 所示电路中的 a 点电位 V_a。

1.22　在图 1.61 所示电路中，请问：①当开关 S 断开时，a 点电位 V_a 是多少？②当开关 S 闭合时，a 点电位 V_a 是多少？

1.23　求图 1.62 所示电路的电压 U_1 和 U_2。

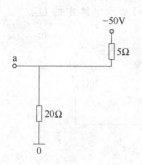

图 1.60 题 1.21 的图

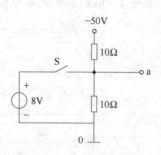

图 1.61 题 1.22 的图

1.24 电路如图 1.63 所示,分别求开关 S 断开与闭合时的电压 U。

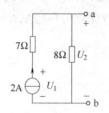

图 1.62 题 1.23 的图

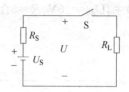

图 1.63 题 1.24 的图

1.25 在图 1.64 所示电路中,理想电流源、电压源的功率各为多少? 指出是发出功率,还是吸收功率。

1.26 在图 1.65 所示电路中,电流 I 为多少?

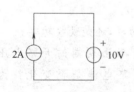

图 1.64 题 1.25 的图

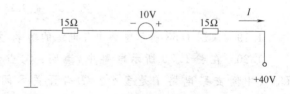

图 1.65 题 1.26 的图

1.27 电路如图 1.66 所示,求电流 I 和 a、b、c、d 各点的电位 V_a、V_b、V_c、V_d。

1.28 电路如图 1.67 所示,已知 $I=10A$,$I_{S1}=5A$,求电流源 I_{S2}。

1.29 在图 1.68 中,已知 $I=2A$,求独立电压源两端的电压 U。

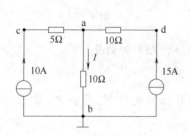

图 1.66 题 1.27 的图

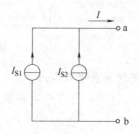

图 1.67 题 1.28 的图

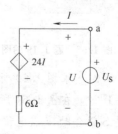

图 1.68 题 1.29 的图

1.30 求图 1.69 所示电路中的电流 I,并验算电源发出的功率等于各电阻元件消耗功率之和。

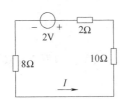

图 1.69 题 1.30 的图

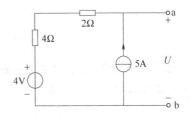

图 1.70 题 1.31 的图

1.31 求图 1.70 所示电路中的电压 U。计算两个电源的功率,并指出是发出功率,还是吸收功率。

1.32 求图 1.71 所示电路中的电压 U 和电流 I。

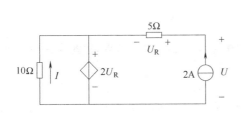

图 1.71 题 1.32 的图

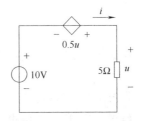

图 1.72 题 1.33 的图

1.33 求图 1.72 所示电路中的电压 u 和电流 i。

1.34 电路如图 1.73 所示,分别计算电路中 A、B 点的电位。

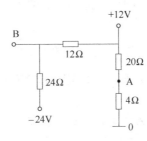

图 1.73 题 1.34 的图

自测题一

一、填空题(每空 2 分,共 28 分)

1. 在图 1.74 中,方框代表电源或负载。已知 $U=100\text{V}$,$I=-2\text{A}$,方框代表电源的有( );方框代表负载的有( )。

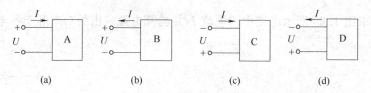

图 1.74　自测题 1 的图

2. 如图 1.75(a)所示,两个同值电压源并联,$U=$(　　　　)V。如图 1.75(b)所示,两个同值电流源串联,$I=$(　　　　)A。

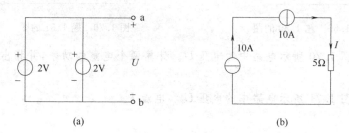

图 1.75　自测题 2 的图

3. 在如图 1.76 所示电路中,理想电流源的功率为(　　　　)W,理想电压源的功率为(　　　　)W。

4. 如图 1.77 所示电路中,电流 I 为(　　　　)A。

5. 如图 1.78 所示电路中,a、b 间电压 U 为(　　　　)V。

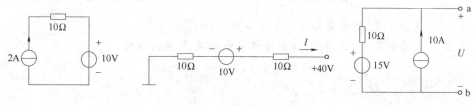

图 1.76　自测题 3 的图　　　　图 1.77　自测题 4 的图　　　　图 1.78　自测题 5 的图

6. 对于 40W、220V(电阻记为 R_1)和 100W、220V(电阻记为 R_2)的两个白炽灯泡,电阻小的灯泡是(　　　　)。

7. 试判断图 1.79 所示各电路中电阻元件的伏安关系式,正确的是(　　　　),错误的是(　　　　)。

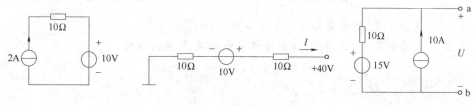

图 1.79　自测题 7 的图

8. 在图 1.80 所示电路中,电流 I 等于(　　　　)A。

9. 在图 1.81 所示电路中,电流 I 等于(　　　　)A,电压 U 等于(　　　　)V。

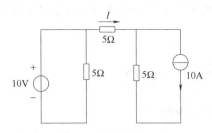

图 1.80 自测题 8 的图

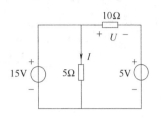

图 1.81 自测题 9 的图

二、单选题(每小题 3 分,共 15 分)

10. 两个电流源的串联条件是( )。

    A. 两个电流源的大小不相等,方向不相同

    B. 两个电流源的大小不相等,方向相同

    C. 两个电流源的大小相等,方向相同

    D. 两个电流源的大小相等,方向不相同

11. 两个电压源的并联条件是( )。

    A. 两个电压源的大小不相等,极性不相同

    B. 两个电压源的大小相等,极性相同

    C. 两个电压源的大小不相等,极性相同

    D. 两个电压源的大小相等,极性不相同

12. 当电容元件两端加直流电压时,电容元件的电流 I 和电荷 Q 分别为( )。

    A. $I=0,Q=0$ B. $I\neq0,Q\neq0$

    C. $I\neq0,Q=0$ D. $I=0,Q\neq0$

13. 当电感元件两端加直流电流时,电感元件的电压 U 和磁通链 ψ 分别为( )。

    A. $U=0,\psi\neq0$ B. $U\neq0,\psi\neq0$

    C. $U=0,\psi=0$ D. $U\neq0,\psi=0$

14. 基尔霍夫电压、电流定律与( )无关。

    A. 电路结构   B. 元件电压

    C. 元件电流   D. 支路特性

三、计算题(共 57 分)

15. 在图 1.82 中,将两条支路的开关断开时,两灯熄灭。试问:此时 a、b 两点的电位各为多少? 从安全用电角度考虑,图中两个支路开关的安装方式哪种合理?(10 分)

16. 在图 1.83 所示电路中,选定 d 为电位参考点,求电路中 a、b、c 点的电位。(15 分)

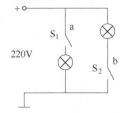

图 1.82 自测题 15 的图

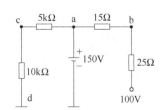

图 1.83 自测题 16 的图

17. 在图 1.84 所示电路中,求 a、b 点间的电压 U_{ab}、电阻上的电压 U_R 和电路中的电流 I。(15 分)

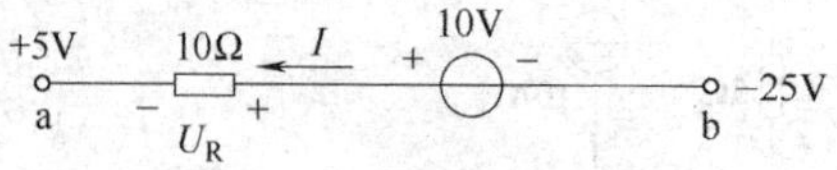

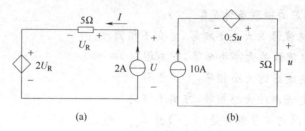

图 1.84   自测题 17 的图

18. 求图 1.85 所示两个电路中电压控制电压源的功率,并指出它们是吸收功率,还是发出功率。(17 分)

图 1.85   自测题 18 的图

CHAPTER 2

电阻电路的基本分析方法

由电阻元件、独立电源和受控源构成的电路称为电阻电路。电路分析是指已知电路结构和元件参数,求解电路中的电压、电流和功率。本章主要介绍线性电阻电路分析的一般方法,其中包括电阻串、并联电路的等效,电阻Y-△等效变换,独立电源的等效变换,含受控源电路的等效变换;以及支路电流法、网孔分析法、节点分析法和含有理想运算放大器的电阻电路计算。电路分析的依据仍然是两类约束。本章讨论的电路基本分析方法也是分析正弦交流电路和动态电路的基础。

2.1 电阻电路的等效变换

2.1.1 电路等效的概念

"等效电路"既是一个重要概念,也是一种重要的分析方法。

在如图 2.1 所示电路中,只有两个端钮 a、b 与外电路相连接,且进、出两个端钮的是同一个电流,这样的电路称为单口网络或二端网络(网络就是电路)。根据单口网络内部是否含有独立电源,将其分为无源单口网络和有源单口网络。

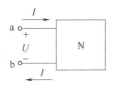
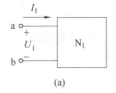
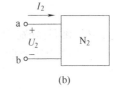

图 2.1　单口网络　　　　　　　图 2.2　单口网络等效的概念

对于图 2.2 所示的两个单口网络,如果对应端钮上的电压、电流关系(即伏安关系)完全相同,即若单口网络 N_1 端口的伏安关系为 $U_1 = f(I_1)$,单口网络 N_2 端口的伏安关系为 $U_2 = f(I_2)$,当 $U_1 = f(I_1) = U_2 = f(I_2)$ 时,这两个电路互为等效。因此,等效是对网络端口而言的,即等效是对外电路而言的,对内不等效(两个电路的内部结构和能量分配可能完全不同)。

2.1.2　电阻的串联、并联等效变换

1. 电阻的串联等效变换

图2.3(a)所示为由n个线性电阻串联而成的单口网络。可见,串联电路的基本特点是各元件流过同一个电流。根据KVL,有

$$U=U_1+U_2+U_3+\cdots+U_n=R_1I+R_2I+R_3I+\cdots+R_nI$$
$$=(R_1+R_2+R_3+\cdots+R_n)I \tag{2.1}$$

对于图2.3(b)所示的电路有

$$U=RI \tag{2.2}$$

当$R=R_1+R_2+\cdots+R_n$时,两个电路端钮的电压与电流关系完全相同,所以两个电路等效。

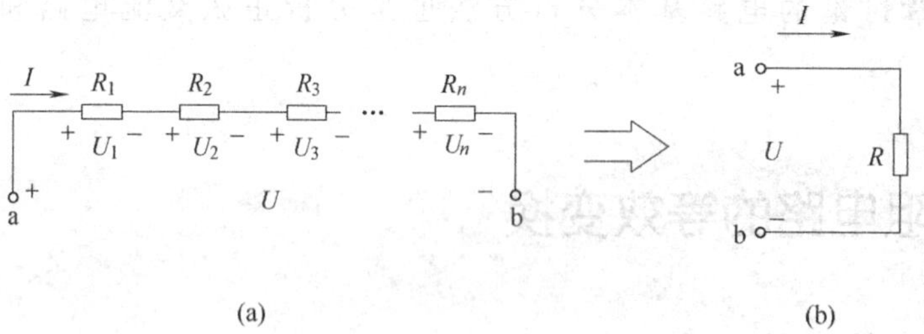

图2.3　串联电阻的等效

在串联电路中,第k个电阻上的电压U_k为

$$U_k=R_kI=\frac{R_k}{R}U \tag{2.3}$$

式中:$R=R_1+R_2+\cdots+R_n$。

式(2.3)称为串联电路的分压公式。若$n=2$,即只有两个电阻串联时,其分压公式为

$$U_1=\frac{R_1}{R_1+R_2}U,\quad U_2=\frac{R_2}{R_1+R_2}U \tag{2.4}$$

式中:U_1和U_2分别为R_1和R_2上的电压。

第k个电阻吸收的功率为

$$P_k=U_kI=\frac{R_k}{R}UI=R_kI^2$$

n个电阻吸收的总功率为

$$P=\sum_{k=1}^{n}P_k=\sum_{k=1}^{n}R_kI^2=RI^2 \tag{2.5}$$

2. 电阻的并联等效变换

n个电阻并联的电路如图2.4(a)所示。可见,并联电路的基本特点是各元件两端的电压相同。根据KCL,有

$$I = I_1 + I_2 + I_3 + \cdots + I_n = UG_1 + UG_2 + UG_3 + \cdots + UG_n$$
$$= (G_1 + G_2 + G_3 + \cdots + G_n)U \tag{2.6}$$

式中：$G_i = 1/R_i$，$i = 1, 2, 3, \cdots, n$。

对于图 2.4(b) 所示的电路，有

$$I = GU = \frac{1}{R}U \tag{2.7}$$

若两个电路等效，比较式(2.6)和式(2.7)，有

$$R = \frac{1}{G} = \frac{1}{G_1 + G_2 + \cdots + G_n} = \frac{1}{\dfrac{1}{R_1} + \dfrac{1}{R_2} + \cdots + \dfrac{1}{R_n}} \tag{2.8}$$

这时，两个电路的端钮的电压与电流关系完全相同，所以两个电路等效。

对于只有两个电阻 R_1 和 R_2 并联的情况，等效电阻为

$$R = \frac{R_1 R_2}{R_1 + R_2} \tag{2.9}$$

在并联电路中，流过第 k 个电阻的电流 I_k 为

$$I_k = G_k U = \frac{G_k}{G} I \tag{2.10}$$

式中：$G = G_1 + G_2 + G_3 + \cdots + G_n$。

式(2.10)是并联电路的分流公式。

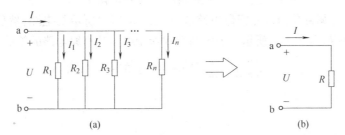

图 2.4　并联电阻的等效

两个电阻并联的分流公式为

$$I_1 = \frac{R_2}{R_1 + R_2} I, \quad I_2 = \frac{R_1}{R_1 + R_2} I \tag{2.11}$$

式中：I_1 和 I_2 分别为 R_1 和 R_2 中的电流。

第 k 个电阻吸收的功率为

$$P_k = I_k U = \frac{G_k}{G} IU = G_k U^2 \tag{2.12}$$

n 个电阻吸收的总功率为

$$P = \sum_{k=1}^{n} P_k = \sum_{k=1}^{n} G_k U^2 = GU^2 \tag{2.13}$$

3. 电阻的混联等效变换

对于一个纯电阻单口网络，若其内部的若干个电阻既有串联的，又有并联的，称为电

阻的混联电路。此单口网络可以等效为一个电阻。方法是：首先改画原电路，把每个电阻相互并联或串联的关系清晰地体现出来，然后把局部并、串联电阻化简，直至化成最简电路——只有一个电阻。

【例 2.1】 求图 2.5(a)所示电路 a、b 两端的等效电阻 R_{ab}。

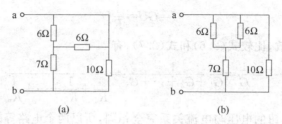

图 2.5　例 2.1 的图

解：将图 2.5(a)改画成图 2.5(b)后，串、并联关系明显体现出来。a、b 间等效电阻由两条支路并联而成，一条支路是 10Ω 电阻，另一条支路是由两个 6Ω 电阻并联后串联 7Ω 电阻构成，所以，

$$R_{ab}=\frac{\left(\frac{6}{2}+7\right)\times10}{\left(\frac{6}{2}+7\right)+10}=5(\Omega)$$

【例 2.2】 求图 2.6(a)所示电路 a、b 两端的等效电阻 R_{ab}。

解：首先进行局部化简。先把原电路改画成图 2.6(b)所示的电路；然后化简两个 6Ω 并联电阻，其结果如图 2.6(c)所示。由图 2.6(c)所示电路计算原电路的等效电阻 R_{ab}，

$$R_{ab}=6+\frac{(6+3)\times9}{(6+3)+9}+6=6+4.5+6=16.5(\Omega)$$

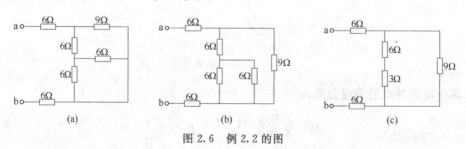

图 2.6　例 2.2 的图

【例 2.3】 电路如图 2.7(a)所示，已知 $R_1=7\Omega$，$R_2=R_3=R_4=9\Omega$。求电路 a、b 两端的等效电阻 R_{ab}。

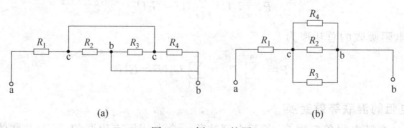

图 2.7　例 2.3 的图

解：首先，尽量缩短电路中等电位点的连线，如图 2.7(a)中 c—c、b—b 的连线缩成点。改画原电路，把每个电阻相互并联或串联关系清晰地体现出来，其结果如图 2.7(b)所示。可见，R_2、R_3、R_4 三个电阻并联，再与 R_1 串联。因此，a、b 间的等效电阻为

$$R_{ab}=R_1+R_2//R_3//R_4=7+9//9//9=7+3=10(\Omega)$$

【例 2.4】　电路如图 2.8(a)所示，分别求等效电阻 R_{ab} 和 R_{ac}。

解：从 a、b 端口看进去的等效电路如图 2.8(b)所示，因而有

$$R_{ab}=5+4=9(\Omega)$$

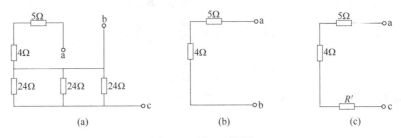

图 2.8　例 2.4 的图

从 a、c 端口看进去的等效电路如图 2.8(c)所示。图 2.8(c)中的 R' 为图 2.8(a)所示电路中 3 个 24Ω 电阻并联的等效电阻，即 $R'=24//24//24=8(\Omega)$，因而有

$$R_{ac}=5+4+R'=5+4+8=17(\Omega)$$

2.1.3　电阻的 Y 连接与 △ 连接的等效互换

前面讨论的电阻串、并联电路比较容易化简成为一个等效电阻，但在有些电阻性单口网络中，各电阻的连接关系既不是串联又不是并联，这类电路的等效可以通过电阻的星形(Y) 连接与三角形(△) 连接的等效互换来实现。例如，图 2.9 所示电路中，R_1、R_3 和 R_4 为星形连接；R_1、R_3 和 R_2 为三角形连接。在星形连接中，三个电阻各出一端接在一个公共节点上，另一端分别接到其他三个节点上；在三角形连接中，三个电阻的两端首尾相接，形成一个回路。电阻的星形连接与三角形连接都是通过三个端子与外部相连。它们之间的等效互换要求其外部性能相同，即要求对应端子的电压相同时，对应端子的电流也相同。

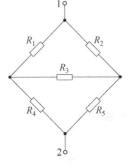

图 2.9　电阻的 Y 连接与 △ 连接

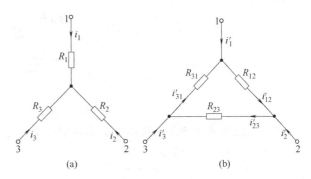

图 2.10　电阻的 Y 连接与 △ 连接的等效变换

在图 2.10(a)、(b)所示电路中,若两个电路等效,则有

$$i_1 = i_1', \quad i_2 = i_2', \quad i_3 = i_3' \tag{2.14}$$

对于三角形连接的电路,各个电阻中的电流分别为

$$i_{12}' = \frac{u_{12}}{R_{12}}, \quad i_{23}' = \frac{u_{23}}{R_{23}}, \quad i_{31}' = \frac{u_{31}}{R_{31}} \tag{2.15}$$

由 KCL,端子电流分别为

$$\left. \begin{aligned} i_1' = i_{12}' - i_{31}' = \frac{u_{12}}{R_{12}} - \frac{u_{31}}{R_{31}} \\ i_2' = i_{23}' - i_{12}' = \frac{u_{23}}{R_{23}} - \frac{u_{12}}{R_{12}} \\ i_3' = i_{31}' - i_{23}' = \frac{u_{31}}{R_{31}} - \frac{u_{23}}{R_{23}} \end{aligned} \right\} \tag{2.16}$$

对于星形连接的电路,由 $u_{12} = R_1 i_1 - R i_2$,$u_{23} = R_2 i_2 - R_3 i_3$ 和 $i_1 + i_2 + i_3 = 0$,求得各支路电流为

$$\left. \begin{aligned} i_1 = \frac{R_3 u_{12}}{R} - \frac{R_2 u_{31}}{R} \\ i_2 = \frac{R_1 u_{23}}{R} - \frac{R_3 u_{12}}{R} \\ i_3 = \frac{R_2 u_{31}}{R} - \frac{R_1 u_{23}}{R} \end{aligned} \right\} \tag{2.17}$$

式中:$R = R_1 R_2 + R_2 R_3 + R_3 R_1$。

若图 2.10(a)、(b)所示电路等效,则式(2.16)与式(2.17)中的 u_{12}、u_{23} 和 u_{31} 前面的系数对应相等,于是得

$$\left. \begin{aligned} R_{12} = \frac{R}{R_3} = R_1 + R_2 + \frac{R_1 R_2}{R_3} \\ R_{23} = \frac{R}{R_1} = R_2 + R_3 + \frac{R_2 R_3}{R_1} \\ R_{31} = \frac{R}{R_2} = R_1 + R_3 + \frac{R_1 R_3}{R_2} \end{aligned} \right\} \tag{2.18}$$

这就是从已知的星形电路的电阻来确定等效三角形电路的各电阻的关系式。

由式(2.18)得

$$\left. \begin{aligned} R_1 = \frac{R_{31} R_{12}}{R_{12} + R_{23} + R_{31}} \\ R_2 = \frac{R_{12} R_{23}}{R_{12} + R_{23} + R_{31}} \\ R_3 = \frac{R_{23} R_{31}}{R_{12} + R_{23} + R_{31}} \end{aligned} \right\} \tag{2.19}$$

这是从已知的三角形电路的电阻确定等效星形电路的各电阻的关系式。

将式(2.18)用电导表示,写成

$$G_{12} = \frac{G_1 G_2}{G_1 + G_2 + G_3} \left.\begin{array}{c}\\[2em]\\[2em]\end{array}\right\}$$

$$G_{23} = \frac{G_2 G_3}{G_1 + G_2 + G_3} \qquad (2.20)$$

$$G_{31} = \frac{G_3 G_1}{G_1 + G_2 + G_3}$$

式(2.19)与式(2.20)形状相似,便于记忆。为了更好地记忆,根据式(2.19)与式(2.20)的特点,得到下述一般公式

$$星形电阻 = \frac{三角形相邻电阻之积}{三角形电阻之和}$$

$$三角形电导 = \frac{星形相邻电导之积}{星形电导之和}$$

若星形电路的三个电阻相等,即 $R_1 = R_2 = R_3 = R_Y$,则等效的三角形电路的三个电阻也相等,即

$$R_\triangle = R_{12} = R_{23} = R_{31} = 3R_Y \qquad (2.21)$$

反之,有

$$R_Y = \frac{1}{3} R_\triangle \qquad (2.22)$$

【**例 2.5**】 对于图 2.11(a)所示的桥形电路,求等效电阻 R_{12}。

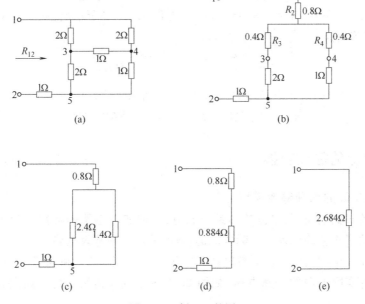

图 2.11 例 2.5 的图

解:把接在节点 1、3、4 上的三角形电路用等效星形电路替代,得

$$R_2 = \frac{2 \times 2}{2 + 2 + 1} = 0.8(\Omega)$$

$$R_3 = \frac{2 \times 1}{2 + 2 + 1} = 0.4(\Omega)$$

$$R_4 = \frac{2 \times 1}{2 + 2 + 1} = 0.4(\Omega)$$

这样,图 2.11(a)所示桥形电路等效成如图 2.11(b)所示的电路。再用电阻串、并联等效变换逐步化简成图 2.11(c)、(d)、(e),最后得到

$$R_{12} = 2.684\Omega$$

另一种方法是用三角形电阻来替代接到节点 1、4、5 上的星形电阻(以节点 3 为公共点),用电阻串、并联等效变换进一步化简。这种方法留给读者实践。

【例 2.6】 电路如图 2.12(a)所示,求等效电阻 R_{ab}。

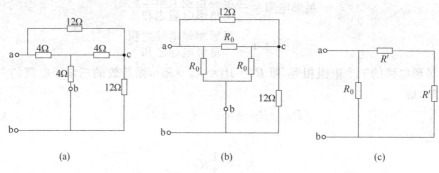

图 2.12 例 2.6 的图

解:将图 2.12(a)所示电路中的三个 4Ω 电阻由星形连接等效为三角形连接,如图 2.12(b)所示。图中,$R_0 = 3 \times 4 = 12(\Omega)$。在图 2.12(b)所示电路中,有两对 R_0 与 12Ω 并联,把它们等效为

$$R' = \frac{R_0 \times 12}{R_0 + 12} = \frac{12 \times 12}{12 + 12} = 6(\Omega)$$

因此,图 2.12(b)所示电路等效为图 2.12(c)所示电路。由图 2.12(c)求得

$$R_{ab} = R_0 // (R' + R') = 12 // (6 + 6) = 6(\Omega)$$

2.1.4 电源的等效变换

1. 实际电源的两种等效模型

前面讨论过的电压源、电流源都是理想电源,但实际电源的特性与理想电源相比是有区别的。为了更精确地表征实际电源的特性,采用下列等效电路。

一种是实际电源的电压源等效电路。它用一个电压源 U_S 和电阻 R_0 相串联的电路来表示,U_S 即实际电源的开路电压,如图 2.13(a)所示,其伏安特性曲线如图 2.13(b)所示。

伏安关系为

$$U = U_S - R_0 I \tag{2.23}$$

另一种是实际电源的电流源等效电路。它用一个电流源 I_S 和内阻 R_0 并联的电路表示,I_S 是实际电源的短路电流,如图 2.14(a)所示,其伏安特性曲线如图 2.14(b)所示。伏安关系为

$$I = I_S - U/R_0$$

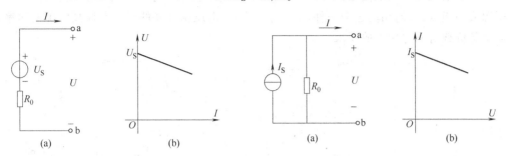

图 2.13 实际电源的电压源模型   图 2.14 实际电源的电流源模型

实际电源的两种等效电路可以等效变换的条件是其伏安关系完全相同。为了便于讨论,设电流源等效电路中的内阻为 R'_0,其端口伏安关系为

$$I = I_S = U/R'_0$$

转化为

$$U = R'_0 I_S - R'_0 I \tag{2.24}$$

比较式(2.23)与式(2.24),可见两个电路的等效条件为

$$U_S = R_0 I_S \quad \text{或} \quad I_S = U_S/R_0$$
$$R_0 = R'_0$$

电源等效变换时应注意:

(1) 电压源电压的方向和电流源电流的方向相反。

(2) 电压源与电流源的等效变换只对外电路等效,对内不等效。

(3) 理想电压源和理想电流源之间不能进行等效变换。

由此可见,任何一个电压源与电阻的串联组合和电流源与电阻的并联组合均能等效变换。

2. 电压源、电流源的串联与并联

首先讨论电压源的串联与并联问题。两个电压源顺串联电路及其等效电压源如图 2.15(a)所示,两个电压源反串联电路及其等效电压源如图 2.15(b)所示。等效电压源的参考极性可以任意假设。一旦等效电压源的参考极性设定后,原电路各电压源的极性与它进行比较,然后代数相加,得到等效电压源。电压源顺串联的目的是提高电源的电压,以满足负载对电源电压的要求。电压源反串联一般在电子电路中存在,例如两个电压信号源反相串联,达到相互抵消的目的。

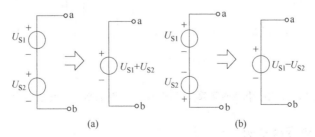

图 2.15 电压源的串联

　　两个电压源并联电路及其等效电压源如图 2.16 所示。电压源并联必须满足各个电压源大小相等、方向相同这个条件,即 $U_{S1}=U_{S2}$。电压源并联的目的是提高电源的功率,以满足负载对电源功率的要求。

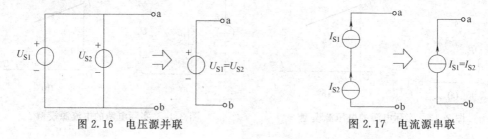

图 2.16　电压源并联　　　　　　　　　图 2.17　电流源串联

　　两个电流源串联电路及其等效电流源如图 2.17 所示。两个电流源串联必须满足各个电流源大小相等、方向相同这个条件,即 $I_{S1}=I_{S2}$。两个电流源顺并联电路及其等效电流源如图 2.18(a)所示,两个电流源反并联电路及其等效电流源如图 2.18(b)所示。等效电流源的参考方向可以任意假设。一旦等效电流源的参考方向设定,原电路各电流源的方向与它进行比较,然后代数相加,得到等效电流源。

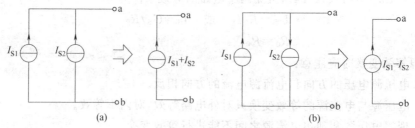

(a)　　　　　　　　　　　　　　　(b)

图 2.18　电流源并联

　　根据电压源的性质和电路等效的概念,与电压源并联的 A 元件(见图 2.19)对外电路而言是不起作用的,因为 a、b 间的电压 U 总是等于 U_S,A 元件存不存在,对外电路均无影响,所以其等效电路如图 2.19 所示。

　　同理,根据电流源的性质和电路等效的概念,与电流源串联的 A 元件(见图 2.20)对外电路而言是不起作用的,因为该支路的电流 I 总是等于 I_S,A 元件存不存在,对外电路均无影响,所以其等效电路如图 2.20 所示。

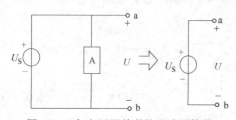　　　　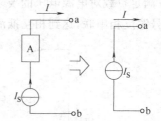

图 2.19　与电压源并联的电路的等效　　　　　图 2.20　与电流源串联的电路的等效

3. 电源的等效变换举例

电源的等效变换是电路分析的一个基本方法,而且经常使用。下面举一些例子说明这种方法的应用。

【例 2.7】 求图 2.21(a)所示电路的等效电路。

解：先将图 2.21(a)中所示电流源与 4Ω 电阻并联这部分电路等效成电压源模型，如图 2.21(b)所示，然后进一步化简成图 2.21(c)所示电路。请注意：把电流源模型等效变换成电压源模型时，等效电压源的极性不要搞错。

一段有源支路的化简问题在电路分析中经常遇到，要引起重视。

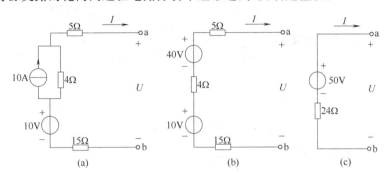

图 2.21 例 2.7 的图

【例 2.8】 求图 2.22(a)所示电路的等效电路。

解：根据电流源的性质和电路等效的概念，与电流源串联的电路对外电路而言是不起作用的，因为该支路的电流总是等于 10A，50V 电压源和 5Ω 电阻存不存在，对外电路均无影响，所以其等效电路如图 2.22(b)所示。

【例 2.9】 求图 2.23(a)所示电路的等效电路。

解：根据电压源的性质和电路等效的概念，与电压源并联的电路对外电路而言是不起作用的，因为 a、b 间的电压总是等于 10V。另一条并联支路不管是简单还是复杂，不管这条并联支路存不存在，对外电路均无影响，所以其等效电路如图 2.23(b)所示。

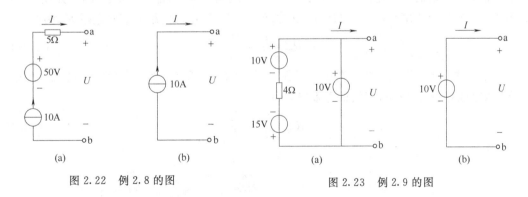

图 2.22 例 2.8 的图   图 2.23 例 2.9 的图

【例 2.10】 求图 2.24(a)所示电路中的电流 I。

解：利用电源模型的等效变换，将图 2.24(a)所示电路中的 3A 电流源与 2Ω 电阻并联的支路变换成电压源模型，再化简该支路，得到如图 2.24(b)所示的等效电路；然后，将 36V 电压与 24Ω 电阻串联的支路变换为电流源模型，如图 2.24(c)所示；最后，简化成如图 2.24(d)所示的单回路电路，由此求得电流为

$$I = \frac{-16-18}{8+12} = -1.7(\text{A})$$

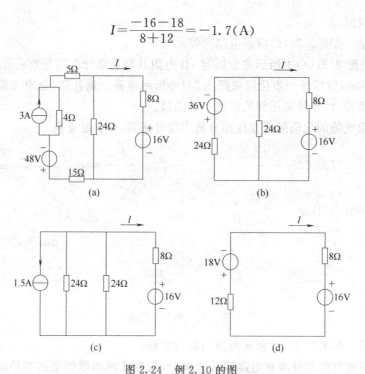

图 2.24　例 2.10 的图

2.1.5　含有电阻和受控源的单口网络的等效

只含有电阻和受控源的单口网络如图 2.25(a)所示。由于网络中没有独立源,对这类单口网络的等效问题,实质是求该单口网络的等效(或输入)电阻。求只含有电阻和受控源的单口网络的等效电阻有两种方法:一种方法是在输入端口外接电流源,如图 2.25(b)所示,然后求出端口电流 I 与电压 U 之间的关系,则单口网络的等效电阻 R_{eq} 为

$$R_{eq} = \frac{U}{I} = \frac{U}{I_S} \tag{2.25}$$

另一种方法是在输入端口外接电压源,如图 2.25(c)所示,然后求出端口电流 I 与电压 U 之间的关系,则单口网络的等效电阻 R_{eq} 为

$$R_{eq} = \frac{U}{I} = \frac{U_S}{I} \tag{2.26}$$

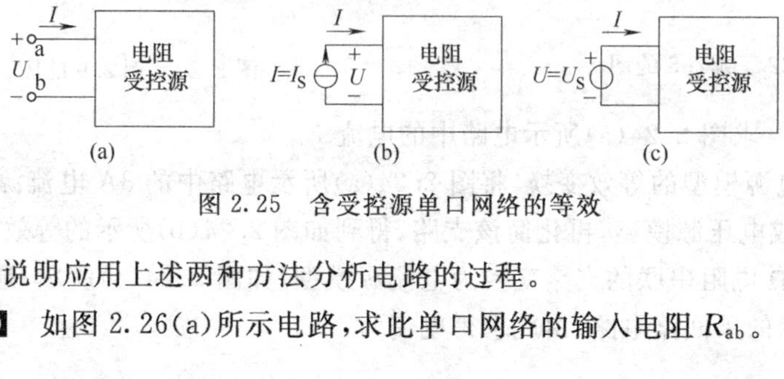

图 2.25　含受控源单口网络的等效

下面举例说明应用上述两种方法分析电路的过程。

【例 2.11】　如图 2.26(a)所示电路,求此单口网络的输入电阻 R_{ab}。

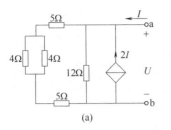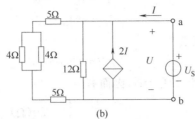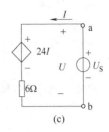

图 2.26　例 2.11 的图

解：图 2.26(a)所示电路相当于在端口加一个电压源 $U_S=U$，如图 2.26(b)所示。先把图中左边支路的两个 4Ω 并联电阻和两个 5Ω 串联电阻等效为一个 12Ω 电阻；再与 12Ω 电阻并联，得到 6Ω 等效电阻，它与 CCCS 并联。通过电源等效变换，得到图 2.26(c)所示电路，由此得

$$U=24I+6I=30I$$

因此，图 2.26(a)所示电路的输入电阻 R_{ab} 为

$$R_{ab}=\frac{U}{I}=\frac{30I}{I}=30(\Omega)$$

【**例 2.12**】　电路如图 2.27(a)所示，求该单口网络的输入电阻 R_{ab}。

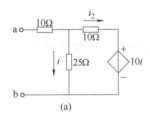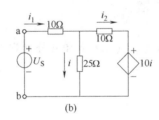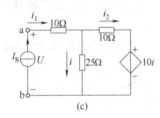

图 2.27　例 2.12 的图

解：方法一　在输入端口接一个电压源 U_S，如图 2.27(b)所示。因为输入电阻 $R_{ab}=\frac{U_S}{i_1}$，因此，只要求出 i_1（U_S 作为已知量），R_{ab} 即可确定。电阻 25Ω 上的电压为

$$25i=10i_2+10i$$

即有

$$3i=2i_2$$

又因为

$$U_S=10i_1+25i$$

由 KCL，有

$$i_1=i+i_2$$

联立上面三式，解出 $20i_1=U_S$，因而有

$$R_{ab}=\frac{U_S}{i_1}=20(\Omega)$$

方法二　在输入端口接一个电流源 I_S，如图 2.27(c)所示。因为输入电阻 $R_{ab}=\frac{U}{i_1}=\frac{U}{I_S}$，因此，只要求出 U（I_S 作为已知量），R_{ab} 即可确定。

由 KCL,有
$$i_1 = I_S = i + i_2$$

又因为
$$U = 10I_S + 25i$$

电阻 25Ω 上的电压为
$$25i = 10i_2 + 10i$$

联立上面三式,解出 $20I_S = U$,因而有

$$R_{ab} = \frac{U}{i_1} = \frac{U}{I_S} = 20(\Omega)$$

2.2 KCL 和 KVL 独立方程的个数

利用电阻电路的等效变换能解决一部分电路的计算问题。但是,由于电路往往很复杂,计算工作量很大,因此要根据电路的结构寻找分析与计算电路的系统方法。分析与计算电路要应用元件伏安关系和基尔霍夫定律。对于具有 b 条支路和 n 个节点的电路,KCL 独立方程的个数是多少? KVL 独立方程的个数又是多少? 本节讨论这两个问题。

2.2.1 KCL 独立方程的个数

设一个电路如图 2.28 所示,对节点 a、b、c 和 d 分别列出 KCL 方程如下所示。

节点 a: $i_1 - i_4 - i_5 = 0$。

节点 b: $i_4 - i_2 - i_6 = 0$。

节点 c: $i_3 + i_5 + i_6 = 0$。

节点 d: $i_2 - i_1 - i_3 = 0$。

在这些方程中,每条支路的电流均作为一项出现两次,一次为正,一次为负(指电流符号)。这是因为每条支路都连接在两个节点之间,所以每条支路的电流必定从一个节点流入,从另一个节点流出。这条支路的电流与其他节点不发生直接联系,因此,上面任意 3 个方程相加,必将得出第 4 个方程。这个结论对于有 n 个节点的电路同样适用。对 n 个节点列写 KCL 方程,所得 n 个方程中的任何一个都可以从其余 $(n-1)$ 个方程推出,所以独立方程的个数不超过 $(n-1)$ 个。可以证明,KCL 独立方程的个数是 $(n-1)$ 个。

2.2.2 KVL 独立方程的个数

在图 2.28 所示电路中,对 3 个网孔和外回路分别列出 KVL 方程如下所示。

电路左上网孔: $u_{S1} + R_1 i_4 + R_4 i_2 = 0$。

电路左下网孔: $-u_{S2} + R_2 i_6 - R_4 i_2 = 0$。

电路右网孔: $R_3 i_5 - R_2 i_6 - R_1 i_4 = 0$。

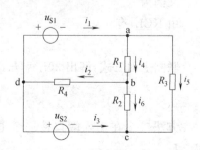

图 2.28 KCL 和 KVL 独立方程个数

电路外回路：$u_{S1}+R_3 i_5-u_{S2}=0$。

在这些方程中,任意 3 个方程相加,必将得出第 4 个方程。因此,只有 3 个方程是独立的。可以证明:对于具有 b 条支路和 n 个节点的电路,只能列出$[b-(n-1)]$个独立的 KVL 方程。对于平面电路(平面电路是可以画在平面上且不出现支路交叉的电路),有几个网孔,就有几个独立的回路数,这是因为任何一个网孔总有一条支路是其他网孔所没有的。这样,沿着网孔的回路列写 KVL 方程,其方程中总会有一个新的变量。

综上所述,对于具有 b 条支路和 n 个节点的电路,KCL 独立方程的个数是$(n-1)$个;KVL 独立方程的个数是$[b-(n-1)]$个,两个独立方程的个数相加,得到总的独立方程的个数为 b 个,正好求 b 条支路的电流。

2.3　支路电流法

2.3.1　支路电流法的基本思想

以支路电流为待求量,根据两类约束列写电路方程求解电路的方法称为支路电流法。例如,图 2.29 所示电路的元件参数已知,设定支路电流 I_1、I_2 和 I_3 为待求量,根据 KCL 建立节点电流方程。图 2.29 中有两个节点 a 和 b,独立节点只有 1 个。选节点 a 列方程,有

$$-I_1+I_2+I_3=0$$

根据 KVL,建立回路电压方程,该电路有两个网孔,所以独立回路方程只有两个,即

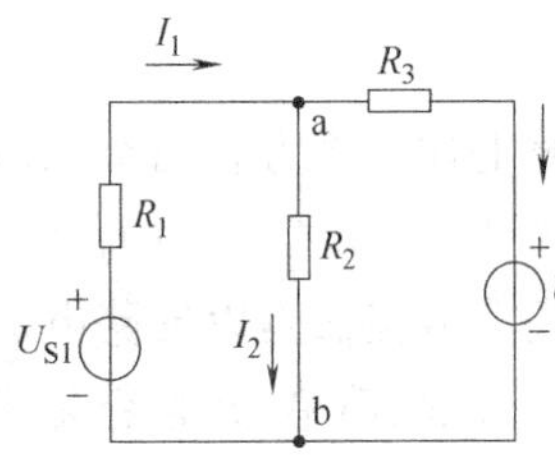

图 2.29　支路电流法示意图

$$R_1 I_1+R_2 I_2-U_{S1}=0$$
$$-R_2 I_2+R_3 I_3+U_{S2}=0$$

由此可见,利用 KCL、KVL 列写的独立方程数恰好是求解 3 条支路的电流所需方程数。

联立求解上述 3 个方程,求得各支路电流。根据元件的伏安特性,不难计算出各支路电压及元件的功率。

2.3.2　支路电流法的步骤

用支路电流法求解具有 n 个节点 b 条支路的线性电阻网络的步骤总结如下。
(1) 选取各支路电流的参考方向。
(2) 根据 KCL 定律,列写$(n-1)$个 KCL 方程。
(3) 根据 KVL 定律,列写$[b-(n-1)]$个 KVL 方程。对于平面电路,沿各网孔列出回路电压方程。

（4）联立求解方程组,得出各支路电流。

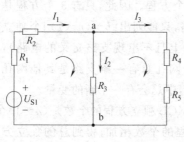

图 2.30 例 2.13 的图

【例 2.13】 在图 2.30 所示电路中,已知 $R_1 = R_2 = 2\Omega$, $R_3 = 4\Omega$, $R_4 = R_5 = 3\Omega$, $U_{S1} = 6.4\text{V}$。试用支路电流法求各支路电流。

解：设 I_1、I_2、I_3 为 3 个待求解的变量。电路中有 2 个节点,可列 1 个独立电流方程;电路中有 2 个网孔,可列 2 个独立电压方程。选定支路电流方向和列写 KVL 方程的绕行方向如图 2.30 所示。

对节点 a 列写节点电流方程,有

$$-I_1 + I_2 + I_3 = 0$$

对 2 个网孔列写回路电压方程,有

$$(R_1 + R_2)I_1 + R_3 I_2 - U_{S1} = 0$$

$$-R_3 I_2 + (R_4 + R_5)I_3 = 0$$

代入元件参数得

$$4I_1 + 4I_2 - 6.4 = 0$$

$$-4I_2 + 6I_3 = 0$$

将上述 2 个方程与节点电流方程联立,解得

$$I_1 = 1(\text{A}), \quad I_2 = 0.6(\text{A}), \quad I_3 = 0.4(\text{A})$$

支路电流法是以支路电流为一组独立变量,直接应用两类约束求解电路的方法。这种方法直观、简单,并且容易掌握。但是,当电路比较复杂且支路很多时,这种方法的计算量十分浩大。因此,为了减少列写方程的个数,必须另找一组独立变量。网孔分析法和节点分析法就是根据这一指导思想而产生的。下面讨论网孔分析法。

2.4 网孔分析法

2.4.1 网孔分析法的基本思想

网孔分析法的基本思想是:假设有一个电流沿着网孔流动,以网孔电流作为电路的独立变量,应用 KVL 列写网孔电压方程,从而求解各支路电流。网孔分析法只适用于平面电路。

下面通过图 2.31 所示电路来说明。假设有两个电流 I_a、I_b 分别沿着此平面电路的两个网孔连续流动,如图 2.31(a)所示。由于支路 1 只有电流 I_a 流过,实际的支路 1 电流为 I_1(见图 2.31(b)),可见 $I_a = I_1$;同样地,由于支路 3 只有电流 I_b 流过,实际的支路 3 电流为 I_3(见图 2.31(b)),可见 $I_b = I_3$;而支路 2 有两个电流 I_a、I_b 流过,支路 2 的电流应为假设的两个电流 I_a、I_b 的代数和,实际的支路 2 电流为 I_2(见图 2.31(b)),可见

$I_a-I_b=I_2$。把沿着网孔 1 流动的电流 I_a 和沿着网孔 2 流动的电流 I_b 称为网孔电流。当各支路电流用网孔电流表示后,KCL 将自动满足。这是因为每个网孔电流从一个节点流入,必然要流出。所以用网孔电流作为电路的独立变量,用 KVL 列写网孔电压方程。这组方程是独立的,因为全部网孔是一组独立的回路。对于具有 b 条支路和 n 个节点的平面电路,KVL 独立方程的个数为 $[b-(n-1)]$ 个,即为网孔的个数。

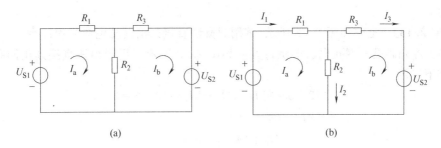

图 2.31　网孔分析法示意图

下面对图 2.31(a)所示电路列写 KVL 方程如下。

左网孔:$R_1 I_a+R_2(I_a-I_b)-U_{S1}=0$。

右网孔:$-R_2(I_a-I_b)+R_3 I_b+U_{S2}=0$。

整理上述两个方程得

$$(R_1+R_2)I_a-R_2 I_b=U_{S1}$$
$$-R_2 I_a+(R_2+R_3)I_b=-U_{S2}$$

用 R_{11} 和 R_{22} 分别代表网孔 1 和网孔 2 的自电阻,其值分别为网孔 1 和网孔 2 中所有电阻之和,即 $R_{11}=R_1+R_2$,$R_{22}=R_2+R_3$。用 R_{12} 和 R_{21} 分别代表网孔 1 和网孔 2 的互电阻,本例中,$R_{12}=R_{21}=-R_2$。改写上述两式,得

$$\left. \begin{array}{l} R_{11} I_a+R_{12} I_b=U_{S11} \\ R_{21} I_a+R_{22} I_b=U_{S22} \end{array} \right\} \tag{2.27}$$

在式(2.27)中,U_{S11} 为网孔 1 中所有独立电压源的代数和;U_{S22} 为网孔 2 中所有独立电压源的代数和。本例中,$U_{S11}=U_{S1}$,$U_{S22}=-U_{S2}$。

式(2.27)称为网孔电流方程,简称网孔方程。

考虑一般情况,若一个平面电路有 m 个网孔,其网孔电流分别为 $I_1,I_2,I_3,\cdots,I_m$,其网孔方程表示为

$$\left. \begin{array}{l} R_{11} I_1+R_{12} I_2+R_{13} I_3+\cdots+R_{1m} I_m=U_{S11} \\ R_{21} I_1+R_{22} I_2+R_{23} I_3+\cdots+R_{2m} I_m=U_{S22} \\ \vdots \\ R_{m1} I_1+R_{m2} I_2+R_{m3} I_3+\cdots+R_{mm} I_m=U_{Smm} \end{array} \right\} \tag{2.28}$$

2.4.2　用观察法直接列写网孔方程

方程组(2.28)可以凭观察直接列出。其中,自电阻 $R_{kk}(k=1,2,3,\cdots,m)$ 为第 k 个

网孔各个电阻之和,自电阻为正值。$R_{ij}(i,j=1,2,3,\cdots,m)$是网孔$i$与网孔$j$的公共电阻(互电阻)。当两个网孔电流的绕行方向一致时,R_{ij}的符号为正值,否则为负值;当全部网孔电流的绕行方向均相同时,所有的互电阻均为负值。在没有受控源的电路中,$R_{ij}=R_{ji}$。$U_{Skk}(k=1,2,3,\cdots,m)$为第$k$个网孔所有独立电压源的代数和,当网孔电流的绕行方向是从电压源"$-$"极指向"$+$"极时,这个电压源的电压值取正号,否则取负号。

【例 2.14】 电路如图 2.32 所示,试用观察法直接列出网孔电流方程。

解: 首先假设各网孔电流的绕行方向如图 2.32 所示。用观察法直接列出网孔电流方程如下所示:

$$(12+5+2)I_1-2I_2-5I_3=10-6=4$$
$$-2I_1+(2+7+12)I_2-7I_3=6$$
$$-5I_1-7I_2+(4+7+5)I_3=0$$

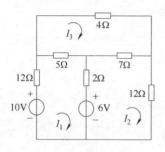

图 2.32   例 2.14 的图

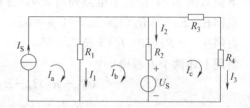

图 2.33   例 2.15 的图

【例 2.15】 电路如图 2.33 所示,已知 $I_S=12\text{A}, U_S=30\text{V}, R_1=20\Omega, R_2=20\Omega,$ $R_3=7\Omega, R_4=13\Omega$。试用网孔电流法求各支路电流。

解: 用网孔法求各支路电流的步骤如下所述。

(1) 首先假设各网孔电流的绕行方向如图 2.33 所示。

(2) 利用 KVL 列出网孔方程。

本例电路左边的网孔电流就是独立电流源的值,即 $I_a=I_S=12\text{A}$,因此这个网孔方程就不用列写了。对电路列出网孔方程如下:

$$I_a=I_S=12\text{A}$$
$$-R_1I_a+(R_1+R_2)I_b-R_2I_c=-U_S$$
$$-R_2I_b+(R_2+R_3+R_4)I_c=U_S$$

(3) 求解方程。

代入元件参数并整理得

$$I_a=12$$
$$-20I_a+40I_b-2I_c=-30$$
$$-20I_b+40I_c=30$$

联立上述三式,解得网孔电流:$I_a=12(\text{A}), I_b=7.5(\text{A}), I_c=4.5(\text{A})$。

(4) 求各支路电流。

$$I_1 = I_a - I_b = 12 - 7.5 = 4.5(\text{A})$$
$$I_2 = I_b - I_c = 7.5 - 4.5 = 3(\text{A})$$
$$I_3 = I_c = 4.5\text{A}$$

（5）验算。

为了检验计算结果的正确性，需要验算。其方法是列写一个未列写过的 KVL 方程，如果方程成立，说明计算正确；否则要重新计算。例如，本例对 R_1、R_3 和 R_4 回路列写 KVL 方程：

$$-R_1 I_1 + (R_3 + R_4) I_3 = 0$$

代入数据，得

$$-20 \times 4.5 + (7 + 13) \times 4.5 = 0$$

说明计算结果正确。

【**例 2.16**】 电路如图 2.34 所示，用网孔法求电压 U。

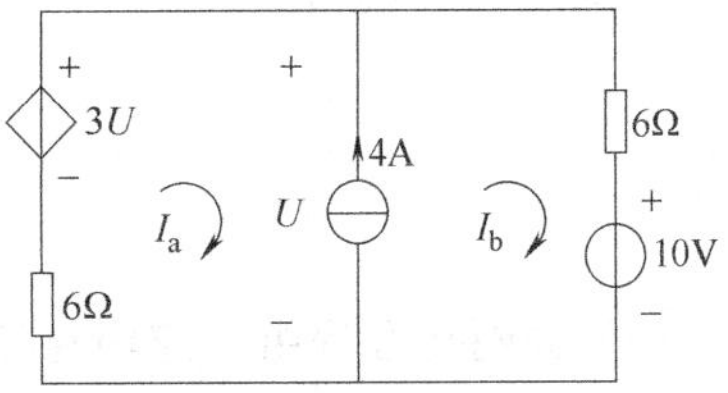

解：本例电路中的电流源是两个网孔的公共支路。由于网孔方程是 KVL 方程，因此在电流源两端设一个电压变量 U，VCVS 当作独立电压源看待。列写网孔方程如下：

$$\left.\begin{array}{l} 6I_a + U = 3U \\ -U + 6I_b = -10 \end{array}\right\} \qquad (2.29)$$

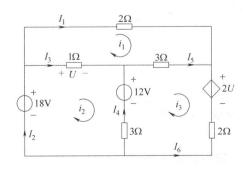

图 2.34 例 2.16 的图

上式中多了一个变量 U，因此还得补充一个方程，即

$$I_b - I_a = 4 \qquad\qquad (2.30)$$

联立式(2.29)和式(2.30)，解得

$$I_a = -11\frac{1}{3}(\text{A}), \quad I_b = -7\frac{1}{3}(\text{A})$$

所以

$$U = 6I_b + 10 = 6 \times \left(-7\frac{1}{3}\right) + 10 = -34(\text{V})$$

【**例 2.17**】 应用网孔分析法求含受控源平面电路，如图 2.35 所示，试用网孔分析法求各支路电流。

解：电路的节点数 $n = 4$，支路数 $b = 6$，故网孔数为 $b - (n-1) = 3$。以 3 个网孔电流为变量，应用 KVL 列出 3 个网孔方程。在网孔方程中，受控电压源的控制量应以网孔电流表示。解出网孔电流后，根据支路电流与网孔电流的关系，算出各支路

图 2.35 例 2.17 的图

电流。

应用网孔分析法解题的步骤如下。

(1) 对网孔编号,并标出各网孔电流的绕行方向。

网孔电流为 i_1、i_2 和 i_3,它们的参考方向标于图 2.35 中。

(2) 列写网孔方程。

绕行方向选为顺时针方向,列出网孔方程如下:

$$(1+2+3)i_1 - i_2 - 3i_3 = 0$$
$$-i_1 + (1+3)i_2 - 3i_3 = 18 - 12$$
$$-3i_1 - 3i_2 + (3+3+2)i_3 = 12 - 2U$$

补充方程

$$U = (i_2 - i_1) \times 1$$

整理上述方程得

$$6i_1 - i_2 - 3i_3 = 0$$
$$-i_1 + 4i_2 - 3i_3 = 6$$
$$-5i_1 - i_2 + 8i_3 = 12$$

(3) 解网孔方程组。应用克拉姆法则得出

$$i_1 = \frac{\begin{vmatrix} 0 & -1 & -3 \\ -6 & 4 & -3 \\ 12 & -1 & 8 \end{vmatrix}}{\begin{vmatrix} 6 & -1 & -3 \\ -1 & 4 & -3 \\ -5 & -1 & 8 \end{vmatrix}} = \frac{114}{88} = 1.295(\text{A})$$

$$i_2 = \frac{\begin{vmatrix} 6 & 0 & -3 \\ -1 & -6 & -3 \\ -5 & 12 & 8 \end{vmatrix}}{88} = \frac{54}{88} = 0.614(\text{A})$$

$$i_3 = \frac{\begin{vmatrix} 6 & -1 & 0 \\ -1 & 4 & -6 \\ -5 & -1 & 12 \end{vmatrix}}{88} = \frac{210}{88} = 2.386(\text{A})$$

(4) 计算各支路电流。

$$I_1 = i_1 = 1.295\text{A}$$
$$I_2 = i_2 = 0.614\text{A}$$
$$I_3 = i_2 - i_1 = 0.614 - 1.295 = -0.681(\text{A})$$
$$I_4 = i_3 - i_2 = 2.386 - 0.614 = 1.732(\text{A})$$
$$I_5 = i_3 - i_1 = 3.386 - 1.295 = 1.091(\text{A})$$
$$I_6 = -i_3 = -2.386(\text{A})$$

2.5 节点分析法

2.5.1 节点分析法的基本思想

节点分析法就是以电路中的节点电位为独立变量分析电路的方法。在电路中,可任选一个参考点,其余节点与参考点之间的电压称为节点电位。

下面以图 2.36 为例,说明怎样以节点电位为独立变量求解电路。

设以节点 0 为参考点,即 $V_0 = 0$,节点 1 和节点 2 的节点电位以 V_1 和 V_2 表示。设各支路电流的参考方向如图中所示。对节点 1 和节点 2 应用 KCL 列出方程

节点1 $\quad I_1 + I_2 + I_3 + I_4 - I_{S1} + I_{S3} = 0$

节点2 $\quad -I_3 - I_4 + I_5 + I_6 - I_{S3} - I_{S2} = 0$

$$\left.\begin{array}{l}\end{array}\right\} \qquad (2.31)$$

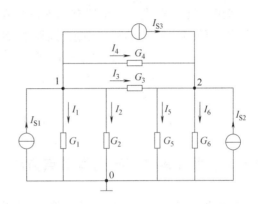

图 2.36 节点分析法示例

为使方程式以节点电位变量 V_1 和 V_2 表示,根据欧姆定律得

$$\left.\begin{array}{ll} I_1 = G_1 V_1 & I_2 = G_2 V_1 \\ I_3 = G_3 (V_1 - V_2) & I_4 = G_4 (V_1 - V_2) \\ I_5 = G_5 V_2 & I_6 = G_6 V_2 \end{array}\right\} \qquad (2.32)$$

将式(2.32)代入式(2.31),得

$$\left.\begin{array}{l} G_1 V_1 + G_2 V_1 + G_3 (V_1 - V_2) + G_4 (V_1 - V_2) = I_{S1} - I_{S3} \\ -G_3 (V_1 - V_2) - G_4 (V_1 - V_2) + G_5 V_2 + G_6 V_2 = I_{S2} + I_{S3} \end{array}\right\}$$

将这两个式子整理后,得

$$\left.\begin{array}{l} (G_1 + G_2 + G_3 + G_4) V_1 - (G_3 + G_4) V_2 = I_{S1} - I_{S3} \\ -(G_3 + G_4) V_1 + (G_3 + G_4 + G_5 + G_6) V_2 = I_{S2} + I_{S3} \end{array}\right\} \qquad (2.33)$$

这就是以节点电位 V_1、V_2 为未知量的节点电位方程。

方程组(2.33)可以进一步改写成

$$\left.\begin{array}{l} G_{11} V_1 + G_{12} V_2 = I_{S11} \\ G_{21} V_1 + G_{22} V_2 = I_{S22} \end{array}\right\} \qquad (2.34)$$

式(2.34)中的 G_{11} 为节点 1 的自电导,它是与节点 1 相连接的各支路电导的总和,即 $G_{11} = G_1 + G_2 + G_3 + G_4$;$G_{22}$ 为节点 2 的自电导,它是与节点 2 相连的各支路电导之和,即 $G_{22} = G_3 + G_4 + G_5 + G_6$;$G_{12} = G_{21}$ 为节点 1 和节点 2 之间的互电导,它是连接在节点 1 和节点 2 之间的各支路电导之和的负值,即 $G_{12} = G_{21} = -(G_3 + G_4)$。由于假设节点电位的

参考方向总是由独立节点指向参考节点,所以各节点电位在自电导中引起的电流总是流出该节点,在节点方程左边,流出节点的电流取"十",因而自电导总是正的;但另一节点电位通过互电导引起的电流总是流入本节点,在节点方程左边,流入节点的电流取"一",因而互电导总是负的。

式(2.34)右边的 I_{S11} 和 I_{S22} 分别表示电流源流入节点 1 和 2 的电流代数和(流入为正,流出为负)。

节点电位方程是 KCL 的体现,方程左边是各节点电位引起的流出节点的电流,右边是电流源送入节点的电流。

考虑一般情况,若一个电路有 $(n+1)$ 个节点,就有 n 个独立节点电位,其独立节点电位分别为 $V_1,V_2,V_3,\cdots,V_n$,根据上述原则,列出 n 个独立节点电位方程,即

$$\left.\begin{array}{l} G_{11}V_1+G_{12}V_2+\cdots+G_{1n}V_n=I_{S11} \\ G_{21}V_1+G_{22}V_2+\cdots+G_{2n}V_n=I_{S22} \\ \vdots \\ G_{n1}V_1+G_{n2}V_2+\cdots+G_{nn}V_n=I_{Snn} \end{array}\right\} \tag{2.35}$$

2.5.2　用观察法直接列写节点方程

方程组(2.35)可以凭观察直接列出。其中,自电导 $G_{kk}(k=1,2,3,\cdots,n)$ 为第 k 个节点的所有电导之和,自电导为正;$G_{ij}(i,j=1,2,3,\cdots,n)$ 是节点 i 与节点 j 的公共电导之和(互电导),互电导为负,在没有受控源的电路中,且有 $G_{ij}=G_{ji}$;$I_{Skk}(k=1,2,3,\cdots,n)$ 为第 k 个节点上所有独立电流源电流的代数和。当独立电流源指向节点时,该电流源的电流值取正号,否则取负号。

需要指出的是,节点分析法不仅适用于平面电路,也适用于非平面电路,因此节点分析法应用更普遍。

【例 2.18】　电路如图 2.37 所示,已知电流源 $I_{S1}=3A$,$I_{S2}=7A$。试用节点法求电路中的各支路电流。

解:(1)选定参考节点,并对其余节点编号。

参考节点可任意选定。注意,在分析电路时,参考节点一经选定,不得随意变动。本例取节点 0 为参考节点,节点电位 V_1、V_2 为变量。

(2)列出节点电位方程。

应注意,自电导总是正的,互电导总是负的。连接本节点的电流源,当其电流指向该节点时,前面取正号,反之取负号。节点电位方程为

$$\left(\frac{1}{1}+\frac{1}{2}\right)V_1-\frac{1}{2}V_2=3$$

$$-\frac{1}{2}V_1+\left(\frac{1}{2}+\frac{1}{3}\right)V_2=7$$

(3)求解联立方程组,得到各节点电位。

联立上述两个方程,求解得

$$V_1 = 6(\text{V}), \quad V_2 = 12(\text{V})$$

（4）求各支路电流。

$$I_1 = \frac{V_1}{1} = \frac{6}{1} = 6(\text{A})$$

$$I_2 = \frac{V_1 - V_2}{2} = \frac{6 - 12}{2} = -3(\text{A})$$

$$I_3 = \frac{V_2}{3} = \frac{12}{3} = 4(\text{A})$$

（5）验算。

为了检验计算结果的正确性，需要验算。其方法是列写一个 KVL 方程。如果方程成立，说明计算正确，否则重新计算。例如，本例对三个电阻回路列写 KVL 方程，得

$$2I_2 + 3I_3 - 1 \times I_1 = 2 \times (-3) + 3 \times 4 - 1 \times 6 = 0$$

说明上述计算结果是正确的。

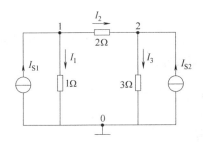

图 2.37　例 2.18 的图

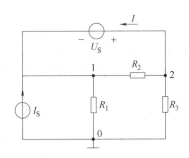

图 2.38　例 2.19 的图

【例 2.19】　电路如图 2.38 所示，电路中各元件参数为已知量，试列出节点方程。

解：由于节点法是应用 KCL 列方程，电路中的电压源接在节点 1 和节点 2 之间，因此该支路要标出一个未知电流 I，如图 2.37 所示。列写节点方程如下所示：

$$\left.\begin{array}{l} V_1\left(\dfrac{1}{R_1} + \dfrac{1}{R_2}\right) - \dfrac{V_2}{R_2} = I_S + I \\[2mm] -\dfrac{V_1}{R_2} + V_2\left(\dfrac{1}{R_2} + \dfrac{1}{R_3}\right) = -I \end{array}\right\} \tag{2.36}$$

在列写节点方程时，电压源支路中的电流 I 当作电流源看待。式（2.36）中多一个未知量 I，因此要补充一个方程

$$V_2 - V_1 = U_S \tag{2.37}$$

式（2.36）和式（2.37）组成该电路的节点方程。

【例 2.20】　电路如图 2.39（a）所示，试列出节点方程。

解：图 2.39（a）所示电路含有电压源与电阻串联的支路，在列节点电压方程时，应首先将其转换成等效的电流源与电导并联的形式，如图 2.39（b）所示。

图 2.39（b）所示电路含有两个节点，选取节点 0 为参考节点，对节点 1 列出电位方程

$$(G_1 + G_2 + G_3)V_1 = I_{S1} + I_{S2} = G_1 U_{S1} + G_2 U_{S2}$$

其中

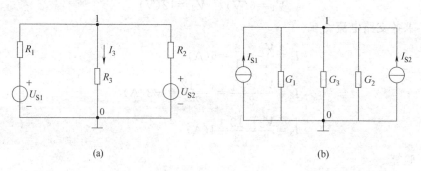

(a)   (b)

图 2.39 例 2.20 的图

$$G_1 = \frac{1}{R_1}, \quad G_2 = \frac{1}{R_2}, \quad G_3 = \frac{1}{R_3}$$

把上式改写成

$$V_1 = \frac{G_1 U_{S1} + G_2 U_{S2}}{G_1 + G_2 + G_3}$$

对于只有两个节点的电路,如果该电路共有 b 条支路,其中有 k 条支路由电压源与电阻串联构成,有 $(b-k)$ 条支路由电阻组成,上式可写成专用公式:

$$V_1 = \frac{\displaystyle\sum_{j=1}^{k} G_j U_{Sj}}{\displaystyle\sum_{j=1}^{b} G_j} \tag{2.38}$$

式(2.38)称为弥尔曼定理。

【**例 2.21**】 电路如图 2.39(a)所示,已知 $U_{S1} = 20V$,$U_{S2} = 10V$,$R_1 = 5\Omega$,$R_2 = 10\Omega$,$R_3 = 20\Omega$,试用弥尔曼定理求解电路中的电流 I_3。

解:本电路只有一个独立节点,设其为 V_1。利用弥尔曼定理,得

$$V_1 = \frac{\dfrac{20}{5} + \dfrac{10}{10}}{\dfrac{1}{5} + \dfrac{1}{20} + \dfrac{1}{10}} = 14.3(V)$$

由此可得

$$I_3 = \frac{V_1}{R_3} = \frac{14.3}{20} = 0.72(A)$$

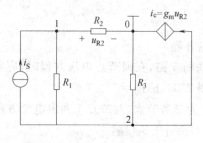

图 2.40 例 2.22 的图

【**例 2.22**】 电路如图 2.40 所示,试列出节点方程。

解:列节点方程时,把受控源当作独立源看待。列写节点方程如下:

$$\left(\frac{1}{R_1} + \frac{1}{R_2}\right)V_1 - \frac{1}{R_1}V_2 = i_S$$

$$-\frac{1}{R_1}V_1 + \left(\frac{1}{R_1} + \frac{1}{R_3}\right)V_2 = -i_S - g_m u_{R2}$$

上述第二式中，$u_{R2}=V_1$。把上述第二式的受控源电流（$-g_m u_{R2}$）这一项移到左边，得

$$\left(\frac{1}{R_1}+\frac{1}{R_2}\right)V_1-\frac{1}{R_1}V_2=i_S$$

$$\left(-\frac{1}{R_1}+g_m\right)V_1+\left(\frac{1}{R_1}+\frac{1}{R_3}\right)V_2=-i_S$$

这就是该电路的节点方程。由上面两个方程，可知两个互电导分别为

$$G_{12}=-\frac{1}{R_1}, \quad G_{21}=-\frac{1}{R_1}+g_m$$

由于电路有受控源，使得 $G_{12}\neq G_{21}$。这一特点可以推广到一般情况：在含有受控源电路中，节点方程中的互电导 G_{ij} 不一定等于 G_{ji}。

【**例 2.23**】　应用节点分析法计算含受控源电路。电路如图 2.41 所示，试用节点分析法求各支路电流。

解：本题电路中，节点数 $n=4$，支路数 $b=6$。独立节点数 $n-1=3$，应用 KCL 可以列出 3 个独立节点方程。列节点方程时，4A 电流源支路串有 4Ω 电阻。由等效概念，在该节点方程中，4Ω 电阻应置零；得出各节点电位后，支路电流可直接计算得出。

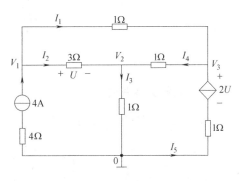

图 2.41　例 2.23 的图

应用节点分析法解题的步骤如下所述。

(1) 设节点 0 为参考节点。

独立节点电位分别为 V_1、V_2 和 V_3，如图 2.41 所示。

(2) 列节点方程。

假定独立节点电位均高于参考节点电位，则在节点方程中，流出节点支路的电流为正值，流入节点的电流为负值。节点方程为

$$\left(1+\frac{1}{3}\right)V_1-\frac{1}{3}V_2-V_3=4$$

$$-\frac{1}{3}V_1+\left(1+\frac{1}{3}+1\right)V_2-V_3=0$$

$$-V_1-V_2+(1+1+1)V_3=2U$$

补充方程

$$U=V_1-V_2$$

整理上述方程，得

$$4V_1-V_2-3V_3=12$$

$$-V_1+7V_2-3V_3=0$$

$$-3V_1+V_2+3V_3=0$$

（3）解联立节点方程组。

应用克拉姆法则，有

$$D=\begin{vmatrix} 4 & -1 & -3 \\ -1 & 7 & -3 \\ -3 & 1 & 3 \end{vmatrix}=24 \qquad D_1=\begin{vmatrix} 12 & -1 & -3 \\ 0 & 7 & -3 \\ 0 & 1 & 3 \end{vmatrix}=288$$

$$D_2=\begin{vmatrix} 4 & 12 & -3 \\ -1 & 0 & -3 \\ -3 & 0 & 3 \end{vmatrix}=144 \qquad D_3=\begin{vmatrix} 4 & -1 & 12 \\ -1 & 7 & 0 \\ -3 & 1 & 0 \end{vmatrix}=240$$

求得独立节点电位分别为

$$V_1=\frac{D_1}{D}=\frac{288}{24}=12(\text{V})$$

$$V_2=\frac{D_2}{D}=\frac{144}{24}=6(\text{V})$$

$$V_3=\frac{D_3}{D}=\frac{240}{24}=10(\text{V})$$

（4）计算各支路电流。

$$I_1=\frac{V_1-V_3}{1}=\frac{12-10}{1}=2(\text{A})$$

$$I_2=\frac{V_1-V_2}{3}=\frac{12-6}{3}=2(\text{A})$$

$$I_3=\frac{V_2}{1}=6(\text{A})$$

$$I_4=\frac{V_3-V_2}{1}=\frac{10-6}{1}=4(\text{A})$$

因为受控电压源为

$$2U=2(V_1-V_2)=2(12-6)=12(\text{V})$$

所以有

$$I_5=\frac{2U-V_3}{1}=\frac{12-10}{1}=2(\text{A})$$

*2.6 具有理想运算放大器的电阻电路分析

运算放大器(简称运放)的应用日益广泛。它是电路理论中一个重要的多端元件。运放的作用是把输入电压放大一定倍数后再输送出去，其输入电压与输出电压之比称为电压放大倍数(或称电压增益)。运放实质是一种具有高增益(可达几万倍以上)、高输入阻抗(可达 1MΩ)、低输出阻抗(只有 100Ω 左右)的放大器。运放与 RC 元件可以完成积分、微分、加减等运算，所以称为运算放大器。不过它的应用范围远远超出这些运算功能。运放是一块集成芯片(或一块集成芯片上有几个运放)，因此它可以看作是一个常用的电路元件。

　　本节把运放的工作范围限定在线性段,并利用理想运放"虚开路"和"虚短路"两个特点进行电路分析。对于含有理想运放的电路,常用节点分析法,但运放的输出端不列写节点方程,这是因为运放的输出电流一般是未知量。

2.6.1　集成运放的封装

　　运算放大器有三种封装形式,即金属圆形、双列直插式和扁平式。封装所用的材料有陶瓷、金属、塑料等。陶瓷封装的集成电路气密性、可靠性高,使用的温度范围宽($-55\sim125$℃);塑料封装的集成电路在性能上稍微差一些,不过由于其价格低廉而获得广泛应用。图 2.42 所示为集成运放 CF741 金属圆形封装和塑料双列直插式封装外形及引脚排列图。封装形式的多样性为设计提供了最大的灵活性。电路板布局的约束条件也会令最初的设计方案被迫改变。四通道器件给人的最初印象似乎是效率最高,但它们往往使电路板布局的复杂程度大为增加。

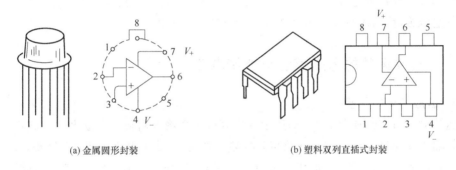

(a) 金属圆形封装　　　　　　　　　　(b) 塑料双列直插式封装

图 2.42　CF741 集成运放外形及引脚排列图

　　为了便于判别集成运放外形引脚的编号,封装时有一些标记,如图 2.43 所示。

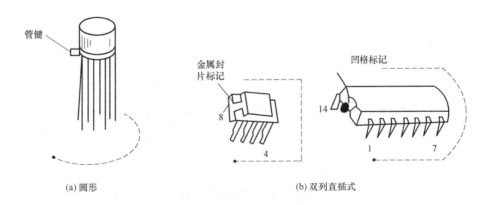

(a) 圆形　　　　　　　　　　　　　　　(b) 双列直插式

图 2.43　集成运放的外形标记

　　引脚排列的规律如图 2.44 所示。对于圆形器件,可根据底视图,由管键(或凸起口、定位孔)下一脚开始,按顺时针方向依次为 $1,2,3,\cdots,8$ 脚。

　　对于直插式器件,可将引脚向下,缺口朝左,从左下脚开始,依次为 $1,2,3,\cdots,14$ 脚。

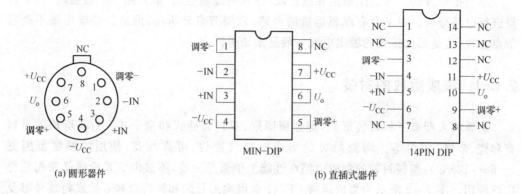

(a) 圆形器件　　　　　　　　　　　　　(b) 直插式器件

图 2.44　集成运放的引脚排列图

各种新型封装的电路板占位面积日益缩小。单通道运算放大器可采用 SOT23 封装,以及结构相似但外形更加小巧的 SC70 封装;双通道器件有 SOT23—8 封装。采用 WCSP 芯片级封装的运算放大器的占位面积更小。在着手寻找运算放大器之前,应该先检查制造能力,因为现有设备未必能处理所有的封装形式。

2.6.2　集成运放的电路模型与外接电路

1. 运放的电路模型

运放的端口特性如图 2.45(a)所示。运放有两个输入端和一个输出端。输入端 a 称为反相输入端,当电压 u^- 加在 a 端与公共端 o 之间时,输出电压 u_o 与 u^- 反相;输入端 b 称为同相输入端,当电压 u^+ 加在 b 端与公共端 o 之间时,输出电压 u_o 与 u^+ 同相。为了便于区分,反相输入端和同相输入端分别用"-"和"+"表示,如图 2.45(a)所示。i^- 和 i^+ 分别为反相输入端电流和同相输入端电流。为了简便,公共端 o 往往不画出,如图 2.45(b)所示。

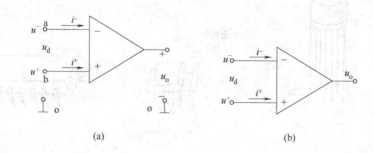

(a)　　　　　　　　　　　　　　　(b)

图 2.45　运放的端口特性

在电路图中,运放的国际标准电路符号如图 2.46(a)所示;运放的国家标准电路符号如图 2.46(b)所示。本书的运放采用国际标准电路符号。

在图 2.45(a)中,当 a 端与 b 端同时加电压 u^- 和 u^+ 时,输出电压为

$$u_o = A(u^+ - u^-) = Au_d \tag{2.39}$$

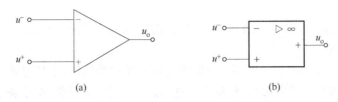

图 2.46　运放的电路符号

式中：$u_d = u^+ - u^-$，称为差模输入电压，或称为差动输入电压；A 为运放的电压放大倍数。运放的这种输入情况称为差模输入。

如果同相输入端与公共端短接，反相输入端加电压 u^- 时，输出电压 u_o 为

$$u_o = -Au^- \tag{2.40}$$

反之，反相输入端与公共端短接，同相输入端加电压 u^+ 时，输出电压 u_o 为

$$u_o = Au^+ \tag{2.41}$$

运放的电路模型如图 2.47 所示。图中，R_i 为运放的输入电阻，约为 $1\mathrm{M}\Omega$；R_o 为运放的输出电阻，为 100Ω 左右；A 为运放的电压放大倍数，一般 $A > 100\mathrm{dB}$。

2. 运放的电压传输特性

集成运放的输出电压与输入电压的关系称为集成运放的传输特性，如图 2.48 所示。

在线性工作区中，集成运放的输出电压 u_o 和输入电压 u_i（$u_i = u_d = u^+ - u^-$）呈线性关系，如图 2.48 中 AC 段。在饱和区中，输出电压为集成运放的正、负饱和值。图 2.48 中，AB 段为负饱和区，CD 段为正饱和区，正、负饱和值略低于正、负电源电压值。

本章讨论的运放电路均工作在线性区。

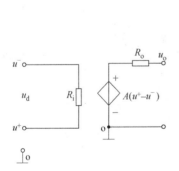

图 2.47　运放的电路模型

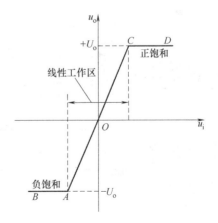

图 2.48　集成运放的电压传输特性

3. 理想运放

在理想情况下，R_i 为无穷大，R_o 为零，A 为无穷大。由于 u_d 为有限值，这时运放输入电流 i^- 和 i^+ 均为零，相当于开路，这种情况称为虚开路；当 A 为无穷大时，从式（2.39）可见，由于 u_o 为有限值，必有 $u_d = u^+ - u^- = 0$，这时运放输入端相当于短路，这种情况称

为虚短路。

归纳上述,运放工作在线性段,如果运放的输入电阻 $R_i \to \infty$,$R_o = 0$,$A \to \infty$,这种运放称为理想运放。

尽管理想运放并不存在,但是,当集成运放工作在线性区(小信号放大工作状态)时,其技术指标与理想条件非常接近,因而上述"虚开路"和"虚短路"两个特点是成立的。在具体分析时,将其理想化一般是允许的。这种分析计算带来的误差一般不大,只是在需要对运算结果进行误差分析时才予以考虑。本书除特别指出外,均按理想运放对待,可以使分析大大简化。

4. 运放的外接电路

大多数集成运放需要两个直流电源供电。例如,由 CF741 型集成运放构成的反相比例运算电路的接线图如图 2.49(a)所示,图中 R_P 为调零电位计。

图 2.49(a)所示接线图的优点是在实物制作中,元件接线很方便。但是,当一个系统有多个运放时,其电路原理图会画得很繁杂,无论是作图还是看图,均很不方便。由于运放的外接线都是人们知晓的,因此,把图 2.49(a)所示电路图简画成如图 2.49(b)所示。后面均采用这种简画图,这已成共识。

在图 2.49(b)中,同相输入端接入电阻 R_2 的目的是保持运放电路静态平衡。集成运放的输入级均为差分放大器,其两边电路的参数应当对称。静态时,集成运放的输入信号电压与输出电压均为零,此时电阻 R_1 与 R_f 相当于并联地接在运放反相输入端与地之间,这个并联电阻相当于差分输入级一个三极管的基极电阻。为了使差分输入级的两侧对称,在运放同相端与地之间也接入一个电阻 R_2,并使 $R_2 = R_1 /\!/ R_f$,这样便可使电路达到静态平衡,所以 R_2 称为平衡电阻,但 R_2 不参加电路计算。

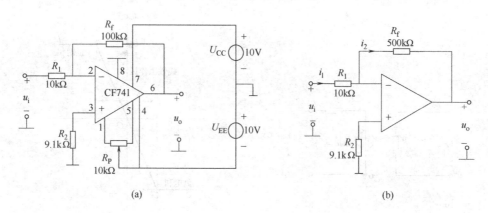

图 2.49　运放的外接电路及简画电路图

下面将讨论集成运放的各种应用电路。

2.6.3　比例运算电路

比例运算电路包括反相比例运算电路和同相比例运算电路,它们是构成各种复杂运算电路的基础,是最基本的运算电路。

1. 反相比例运算电路

反相比例运算电路的基本形式如图 2.50 所示。输入信号 u_i 经 R_1 加至集成运放的反相输入端。R_f 为反馈电阻(反馈的概念将在第 4 章讨论)。电压放大倍数(比例系数)分析如下。

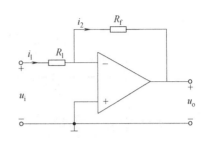

在图 2.50 中,根据虚开路的概念,$i_1 = i_2$;根据虚短路的概念,节点 1 的电位为零,因此有

$$\frac{u_i}{R_1} = -\frac{u_o}{R_f}$$

图 2.50　反相比例运算电路

即电压放大倍数为

$$A_u = \frac{u_o}{u_i} = -\frac{R_f}{R_1} = -k \tag{2.42}$$

式中:$k = \dfrac{R_f}{R_1}$。可见,这个电路的输出电压与输入电压成比例,比例系数(即电压放大倍数)等于反馈电阻 R_f 与 R_1 的比值,显然与运放本身的参数无关。因此,只要选用不同的 R_f 和 R_1 值,便可方便地改变比例系数。而且,只要选用优质的精密电阻,使这两个电阻值精确、稳定,即使放大器本身的参数发生一些变化,A_u 的值还是非常精确、稳定的。式(2.42)右边的负号表示输出电压与输入电压反相,因此,这个电路又称为负比例器,或者叫作反相放大器。

2. 同相比例运算电路

同相比例运算电路的基本形式如图 2.51 所示。输入信号 u_i 经 R_2 加至集成运放的同相端。电压放大倍数分析如下。

在图 2.51 中,根据虚开路的概念,R_1、R_2 中流过同一电流;根据虚短路的概念,节点 1 的电位 $v_1 = u_i$,因此有

$$\frac{v_1}{R_1} = \frac{u_i}{R_1} = \frac{u_o - v_1}{R_2} = \frac{u_o - u_i}{R_2}$$

即电压放大倍数为

$$A_u = \frac{u_o}{u_i} = 1 + \frac{R_2}{R_1} = k \tag{2.43}$$

式中:$k = 1 + \dfrac{R_2}{R_1}$。可见,这个电路的输出电压与输入电压成比例,A_u 与运放本身的参数无关。又因为输出电压与输入电压同相,因此,这个电路又称为正比例器,或者叫作同相放大器。

若把图 2.51 所示电路中的 R_1 开路,R_2 短路,如图 2.52 所示,由式(2.43)可得 $u_o = u_i$,同时 $i_{in} = 0$,就是说,输入电阻 R_i 无穷大。该电路的输出电压完全"重现"输入电压,故称该电路为电压跟随器。由于输入电阻 R_i 无穷大,它对前面电路与后面电路起隔离作用。

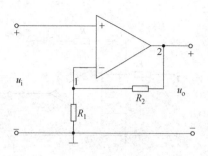

图 2.51　同相比例运算电路

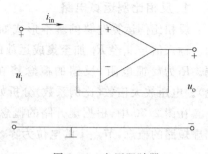

图 2.52　电压跟随器

【例 2.24】　在图 2.49(b)中,已知 $R_1 = 10\text{k}\Omega, R_f = 500\text{k}\Omega$,求电压放大倍数 A_u 及平衡电阻 R_2。

解: 由于 R_2 不参加电路计算,由式(2.43)求得电压放大倍数为

$$A_u = \frac{u_o}{u_i} = -\frac{R_f}{R_1} = -\frac{500}{10} = -50$$

平衡电阻 R_2 为

$$R_2 = R_1 // R_f = \frac{10 \times 500}{10 + 500} = 9.8(\text{k}\Omega)$$

2.6.4　加法与减法运算电路

集成运放使用不同的输入形式,外加不同的负反馈网络,可以实现多种数学运算。由于输入、输出量均为模拟量,所以信号运算统称为模拟运算。尽管数字计算机的发展在许多方面代替了模拟计算机,然而在许多实时控制和物理量的测量方面,模拟运算仍有其很大优势,所以,信号运算电路仍是集成运放应用的重要方面。

1.　加法运算电路

加法运算是指电路的输出电压等于各个输入电压的代数和。在图 2.49(b)所示的反相比例运算电路中增加几条支路,便组成反相加法运算电路,如图 2.53 所示。图中,有三个输入信号加了在了反相输入端。同相端的平衡电阻值为 $R_4 = R_1 // R_2 // R_3 // R_f$。反相加法运算电路也称反相加法器。

下面分析该电路的输出电压 u_o。

根据虚短路、虚开路的概念,节点 1 的电位为零,流入运放的电流 $i^- = 0$,由 KCL 有

$$i = i_1 + i_2 + i_3$$

故有

$$-\frac{u_o}{R_f} = \frac{u_1}{R_1} + \frac{u_2}{R_2} + \frac{u_3}{R_3}$$

改写上式,得

$$u_{\mathrm{o}}=-R_{\mathrm{f}}\left(\frac{u_1}{R_1}+\frac{u_2}{R_2}+\frac{u_3}{R_3}\right) \tag{2.44}$$

当 $R_{\mathrm{f}}=R_1=R_2=R_3$ 时，上式变成

$$u_{\mathrm{o}}=-(u_1+u_2+u_3)$$

上式说明，图 2.53 所示电路是一个加法器，右边的负号表示输出电压与输入电压反相。

【例 2.25】　设计一个反相加法器，要求实现 $u_{\mathrm{o}}=-(5u_1+u_2+4u_3)$，已知 $R_{\mathrm{f}}=50\mathrm{k}\Omega$。

解：将式 $u_{\mathrm{o}}=-(5u_1+u_2+4u_3)$ 与式(2.44)对照，可得下列关系：

$$\frac{R_{\mathrm{f}}}{R_1}=5,\quad \frac{R_{\mathrm{f}}}{R_2}=1,\quad \frac{R_{\mathrm{f}}}{R_3}=4$$

即

$$R_1=\frac{R_{\mathrm{f}}}{5},\quad R_2=R_{\mathrm{f}},\quad R_3=\frac{R_{\mathrm{f}}}{4}$$

由于 $R_{\mathrm{f}}=50\mathrm{k}\Omega$，可计算出

$$R_1=10\mathrm{k}\Omega,\quad R_2=50\mathrm{k}\Omega,\quad R_3=12.5\mathrm{k}\Omega$$

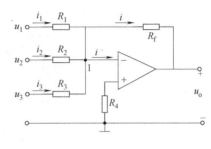

图 2.53　反相加法运算电路

所设计的电路与图 2.53 所示相同。其中，平衡电阻 R_4 为

$$R_4=R_1//R_2//R_3//R_{\mathrm{f}}=4.545(\mathrm{k}\Omega)$$

2. 减法运算电路

减法运算是指电路的输出电压与两个输入电压之差成比例，减法运算又称为差分比例运算或差分输入放大。减法运算电路如图 2.54 所示，下面分析该电路的输出电压 u_{o}。

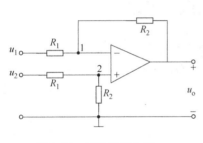

图 2.54　减法运算电路

设节点 1 和节点 2 的电位分别为 v_1 和 v_2，列写节点方程如下：

$$\left(\frac{1}{R_1}+\frac{1}{R_2}\right)v_1-\frac{u_1}{R_1}-\frac{u_{\mathrm{o}}}{R_2}=0$$

$$\left(\frac{1}{R_1}+\frac{1}{R_2}\right)v_2-\frac{u_2}{R_1}=0$$

根据虚短路的概念，有 $v_1=v_2$，把此结果代入上述两式，得

$$-\frac{u_1}{R_1}-\frac{u_{\mathrm{o}}}{R_2}=-\frac{u_2}{R_1}$$

改写上式，得

$$u_{\mathrm{o}}=\frac{R_2}{R_1}(u_2-u_1)=k(u_2-u_1) \tag{2.45}$$

式中：$k=\dfrac{R_2}{R_1}$。当 $R_1=R_2$ 时，$u_{\mathrm{o}}=u_2-u_1$。这就是一个减法器。如果调整 R_1 或 R_2 的

值,该电路不但具有减法运算的功能,而且对两个输入电压的差值具有放大作用。

运算放大器除了组成各种运算功能电路外,还有许多应用功能,例如求电路的输出电压与输入电压之比。

【例 2.26】 电路如图 2.55 所示,求电路的输出电压与输入电压之比 u_o/u_i。

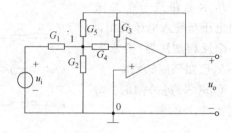

图 2.55　例 2.26 的图

解:根据虚短路、虚开路的概念,列写节点方程如下:

$$v_1(G_1+G_2+G_5+G_4)-u_oG_5-u_iG_1=0$$

$$-v_1G_4-u_oG_3=0$$

联立上述两个方程,消去节点电位 v_1,得

$$u_o=\frac{-G_1G_4}{(G_1+G_2+G_4+G_5)G_3+G_4G_5}u_i$$

因此,得到输出电压与输入电压之比为

$$\frac{u_o}{u_i}=\frac{-G_1G_4}{(G_1+G_2+G_4+G_5)G_3+G_4G_5}$$

本章小结

(1) 若两个单口网络端口处的电压和电流的关系完全相同,则称这两个单口网络是等效的。所谓等效,是指对单口网络的端口处及端口以外的电路等效。

(2) “等效电路”既是一个重要的概念,又是一个重要的分析方法。对于无源线性电阻网络,不管其复杂程度如何,利用电阻串并联化简和 Y-△等效变换,总可以简化为一个等效电阻。

(3) 实际电源有两种等效电路模型,一种是电压源 U_S 和内阻 R_o 相串联的等效电路;另一种是电流源 I_S 和电阻 R_o 相并联的等效电路。这两种电路模型可以等效互换,以方便地求解由电压源、电流源和电阻组成的串、并联电路。

(4) 求含有受控源的单口网络的等效电阻时,一般采用外加独立电压源或独立电流源的方法。

(5) 对于具有 n 个节点、b 条支路的电路,应用 KCL 列写 $(n-1)$ 个独立方程;应用 KVL 列写 $[b-(n-1)]$ 个独立方程。在平面电路中,网孔的个数就是列写 KVL 独立方程的个数。

（6）支路电流法是分析电路的基本方法之一，它是以支路电流为求解变量，直接根据两类约束关系列写电路方程求解电路的方法。对于具有 b 条支路的电路，需要列写 b 个方程。

（7）网孔分析法的基本思想是：假设有一个电流沿着网孔回路流动，以网孔电流作为电路的独立变量，利用 KVL 列写网孔电压方程，求解各支路电流。网孔分析法只适用于平面电路。网孔方程可以用观察法直接列写。

（8）节点法是以节点电位为求解变量，利用 KCL 列写节点方程，从而求解电路的方法。这种方法一般用于支路较多，而节点较少的电路。节点法适用于求解任意电路。节点方程可以用观察法直接列写。

（9）运算放大器与 RC 元件可以完成积分、微分、加减等运算功能，其应用范围远远超出这些功能。含有理想运算放大器的电阻电路的分析十分重要。

习题二

2.1　在等效电路的概念中，曾经指出：等效对"外"不对"内"，它的实质意思是什么？

2.2　两个电阻串联的分压公式，以及两个电阻并联的分流公式各是什么？

2.3　什么叫作有源单口网络？什么叫作无源单口网络？

2.4　求图 2.56 所示电路的等效电阻 R_{ab}。

2.5　求图 2.57 所示电路的等效电阻 R_{ab}。

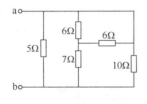

图 2.56　题 2.4 的图

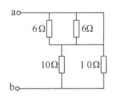

图 2.57　题 2.5 的图

2.6　求图 2.58 所示电路的等效电阻 R_{ab}。

2.7　分别求图 2.59 所示电路的等效电阻 R_{ab} 和 R_{cd}。

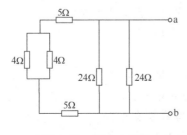

图 2.58　题 2.6 的图

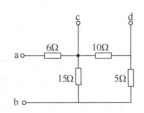

图 2.59　题 2.7 的图

2.8　图 2.60(a)、(b)、(c)所示为三个单口网络，分别求出它们的等效电阻 R_{ab}。

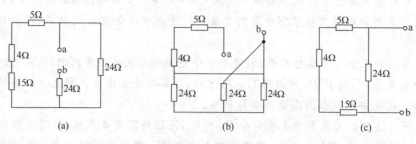

图 2.60　题 2.8 的图

2.9　计算图 2.61 所示电路 a、b 间的等效电阻。

2.10　将图 2.62 所示电路通过 Y-△ 等效变换，计算其等效电阻 R_{ab}。

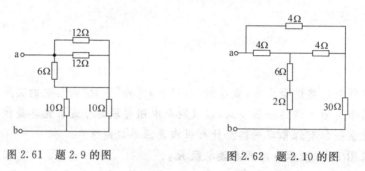

图 2.61　题 2.9 的图　　　　　　图 2.62　题 2.10 的图

2.11　电路如图 2.63 所示，分别求 (a)、(b) 两个电路的输入电阻 R_{ab}。

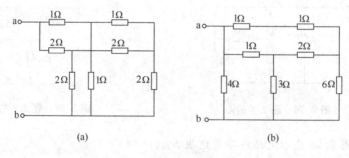

图 2.63　题 2.11 的图

2.12　实际电源有哪两种电路模型？画出它们的伏安外特性曲线。

2.13　电压源并联、电流源串联各需要什么条件？

2.14　化简图 2.64 所示各含源支路。

2.15　求图 2.65 所示含源单口网络的等效电路。

2.16　求图 2.66 所示各含源单口网络的等效电路。

2.17　求图 2.67 所示 (a)、(b) 含源单口网络的等效电路。

2.18　求图 2.68 所示 (a)、(b) 含源单口网络的等效电路。

2.19　求图 2.69 所示电路的输入电阻 R_{ab}。

2.20　求图 2.70 所示电路的输入电阻 R_{ab}。

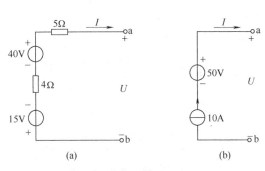

图 2.64　题 2.14 的图

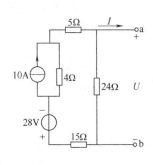

图 2.65　题 2.15 的图

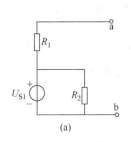

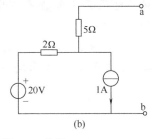

图 2.66　题 2.16 的图

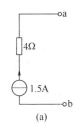

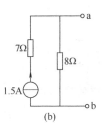

图 2.67　题 2.17 的图

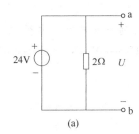

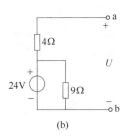

图 2.68　题 2.18 的图

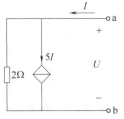

图 2.69　题 2.19 的图

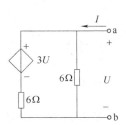

图 2.70　题 2.20 的图

2.21　求图 2.71 所示电路的输入电阻 R_{ab}。

2.22　求图 2.72 所示电路的输入电阻 R_{ab}。

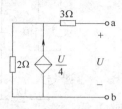

图 2.71　题 2.21 的图

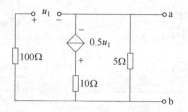

图 2.72　题 2.22 的图

2.23　可否取支路电压为未知量而构成支路电压法？如果可以的话,应列哪些方程?

2.24　用支路电流法求图 2.73 所示电路中的电流 I_1、I_2 和 I_3。

2.25　用支路电流法求图 2.74 所示电路中的电压 U。

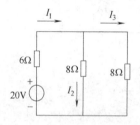

图 2.73　题 2.24 的图

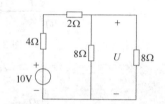

图 2.74　题 2.25 的图

2.26　网孔电流是电路中的实际电流吗? 网孔电流为什么能自动满足 KCL?

2.27　用观察法直接列写网孔方程时,自电阻、互电阻的符号如何确定?

2.28　用网孔分析法求解电路的基本步骤是什么?

2.29　在列写网孔方程时,若电流源支路是两个网孔电流的公共支路,应如何处理?

2.30　电路如图 2.75 所示,试用观察法直接列出网孔电流方程。

2.31　电路如图 2.76 所示,已知 $I_S=10A$,$U_S=40V$,$R_1=R_2=20\Omega$。试用网孔电流法求各支路电流。

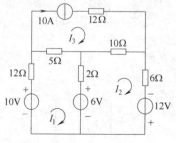

图 2.75　题 2.30 的图

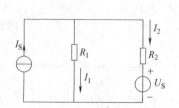

图 2.76　题 2.31 的图

2.32　在图 2.77 所示电路中,$U_{S1}=12V$,$U_{S2}=6V$,$R_1=R_2=R_3=2\Omega$,用网孔电流法求各支路电流 I_1、I_2 和 I_3;求 R_3 消耗的功率。

2.33　电路如图 2.78 所示,用网孔法求电压 U。

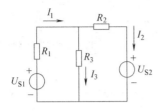

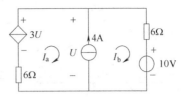

图 2.77　题 2.32 的图　　　　　　　　图 2.78　题 2.33 的图

2.34　为什么自电导恒为正值,而互电导恒为负值?

2.35　在列写节点方程时,如果电路中有一个电压源接在节点 j 和节点 k 之间,如何处理这个问题?

2.36　电路如图 2.79 所示,已知 $U_{S1}=20\mathrm{V}$,$U_{S2}=10\mathrm{V}$,$R_1=5\Omega$,$R_2=10\Omega$,$R_3=20\Omega$,试用弥尔曼定理求解电路中的电流 I_3。

2.37　试用节点法求图 2.80 所示电路中的电压 U。

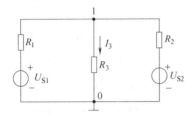

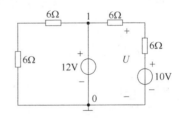

图 2.79　题 2.36 的图　　　　　　　　图 2.80　题 2.37 的图

2.38　试用节点法求图 2.81 所示电路中的电流 I_1 和 I_2。

2.39　运放理想化的条件有哪些? 理想运放的虚开路、虚短路概念指的是什么?

2.40　根据理想运算放大器的什么概念分析具有理想运放的电阻电路? 对于这类电路的分析,采用什么方法?

2.41　在图 2.82 所示电路中,$R_1=10\mathrm{k}\Omega$,$R_2=200\mathrm{k}\Omega$,求电路的输出电压与输入电压之比 $u_\mathrm{o}/u_\mathrm{i}$。

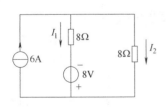

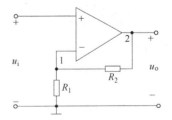

图 2.81　题 2.38 的图　　　　　　　　图 2.82　题 2.41 的图

2.42　在图 2.83 所示电路中,$R_1=10\mathrm{k}\Omega$,$R_2=200\mathrm{k}\Omega$,求电路的输出电压与输入电压之比 $u_\mathrm{o}/u_\mathrm{i}$。

2.43　电路如图 2.84 所示,求运放的输出电压 u_o,并说明这个电路的功能。

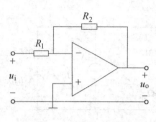
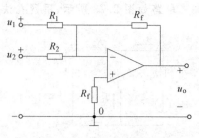

图 2.83　题 2.42 的图　　　　　　　　图 2.84　题 2.43 的图

自测题二

一、填空题(每空 2 分,共 30 分)

1. 电路如图 2.85 所示,电阻 R_{ab} =(　　　)。

2. 电路如图 2.86 所示,则输入电阻 R_{ab} =(　　　),R_{cd} =(　　　)、R_{ec} =(　　　)。

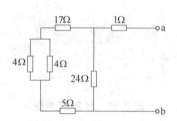
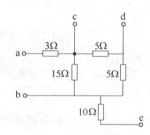

图 2.85　自测题 1 的图　　　　　　图 2.86　自测题 2 的图

3. 对外电路而言,与电压源并联的支路可以(　　　),与电流源并联的支路要(　　　)。

4. 电路如图 2.87 所示,电阻 R_{ab} =(　　　)。

5. 电路如图 2.88 所示,电阻 R_{ab} =(　　　)。

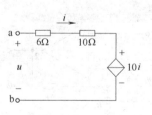
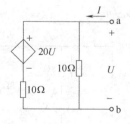

图 2.87　自测题 4 的图　　　　　　图 2.88　自测题 5 的图

6. 理想运放的两个特点分别是(　　　)和(　　　)。

7. 当各网孔电流绕行方向一致时,自电阻的符号全为(　　　),互电阻的符号全为(　　　)。

8. 在列写节点方程时,如果电路中有一个电压源接在节点 j 和节点 k 之间,在该支路应设一个(　　)变量。

9. 运算放大器的三个工作区分别是(　　)、(　　)和负饱和区。

二、单选题(每小题 3 分,共 15 分)

10. 电路如图 2.89 所示,$U=$(　　)V。
    A. 25　　　　　　　B. 40　　　　　　　C. 15　　　　　　　D. 65

11. 电路如图 2.90 所示,$I=$(　　)A。
    A. 7　　　　　　　B. 5　　　　　　　C. 10　　　　　　　D. 3

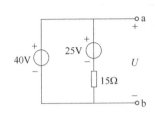

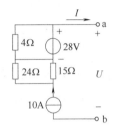

图 2.89　自测题 10 的图　　　　　　　　　图 2.90　自测题 11 的图

12. 运放工作在线性段,如果运放的输入电阻 $R_i \rightarrow \infty$,$R_o=0$,$A \rightarrow \infty$,$A \rightarrow \infty$,把这种运放称为理想运放。
    A. $R_i \rightarrow \infty$,$R_o=0$,$A \rightarrow \infty$　　　　　　B. $R_i \rightarrow \infty$,$R_o \rightarrow \infty$,$A=0$
    C. $R_i=0$,$R_o \rightarrow \infty$,$A \rightarrow \infty$　　　　　　D. $R_i=0$,$R_o=0$,$A \rightarrow \infty$

13. 对于具有 n 个节点、b 条支路的平面电路,网孔的个数就是列写 KVL 独立方程的个数,且等于(　　)个。
    A. n　　　　　　B. $n-1$　　　　　　C. b　　　　　　D. $b-(n-1)$

14. 实际电源有两种等效电路模型,一种是电压源 U_S 和内阻 R_o 相串联的等效电路;另一种是电流源 I_S 和电阻 R'_o 相并联的等效电路。这两种电路模型可以等效互换,其等效互换条件是(　　)。
    A. $U_S=I_S R'_o$,$R_o=R'_o$　　　　　　B. $U_S=I_S R'_o$,$R_o \neq R'_o$
    C. $U_S=I_S$,$R_o=R'_o$　　　　　　D. $U_S=I_S$,$R_o \neq R'_o$

三、计算题(共 55 分)

15. 求图 2.91 所示各单口网络的等效电路。(每小题 5 分,共 15 分)

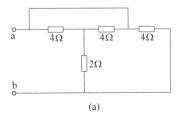　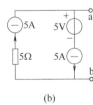　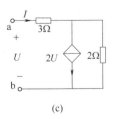

(a)　　　　　　　　　　(b)　　　　　　　　　　(c)

图 2.91　自测题 15 的图

16. 电路如图 2.92 所示,分别用节点法和网孔法求电压 U。(每种方法 10 分,

共 20 分)

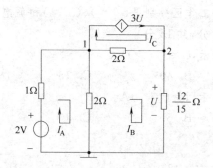

图 2.92 自测题 16 的图

17. 写出图 2.93 所示运算电路的输出电压与输入电压的关系。（10 分）

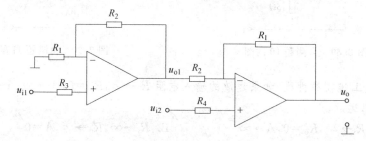

图 2.93 自测题 17 的图

18. 减法运算电路如图 2.94 所示，求电路的输出电压 u_o。（10 分）

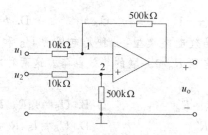

图 2.94 自测题 18 的图

CHAPTER 3

电路定理

本章主要介绍电路中的重要定理,包括替代定理、叠加定理、戴维南定理、诺顿定理、最大功率传输定理等。电路分析依据仍然是两类约束。

3.1 替代定理

替代定理可以这样描述:给定任意一个线性电阻电路,其中第 k 条支路的电压 u_k 或电流 i_k 已知,那么这条支路就可以用一个电压等于 u_k 的独立电压源或电流等于 i_k 的独立电流源来替代。替代后的电路中,各支路的电压和电流与原电路相同。

对于替代定理的含义,还需说明如下两点。

(1) 定理中提到的第 k 条支路可以是一条无源支路。只含有一个电阻,可以是一条含源支路。例如,由一个电阻和一个独立电压源构成。但是,一般不含有受控源或该支路的电压或电流是其他支路中受控源的控制量。

(2) 如果第 k 条支路的电压 u_k 和电流 i_k 均已知,这条支路就可以用一个电阻值为 $R=u_k/i_k$ 的电阻元件替代。进行这种替代时,有一种情况除外:替代后的电路中没有一个独立源(因为没有一个独立源的电路是不能工作的,这违背了替代定理的含义)。

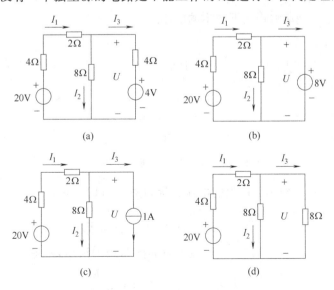

图 3.1 替代定理示例

下面举一个例子说明替代定理。对于图 3.1(a)所示电路,已求得各支路电流分别为 $I_1=2\mathrm{A}$, $I_2=1\mathrm{A}$, $I_3=1\mathrm{A}$,电压 $U=8\mathrm{V}$。

若用独立电压源 $U_\mathrm{S}=U=8\mathrm{V}$ 替代第 3 支路,如图 3.1(b)所示,不难求得图 3.1(b)所示电路中各支路电流分别为 $I_1=2\mathrm{A}$, $I_2=1\mathrm{A}$, $I_3=1\mathrm{A}$,电压 $U=8\mathrm{V}$。可见,与图 3.1(a)所示电路的各支路电流相同。也可以用独立电流源 $I_\mathrm{S}=I_3=1\mathrm{A}$ 替代第 3 支路,如图 3.1(c)所示,或用电阻 $R=U/I_3=8(\Omega)$ 的电阻元件替代第 3 支路,如图 3.1(d)所示。可以验算,图 3.1(c)所示电路和图 3.1(d)所示电路与图 3.1(a)所示电路中的各支路电流完全相同。

顺便指出,替代定理还可以推广到非线性电阻电路中。

替代定理在阅读电路图或电路分析中都是经常用到的一个重要概念。该定理实质也是一种电路等效变换的方法。

3.2　叠加定理

由独立电源和线性元件组成的电路称为线性电路。线性电路具有两个重要性质:叠加性和齐次性(或称比例性)。叠加性可以通过叠加定理来描述,由叠加定理很容易推导出齐次性。

3.2.1　叠加定理及其应用

叠加定理的内容是:在线性电路中,多个激励共同作用时,在任一支路中产生的响应,等于各个激励单独作用时在该支路产生响应的代数和。

这一定理的含义如图 3.2 所示。在图 3.2(a)所示电路中,I_1 和 I_2 可以看成由电压源 U_S、电流源 I_S 分别单独作用下产生的电流之和。

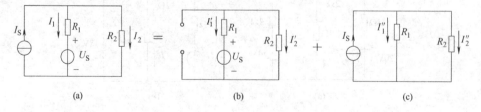

(a)　　　　　　　　　(b)　　　　　　　　　(c)

图 3.2　叠加定理示意图

在电压源 U_S 单独作用下产生的电流分量如图 3.2(b)所示,可得

$$I_1'=-\frac{U_\mathrm{S}}{R_1+R_2}, \quad I_2'=\frac{U_\mathrm{S}}{R_1+R_2}$$

在电流源 I_S 单独作用下产生的电流分量如图 3.2(c)所示,可得

$$I_1''=I_\mathrm{S}\frac{R_2}{R_1+R_2}, \quad I_2''=I_\mathrm{S}\frac{R_1}{R_1+R_2}$$

在电压源 U_S 和电流源 I_S 共同作用下,有

$$I_1 = I_1' + I_1'' = -\frac{U_S}{R_1 + R_2} + I_S\frac{R_2}{R_1 + R_2}$$

$$I_2 = I_2' + I_2'' = \frac{U_S}{R_1 + R_2} + I_S\frac{R_1}{R_1 + R_2}$$

这就是叠加定理的含义,也是线性电路的叠加性质。

限于篇幅,叠加定理的证明从略。下面通过例题说明应用叠加定理分析线性电路的方法、步骤及注意事项。

【**例 3.1**】 在图 3.3(a)所示电路中,$U_{S1} = 12\text{V}$,$U_{S2} = 6\text{V}$,$R_1 = R_2 = R_3 = 2\Omega$,用叠加定理求各支路电流 I_1、I_2、I_3 及 R_3 消耗的功率。

解:(1) 将复杂的多激励电路分解成几个单激励电路,并标出电流参考方向,如图 3.3(b)和(c)所示。

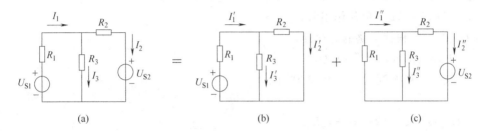

图 3.3 例 3.1 的图

(2) 对单激励电路进行分析、计算,求各支路电流的分量。

在图 3.3(b)中,U_{S1} 单独作用产生的电流为

$$I_1' = \frac{U_{S1}}{R_1 + R_2 /\!/ R_3} = \frac{U_{S1}}{R_1 + \dfrac{R_2 R_3}{R_2 + R_3}} = \frac{12}{2 + 1} = 4(\text{A})$$

应用分流公式,得

$$I_2' = \frac{R_3}{R_2 + R_3}I_1' = \frac{2}{2 + 2} \times 4 = 2(\text{A})$$

$$I_3' = I_1' - I_2' = 4 - 2 = 2(\text{A})$$

在图 3.3(c)中,U_{S2} 单独作用时,有

$$I_2'' = -\frac{U_{S2}}{R_2 + R_1 /\!/ R_3} = -\frac{U_{S2}}{R_2 + \dfrac{R_1 R_3}{R_1 + R_3}} = -\frac{6}{2 + 1} = -2(\text{A})$$

应用分流公式,得

$$I_1'' = \frac{R_3}{R_1 + R_3}I_2'' = -\frac{2}{2 + 2} \times 2 = -1(\text{A})$$

$$I_3'' = I_1'' - I_2'' = -1 - (-2) = 1(\text{A})$$

(3) 应用叠加定理,求 U_{S1} 和 U_{S2} 共同作用时各支路的电流。

$$I_1 = I_1' + I_1'' = 4 - 1 = 3(\text{A})$$

$$I_2 = I_2' + I_2'' = 2 - 2 = 0$$

$$I_3 = I_3' + I_3'' = 2 + 1 = 3(\text{A})$$

（4）R_3 消耗的功率为

$$P_3 = I_3^2 \cdot R_3 = 3^2 \times 2 = 18(\text{W})$$

但是

$$P_3 \neq (I_3')^2 \cdot R_3 + (I_3'')^2 \cdot R_3 = 2^2 \times 2 + 1^2 \times 2 = 10(\text{W})$$

即

$$P_3 \neq P_3' + P_3''$$

上式中，P_3' 和 P_3'' 分别为 U_{S1} 或 U_{S2} 单独作用时 R_3 消耗的功率。可见，求功率不能采用叠加定理，这是因为

$$P_3 = (I_3' + I_3'')^2 \cdot R_3 \neq \left[(I_3')^2 + (I_3'')^2 \right] R_3$$

【例 3.2】 在图 3.4 所示电路中，已知 $U_{S1} = U_{S2} = 5\text{V}$ 时，$U = 0$；当 $U_{S1} = 8\text{V}$，$U_{S2} = 6\text{V}$ 时，$U = 4\text{V}$。当 $U_{S1} = 3\text{V}$ 和 $U_{S2} = 4\text{V}$ 时，求电压 U 的值。

解：设 U_{S1} 或 U_{S2} 单独作用时，电压分别为 U' 和 U''。根据电路的齐次性，有

$$U' = k_1 U_{S1}, \quad U'' = k_2 U_{S2}$$

k_1 和 k_2 为比例常数。由叠加原理可知

$$U = U' + U'' = k_1 U_{S1} + k_2 U_{S2}$$

根据已知条件，有

$$0 = k_1 \cdot 5 + k_2 \cdot 5$$

$$4 = k_1 \cdot 8 + k_2 \cdot 6$$

求解以上两式，可得

$$k_1 = 2, \quad k_2 = -2$$

因此当 $U_{S1} = 3\text{V}$，$U_{S2} = 4\text{V}$ 时，得

$$U = 2 \times 3 - 2 \times 4 = -2(\text{V})$$

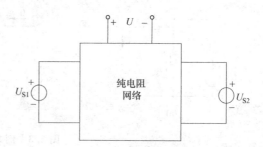

图 3.4　例 3.2 的图

【例 3.3】 应用叠加定理分析计算多电源线性电路。如图 3.5(a)所示电路，试用叠加定理求电压 U 和电流 I。

解：本题是求解一个含受控源的多电源线性电路：含有两个独立电压源和一个独立电流源。根据叠加定理，应分别作出每一个独立电源单独作用时的电路，这时其他所有独立电源均置零，而受控源应该保留，不能单独作用于电路。计算出每一个独立电源单独作用时的待求电压和电流的分量，各电流、电压的参考方向应保持不变，最后进行叠加，即计算各电压和电流分量的代数和，便可求出待求电压 U 和电流 I。

（1）作 6V 电压源单独作用时的电路如图 3.5(b)所示。利用 KVL，得

$$I' = -\frac{6}{6+4} = -0.6(\text{A})$$

$$U' = -10I' + 6 + 6I' = -4I' + 6$$

$$= -4(-0.6) + 6 = 8.4(\text{V})$$

（2）作 10V 电压源单独作用时的电路如图 3.5(c)所示。利用 KVL，得

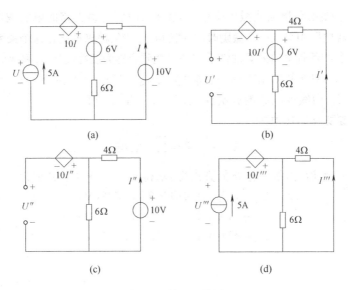

(a)

(b)

(c)

(d)

图 3.5 例 3.3 的图

$$I'' = \frac{10}{4+6} = 1(\text{A})$$

$$U'' = -10I'' + 6I''$$
$$= -4I'' = -4 \times 1 = -4(\text{V})$$

（3）作 5A 电流源单独作用时的电路如图 3.5(d)所示。由分流公式，得

$$I''' = -\frac{6}{4+6} \times 5 = -3(\text{A})$$

电压为

$$U''' = -10I''' - 4I''' = -14I''' = -14 \times (-3) = 42(\text{V})$$

（4）叠加后，求出 U 和 I

$$U = U' + U'' + U'''$$
$$= 8.4 - 4 + 42 = 46.4(\text{V})$$

$$I = I' + I'' + I'''$$
$$= -0.6 + 1 + (-3) = -2.6(\text{A})$$

综上所述，应用叠加定理时应注意如下几点。

（1）叠加定理仅适用于求解电压或电流，求功率时不能采用。

（2）叠加前后，电路结构和元件参数不变。

（3）不作用的独立电源置零（电压源短路，电流源开路）。

（4）叠加时，应注意电流（或电压）的参考方向一致。

（5）受控源不能单独作用于电路。

3.2.2 线性电路的齐次性

线性电路的齐次性描述为：若线性电路在单个独立源 e 的作用下，某一支路的电流或电压

为 $f(e)$，则独立源的数值增加或减少 k 倍时，在 ke 作用下，该支路的电流或电压为 $f(ke)=kf(e)$。即当线性电路中只有一个激励时，电路的响应和激励成正比。这个关系称为线性电路的齐次性。通常，把线性电路的叠加性质和齐次性质统称为线性性质，简称为线性。

【例 3.4】 在图 3.6 所示电路中，当电流源 $I_S=11A$ 时，$U_1=8V$，$U_2=5V$，$U_3=3V$。当 I_S 增加 1A 后，由线性电路的齐次性，求 U_1、U_2 和 U_3 值。

解：电流源变化的比值为

$$k=\frac{11+1}{11}=\frac{12}{11}=1.091$$

当 I_S 增加 1A 后，由线性电路的齐次性，求得 U_1、U_2 和 U_3 分别为

$$U_1'=kU_1=1.091\times 8=8.728(V)$$
$$U_2'=kU_2=1.091\times 5=5.455(V)$$
$$U_3'=kU_3=1.091\times 3=3.273(V)$$

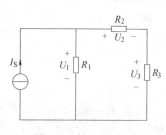

图 3.6　例 3.4 的图

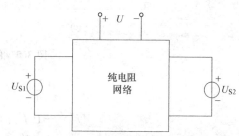

图 3.7　例 3.5 的图

【例 3.5】 在图 3.7 所示电路中，已知 $U_{S1}=U_{S2}=5V$ 时，$U=0$；当 $U_{S1}=8V$，$U_{S2}=6V$ 时，$U=4V$。当 $U_{S1}=3V$ 和 $U_{S2}=4V$ 时，求电压 U 的值。

解：设 U_{S1} 和 U_{S2} 单独作用时。电压分别为 U' 和 U''。根据电路的齐次性，有

$$U'=k_1 U_{S1}, \quad U''=k_2 U_{S2}$$

k_1 和 k_2 为比例常数。由叠加定理，得

$$U=U'+U''=k_1 U_{S1}+k_2 U_{S2}$$

根据已知条件，有

$$0=k_1\cdot 5+k_2\cdot 5$$
$$4=k_1\cdot 8+k_2\cdot 6$$

求解以上两式，得

$$k_1=2, \quad k_2=-2$$

因此，当 $U_{S1}=3V$，$U_{S2}=4V$ 时，得

$$U=k_1 U_{S1}+k_2 U_{S2}=2\times 3-2\times 4=-2(V)$$

3.3　戴维南定理与诺顿定理

前面讨论了电阻的串并联等效变换、含有电阻和受控源的单口网络的等效变换等内容，这些均是针对无源单口网络的等效变换。本节将讨论含源单口网络的等效变换。戴

维南定理与诺顿定理解决了含源单口网络的等效变换问题。这两个定理无论在电路分析中、在后续其他课程中，还是在工程应用中，均占有重要地位。

3.3.1　戴维南定理

内部含有独立电源的单口网络叫作有源单口网络。戴维南定理指出：任何线性有源单口网络 N，对外电路而言，可以用一个独立电压源与一个电阻串联等效代替。电压源的电压等于该网络 N 的开路电压 U_{OC}，其串联电阻 R_0 等于该网络中所有独立电源置零时所得无源网络 N_0 的等效电阻。这一电压源与电阻串联的支路称为戴维南等效电路。

这一定理的含义如图 3.8 所示。一个有源单口网络 N 如图 3.8(a)所示，可以用一个等效电压源 U_{OC} 和一个等效电阻 R_0 串联代替，如图 3.8(b)所示。其中，U_{OC} 为该网络 N 的开路电压，如图 3.8(c)所示；等效电阻 R_0 为该网络 N 中所有独立电源为零时的无源单口网络 N_0 的等效电阻，如图 3.8(d)所示。

"独立电源置零"，是对于独立电压源，用短路线替代；对于独立电流源，用开路替代。

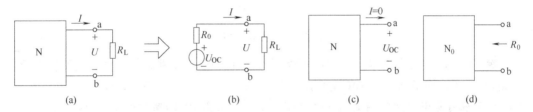

图 3.8　戴维南定理

【例 3.6】　求图 3.9(a)所示有源单口网络的戴维南等效电路。

解：方法一　利用简化电路方法求解。

首先，把独立电压源支路通过电源等效变换，如图 3.9(b)所示；再把图 3.49(b)所示电路简化成一个 4A 独立电流源和一个 8Ω 电阻并联的电路；最后，将其等效变换为一个 $U_{OC} = 4 \times 8 = 32(V)$ 的独立电压源和一个 8Ω 电阻串联的电路，如图 3.49(d)所示。这就是图 3.9(a)所示电路的戴维南等效电路。其中，8Ω 电阻就是戴维南等效电阻 R_0。

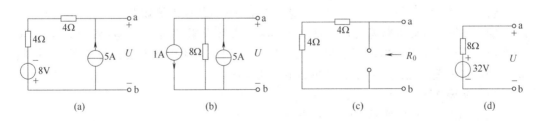

图 3.9　例 3.6 的图

方法二　利用计算电路方法求解。

由图 3.9(a)所示电路，求得开路电压 U_{OC} 为

$$U_{OC} = 5 \times (4+4) - 8 = 32(V)$$

求 R_0 的一般方法,还是先把该网络中所有独立电源置零时,获得无源网络 N_0,再从 N_0 中求等效电阻 R_0,如图3.9(c)所示。从图3.9(c)中求得等效电阻为

$$R_0 = 4+4 = 8(\Omega)$$

对于任何一个有源的复杂电路,把被研究支路以外的部分看成一个有源单口网络,将其用一个等效电压源 U_{OC} 和电阻 R_0 代替,就能化简电路,避免了烦琐的电路计算。下面通过例子来说明其方法。

【例3.7】 在图3.10(a)所示电路中,已知负载 $R_L=11\Omega$,用戴维南定理求电路中的电流 I。

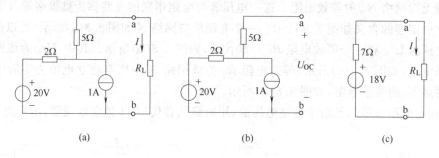

图3.10 例3.7的图

解:(1) 断开待求支路,将电路分为待求支路和有源单口网络两部分。断开待求 R_L 支路,有源单口网络如图3.10(b)所示。

(2) 求有源单口网络两端的开路电压 U_{OC}。由图3.10(b)所示电路,可得

$$U_{OC} = -1\times2+20 = 18(V)$$

(3) 将有源单口网络中各电源置零后,计算无源单口网络的等效电阻 R_0。把图3.10(b)所示电路中的独立电源置零后,求其等效电阻为

$$R_0 = 5+2 = 7(\Omega)$$

(4) 将戴维南等效电路与待求支路串联形成等效简化电路,然后根据已知条件求解。由图3.10(c)电路可得

$$I = \frac{U_{OC}}{R_0+R_L} = \frac{18}{7+11} = 1(A)$$

【例3.8】 电路如图3.11(a)所示,求对端口 ab 的戴维南等效电路。

解:戴维南等效电路是端口开路电压 U_{OC} 与等效电阻 R_0 的串联电路,因此,本题需要求出二端网络的开路电压 U_{OC} 和输入电阻 R_0。由于电路中含有受控电流源,故求 R_0 时应采用伏安关系法或开路电压与短路电流相比法。

(1) 求端口开路电压 U_{OC}。

电路如图3.11(b)所示,列 KVL 方程

$$(4+10)I+6(I-0.2U_{OC})=12$$
$$U_{OC}=10I$$

解得

$$U_{OC}=\frac{12}{0.8}=15(V)$$

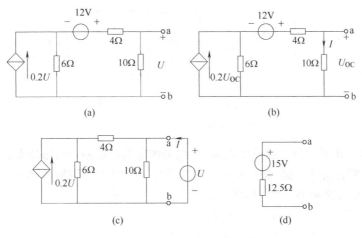

图 3.11　例 3.8 的图

（2）求端口的输入电阻 R_0。

电路如图 3.11(c)所示，端口外加电压源电压 U，产生输入电流 I。列 KVL 方程

$$U=4\left(I-\frac{U}{10}\right)+6\left(0.2U+I-\frac{U}{10}\right)=10I+0.2U$$

化简为

$$0.8U=10I$$

由上式可得等效电阻为

$$R_0=\frac{U}{I}=\frac{10}{0.8}=12.5(\Omega)$$

（3）作出戴维南等效电路，如图 3.11(d)所示。

3.3.2　诺顿定理

我们知道，实际电源有两种电路模型，即电压源模型和电流源模型，而且它们可以等效变换。同样地，一个有源单口网络可以用一个独立电流源和一个电阻并联来等效。这就是诺顿定理的基本思想。

诺顿定理指出：任何线性有源单口网络 N，对外电路而言，可以用一个独立电流源与一个电阻并联等效代替。独立电流源的电流等于该网络 N 的短路电流 I_{SC}，其并联电阻 R_0 等于该网络中所有独立电源置零时所得无源网络 N_0 的等效电阻。这一独立电流源与电阻并联的电路称为诺顿等效电路。

这一定理的含义如图 3.12 所示。一个有源单口网络 N 如图 3.12(a)所示，可以用一个等效独立电流源 I_{SC} 和一个等效电阻 R_0 并联来代替，如图 3.12(b)所示。其中，I_{SC} 为该网络 N 的短路电流，如图 3.12(c)所示；等效电阻 R_0 为该网络 N 中所有独立电源为零时的无源单口网络 N_0 的等效电阻，如图 3.12(d)所示。可见，戴维南定理与诺顿定理的 R_0 是相同的。

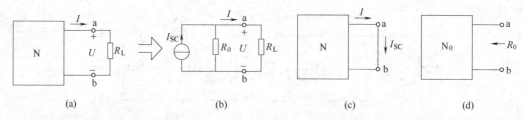

图 3.12 诺顿定理

【例 3.9】 在图 3.13(a)所示电路中,用诺顿定理求电路中的电压 U。

解:（1）断开待求支路,将电路分为待求支路和有源单口网络两部分。断开待求 8Ω 支路,有源单口网络如图 3.13(b)所示。

（2）求有源单口网络的短路电流 I_{SC}。

对于图 3.13(c)所示电路,利用电源等效变换,可得

$$I_{SC} = -8/8 + 5 = 4(A)$$

将有源二端网络中的各电源置零后,计算无源二端网络的等效电阻 R_0。

把图 3.13(b)所示电路中的独立电源置零后,得到电路如图 3.13(d)所示,求其等效电阻为

$$R_0 = 8\Omega$$

（3）将诺顿等效电路与待求支路并联,形成等效简化电路,如图 3.13(e)所示,然后根据已知条件求解。

由图 3.13(e)所示电路,可得

$$U = 4 \times \frac{8 \times 8}{8+8} = 4 \times 4 = 16(V)$$

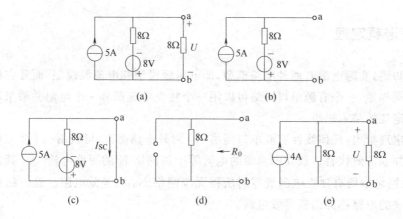

图 3.13 例 3.9 的图

【例 3.10】 电路如图 3.14(a)所示,分别求戴维南等效电路和诺顿等效电路。

解: 先求戴维南等效电路。把图 3.14(a)中电压控制的电流源变换成电压控制的电压源,如图 3.14(b)所示,然后按图 3.14(c)所示电路求开路电压 U_{OC},即

$$U_{OC} = 6U_{OC} + 2 \times \frac{2}{1+2}$$

解得

$$U_{OC} = -0.265V$$

求输入电阻 R_0。先将独立电源置零,端口加电压源 U,电路如图 3.14(d)所示,求得

$$U = 6U + I\left(2 + \frac{1 \times 2}{1+2}\right)$$

解得

$$R_0 = \frac{U}{I} = -0.53(\Omega)$$

出现负电阻,是由于含受控源电路。

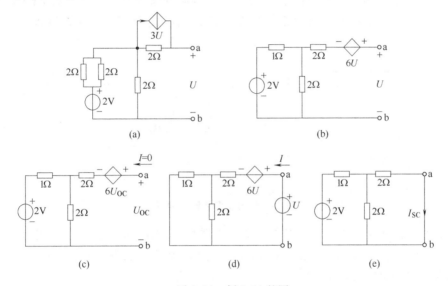

图 3.14　例 3.10 的图

图 3.14(a)所示电路的戴维南等效电路如图 3.15(a)所示。

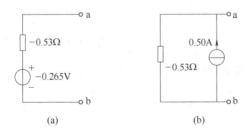

图 3.15　图 3.14(a)所示电路的两种等效电路

再求诺顿等效电路。诺顿等效电路的输入电阻 R_0 与戴维南等效电路的电阻相同。

下面求短路电流 I_{SC}。图 3.14(a)所示电路的端口短路时,由于端口电压 $U=0$,因此电压控制电流源为零,由此得到图 3.14(e)所示电路。由图 3.14(e)所示电路,有

$$I_{SC}=\frac{2}{1+1}\times\frac{2}{2+2}=0.5(A)$$

图 3.14(a)所示电路的诺顿等效电路如图 3.15(b)所示。

3.4　最大功率传输定理

给定一个线性含源单口网络 N 如图 3.16(a)所示,当接在 N 两端的负载 R_L 不同时,该线性含源单口网络传输给负载 R_L 的功率也不同。在什么条件下,负载 R_L 能获得最大功率呢?

前面讨论过,线性含源单口网络 N 可以用戴维南等效电路或诺顿等效电路来替代,又根据电路等效的含义,这种等效替代对负载 R_L 的电流、电压和功率均无影响。

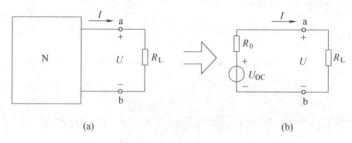

图 3.16　最大功率传输示意图

对线性含源单口网络 N 进行戴维南等效电路替代,如图 3.16(b)所示。当给定一个线性含源单口网络 N,即开路电压 U_{OC} 和等效电阻 R_0 固定不变时,当负载 R_L 为多少时,R_L 能获得最大功率? 讨论如下。

由图 3.16(b)可得负载 R_L 的电流为

$$I=\frac{U_{OC}}{R_0+R_L}$$

因此,负载 R_L 获得的功率为

$$P=I^2R_L=\left(\frac{U_{OC}}{R_0+R_L}\right)^2R_L \tag{3.1}$$

式中:U_{OC}、R_0 为常数,只有 R_L 是变量。因此,由式(3.1)可解得 P 为最大时的 R_L 值,即

$$\frac{dP}{dR_L}=U_{OC}^2\left[\frac{(R_0+R_L)^2-2(R_0+R_L)R_L}{(R_0+R_L)^4}\right]=U_{OC}^2\frac{R_0-R_L}{(R_0+R_L)^3}=0$$

由此可得

$$R_L=R_0 \tag{3.2}$$

式(3.2)为负载 R_L 获得最大功率的条件。因此,由线性含源单口网络 N 传输给负载 R_L 最大功率的条件是:负载 R_L 应与 N 的戴维南或诺顿等效电阻 R_0 相等。这就是最大功率传输定理。满足 $R_L=R_0$ 时,称为线性含源单口网络 N 与负载的最大功率匹配。此时,负载 R_L 获得最大功率:

$$P_{\max} = \frac{U_{\mathrm{OC}}^2}{4R_0} \tag{3.3}$$

关于最大功率传输问题,需要强调以下几点。

(1) 式(3.2)和式(3.3)只有在 R_0 为常数,R_L 是变量的情况下才成立。若反过来,即在 R_L 为常数,R_0 是变量的情况下,由式(3.1)可知:负载 R_L 获得最大功率的条件是 $R_0 = 0$。此时,负载 R_L 获得最大功率:

$$P_{\max} = \frac{U_{\mathrm{OC}}^2}{R_L} \tag{3.4}$$

(2) 由最大功率传输条件($R_L = R_0$),不难得出结论:对于电源发出的功率,一半由线性含源单口网络 N 吸收,一半由负载 R_L 获得。这是因为等效电阻 R_0 吸收的功率一般不等于单口网络 N 吸收的功率,因为"等效"的概念是对"外"而不对"内"的。

(3) 最大功率传输只适用于弱电电路(例如电子电路),对强电电路(例如电力传输系统)不适用。因为对于电力系统,若要求负载获得最大功率,电力网络会白白消耗大量功率,电能利用率很低。而电子电路本身功率小,当要求负载获得最大功率时,其电能利用率的问题降为次要矛盾。

【例 3.11】 直流电阻电路负载获得最大功率的条件的计算。如图 3.17(a)所示电路,求负载 R_L 获得最大功率时的电阻值及最大功率的数值。

解:负载获得最大功率的条件是:负载电阻 R_L 等于戴维南等效电路的电阻。为此,必须将 R_L 两端 a、b 断开后的电路用戴维南等效电路代替。R_L 等于戴维南等效电阻 R_0 时,负载获得最大功率,其值按式(3.3)计算。

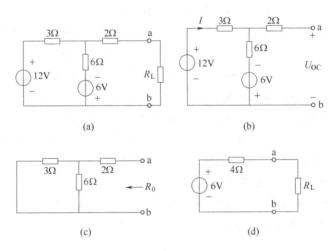

图 3.17 例 3.11 的图

(1) 断开 R_L,求电路 a、b 端口的开路电压 U_{OC},如图 3.17(b)所示。列 KVL 方程

$$(3+6)I = 6+12$$

解得

$$I = \frac{6+12}{3+6} = 2(\mathrm{A})$$

a、b 端口的开路电压为

$$U_{OC} = 6I - 6 = 6 \times 2 - 6 = 6(V)$$

(2) 求 R_L 断开后电路 a、b 端口的输入电阻 R_0,电路如图 3.17(c)所示,则

$$R_0 = 2 + \frac{3 \times 6}{3 + 6} = 4(\Omega)$$

(3) 作出等效电路如图 3.17(d)所示。当负载 $R_L = R_0 = 4\Omega$ 时,负载获得的最大功率为

$$P_{Lmax} = \frac{U_{OC}^2}{4R_L} = \frac{6^2}{4 \times 4} = \frac{36}{16} = 2.25(W)$$

本章小结

(1) 替代定理是电路的另一种等效方法。该定理说明:给定任意一个线性电阻电路,其中第 k 条支路的电压 u_k 或电流 i_k 已知,那么这条支路就可以用一个电压等于 u_k 的独立电压源或电流等于 i_k 的独立电流源来替代。替代后的电路中,各支路的电压和电流与原电路相同。

(2) 叠加定理适用于线性电路电压、电流的计算。即各支路的电流、电压可看作由各个电源单独作用(其他电压源用短路代替,电流源用开路代替)时,在该支路产生的电压、电流的代数和。叠加定理反映了线性电路的基本性质,也是推导某些定理的依据,又是一种电路分析方法。叠加性和齐次性是线性电路的基本性质。

(3) 戴维南定理指出:任何线性有源单口网络 N,对外电路而言,可以用一个独立电压源与一个电阻串联等效代替。电压源的电压等于该网络 N 的开路电压 U_{OC},其串联电阻 R_0 等于该网络中所有独立电源置零时所得无源网络 N_0 的等效电阻。这一电压源与电阻串联的支路称为戴维南等效电路。

(4) 诺顿定理指出:任何线性有源单口网络 N,对外电路而言,可以用一个独立电流源与一个电阻并联等效代替。独立电流源的电流等于该网络 N 的短路电流 I_{SC},其并联电阻 R_0 等于该网络中所有独立电源置零时所得无源网络 N_0 的等效电阻。这一独立电流源与电阻并联的电路称为诺顿等效电路。

(5) 最大功率传输定理。由线性含源单口网络 N 传输给负载 R_L 最大功率的条件是:负载 R_L 应与 N 的戴维南或诺顿等效电阻 R_0 相等。

习题三

3.1 叠加原理只适用于什么电路?电流和电压可以叠加,功率也可以叠加吗?为什么?

3.2 线性电路的线性性质指的是什么?

3.3　应用叠加原理计算电路时,应注意哪些问题?

3.4　在图 3.18 所示电路中,已知 $I_S=4A,R_1=3\Omega,R_2=5\Omega,U_S=4V$,试用叠加原理求电压 U_1 和 U_2。

3.5　用叠加原理求图 3.19 所示电路中的电流 I_1、I_2 和 I_3。

3.6　戴维南定理的等效电路用两个什么参数表示? 这两个参数的含义各是什么?

3.7　在图 3.20 所示电路中,已知 $U_{S1}=12V,R_1=6\Omega,U_{S2}=15V,R_2=3\Omega,R_3=2\Omega$。试用戴维南定理求流过 R_3 的电流 I_3。

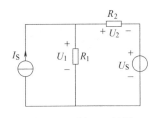
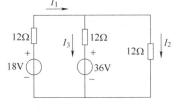
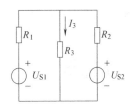

图 3.18　题 3.4 的图　　　图 3.19　题 3.5 的图　　　图 3.20　题 3.7 的图

3.8　求图 3.21 所示电路的戴维南等效电路。

3.9　求图 3.22 所示电路的戴维南等效电路。

3.10　电路如图 3.23 所示,试用戴维南等效变换的方法求电流 i_1。

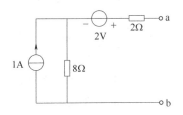
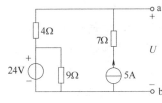
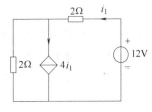

图 3.21　题 3.8 的图　　　图 3.22　题 3.9 的图　　　图 3.23　题 3.10 的图

3.11　电路如图 3.24 所示,试用诺顿等效变换的方法求电压 U。

3.12　利用诺顿等效变换的方法求图 3.25 所示电路中的电压 U 和电流 I。

3.13　求图 3.26 所示电路的诺顿等效电路。

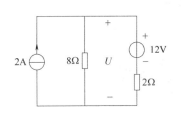
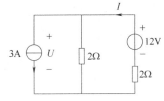
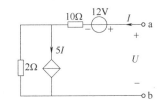

图 3.24　题 3.11 的图　　　图 3.25　题 3.12 的图　　　图 3.26　题 3.13 的图

3.14　电路如图 3.27 所示。当 R_L 为多少时,R_L 能获得最大功率? 求这个最大功率。

3.15　电路如图 3.28 所示。当 R_L 为多少时,R_L 能获得最大

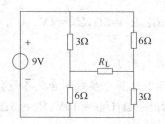

图 3.27 题 3.14 的图

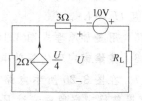

图 3.28 题 3.15 的图

功率。

自测题三

一、填空题(每空 3 分,共 30 分)

1. 替代定理还可以推广到( )电阻电路中。

2. 用电阻元件替代某支路。进行这种替代时,有一种情况除外:替代后的电路中没有一个( )。

3. "独立电源置零"是对于独立电压源,用( )替代;对于独立电流源,用( )替代。

4. 叠加定理只适用于( )电路,电流和电压可以( ),功率( )叠加。

5. 线性电路的线性性质,指的是叠加性和( )性。

6. 戴维南定理指出:任何线性有源单口网络 N,对外电路而言,可以用一个独立电压源与一个电阻串联等效代替。电压源的电压等于该网络 N 的( ),其串联电阻等于该网络中所有独立电源置零时所得无源网络的( )。

二、单选题(每小题 3 分,共 15 分)

7. 电路如图 3.29 所示,戴维南等效参数为( )。

    A. $U_{OC}=40V, R=0$ B. $U_{OC}=25V, R=0$

    C. $U_{OC}=40V, R=15\Omega$ D. $U_{OC}=25V, R=15\Omega$

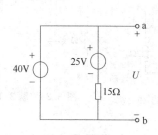

图 3.29 自测题 7 的图

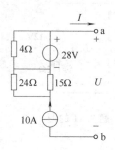

图 3.30 自测题 8 的图

8. 电路如图 3.30 所示,诺顿等效参数为( )。

A. 7A, $R=24\Omega$　　　　　　　B. 5A, $R=15\Omega$

C. 10A, $R=\infty$　　　　　　　　D. 3A, $R=4\Omega$

9. 一个含源二端网络,其戴维南定理的等效电阻为 R_0,该二端网络接负载电阻 R_L。若 R_L 固定, R_0 可变,当 $R_0=$（　　　）时, R_L 能获得最大功率。

A. 0　　　　　　　　　　　　B. R_L

C. $0.5R_L$　　　　　　　　　　D. $2R_L$

10. 叠加定理仅适用于求解（　　　）。

A. 电压　　　　B. 电流　　　　C. 电压或电流　　　　D. 电压或功率

11. 当线性电路中只有（　　　）时,电路的响应和激励成正比。这个关系称为线性电路的齐次性。

A. 两个独立源　　　　　　　　B. 一个独立源

C. 一个受控源　　　　　　　　D. 两个受控源

三、计算题（共 55 分）

12. 求如图 3.31 所示单口网络的戴维南等效电路。（15 分）

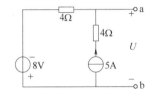 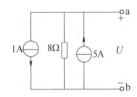

图 3.31　自测题 12 的图　　　　　　　图 3.32　自测题 13 的图

13. 求如图 3.32 所示单口网络的戴维南等效电路。（10 分）

14. 电路如图 3.33 所示。试用戴维南定理求 U 与 R 的关系 $U=f(R)$。（15 分）

15. 电路如图 3.34 所示。当 R_L 为多少时, R_L 能获得最大功率?并求此最大功率（用诺顿定理求解）。（15 分）

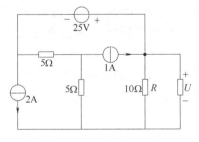 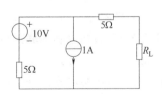

图 3.33　自测题 14 的图　　　　　　　图 3.34　自测题 15 的图

CHAPTER 4

动态电路的时域分析

前面介绍的是电路的稳定状态,有关电路的分析叫作稳态分析。稳态电路的最大特点是当电路中的激励恒定或周期变化时,电路中的响应也恒定或周期变化。

本章将在时域中分析动态电路,主要介绍动态电路的基本概念,电压和电流的初始值计算,一阶电路的零输入响应、零状态响应和全响应;在此基础上,介绍一种分析一阶电路的简便实用方法——三要素法;还将讨论阶跃信号与阶跃响应、积分电路和微分电路的基本概念;最后讨论二阶电路的零输入响应。

4.1　动态电路及其方程

4.1.1　动态电路的概念

在前面的章节中讨论了由电阻元件和电源构成的电路。习惯上将这类电路称为电阻电路。实际上,电路中除了电阻元件以外,常用的还有电容元件和电感元件。由于电容元件和电感元件的伏安特性为微分或积分关系,当电路发生变化时,由于电容和电感是储能元件,其电流、电压的变化不会即刻完成,需要一个过渡过程,所以把电容和电感称为动态元件。含有动态元件的电路称为动态电路。

首先观察一个实验现象。在图 4.1 所示电路中,电感、电容与三个相同的白炽灯组成了三条支路,U_S 是直流电压源,S 为电源开关。开关 S 断开时,三条支路都没有电流,这是一种稳定状态。当开关 S 闭合时,白炽灯 EL_1 立刻正常发光,说明这一支路很快进入新的稳定状态;与电感串联的白炽灯 EL_2 逐渐变亮,经过一段时间,达到与白炽灯 EL_1 同样的亮度,说明该支路经历了一个明显的过渡过程;白炽灯 EL_3 一闪亮后就渐渐变暗,然后就不亮了,说明电容支路也经历了过渡过程。

白炽灯 EL_1 是纯电阻,设其阻值为 R_L。开关 S 闭合后,该支路电流立刻达到稳定值 $I_1 = U_S/R_L$,其电流随时间基本不变,如图 4.2 所示。白炽灯 EL_2 与电感串联,开关 S 闭合后,由于电感对电流的阻碍作用,电流 I_2 由零逐渐增大;最后,电路达到稳定状态。所以,白炽灯 EL_2 逐渐变亮,最后和 EL_1 同样亮,电流变化如图 4.2 所示。白炽灯 EL_3 与电容串联,开关 S 闭合后,由于电容的储能作用,电容的两块极板间的电压从零逐渐增大到 U_S,电容器被充电,流过电容的电流 I_3 由最大值逐渐减小到零,最后电路达到稳定状态,所以白炽灯 EL_3 由最亮逐渐变暗,最后熄灭,电流变化如图 4.2 所示。

由电感和电容的性质可知它们是储能元件，能量不能突变，这是产生动态过程的根本原因。

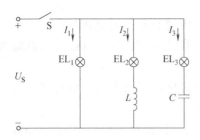

图 4.1　过渡过程演示电路

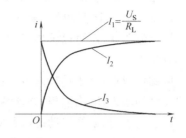

图 4.2　三条支路中电流的曲线

4.1.2　动态电路的微分方程

由于电阻元件的伏安特性为代数关系，故要求解电阻电路的电流或电压，只需求解一组代数方程，如前面讲述的网孔方程、节点方程等。

但是，动态元件的伏安特性是对时间变量 t 的微分或积分关系，因此，动态电路需要用微分方程来描述。以图 4.3 所示电路为例，根据基尔霍夫电压定律，得

$$Ri(t) + L\frac{di(t)}{dt} + u_C(t) = u_S(t) \tag{4.1}$$

假设电路的待求变量是 $u_C(t)$，把电容元件的电压—电流关系式

$$i(t) = C\frac{du_C(t)}{dt}$$

代入式（4.1），经过整理后，得

$$\frac{d^2 u_C(t)}{dt^2} + \frac{R}{L}\frac{du_C(t)}{dt} + \frac{1}{LC}u_C(t) = \frac{1}{LC}u_S(t) \tag{4.2}$$

在电路分析中，作为输入激励的电压或电流简称输入，作为待求响应（或变量）的电压或电流简称输出。只含有一个激励源和一个输出变量的电路为单输入、单输出电路。式（4.2）是图 4.3 所示电路的输入 $u_S(t)$ 与输出 $u_C(t)$ 方程。对于线性电路，输入与输出方程是常系数线性微分方程。显然，求解给定电路的输出可归结为求解相应的输入与输出方程。

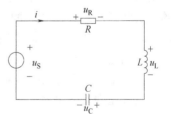

图 4.3　简单的动态电路

对于图 4.3 所示的电路，求出 $u_C(t)$ 后，可应用元件的伏安关系式

$$i(t) = C\frac{du_C(t)}{dt}$$

$$u_R(t) = Ri(t) = RC\frac{du_C(t)}{dt}$$

$$u_L(t) = L \frac{\mathrm{d}i(t)}{\mathrm{d}t} = LC \frac{\mathrm{d}^2 u_C(t)}{\mathrm{d}t^2}$$

求出电路中的电流和任一元件的电压。

对于任何一个已知的单输入、单输出电路方程,应用基尔霍夫定律与电路中各元件的电压电流关系,总可以求出其输入、输出方程。但是,电路越复杂,获得此方程需要的工作量越大。

因此可以说,对于单输入、单输出动态电路的分析可以归结为建立以待求变量作为输出变量的输入、输出方程,并求解这一方程。

一般地说,如果描述动态电路的输入、输出方程是一阶微分方程,则称该电路为一阶电路。如果输入、输出方程是 n 阶微分方程,则相应的电路称为 n 阶电路。

4.2 换路定则与初始值

4.2.1 换路定则

求解电路的暂态问题和求解电路的稳态问题一样,都可以先对电路列写方程,然后求解电路方程。但是,如果电路中含有储能元件 L 或 C,而储能元件的伏安特性是微分关系,电路方程将是微分方程。微分方程的解中含有积分常数,需要依据初始条件来确定积分常数。所以,如何确定暂态过程的初始条件,是求解电路暂态问题的一个重要环节。

所谓换路,指的是电路中某些元件参数(例如 U_S、I_S、R、L、C 等)突然发生变化,或电路结构突然发生变化(例如开关断开、开关闭合、短路、开路、改变元件连接方式等)。也就是说,只要电路元件参数或电路结构发生变化后,与原电路不同了,就称为换路。

为分析方便,约定换路时刻为计时起点,即设在 $t=0$ 瞬间换路;并把换路前的最后时刻记为 $t=0_-$,换路后的初始时刻计为 $t=0_+$。0_-、0、0_+ 实质上是三点合一,但有区别。约定换路瞬间是不花费时间的。确定电路的初始状态,也就是确定换路后的初始时刻 $t=0_+$ 时,电路中某条支路的电流值或电路中某两点间的电压值。为此,必须首先确定在 $t=0_+$ 时,电容器两端的电压 $u_C(0_+)$ 或电感元件中的电流 $i_L(0_+)$。

先讨论电容元件情况。在将电压、电流的正方向选取为关联方向的情况下,电容元件的端电压和流经电容元件的电流满足微分关系

$$i_C = C \frac{\mathrm{d}u_C}{\mathrm{d}t}$$

则有

$$u_C(t) = u_C(t_0) + \frac{1}{C} \int_{t_0}^{t} i_C \mathrm{d}t$$

将 t_0 和 t 分别替代为 0_- 和 0_+,得到

$$u_C(0_+) = u_C(0_-) + \frac{1}{C} \int_{0_-}^{0_+} i_C \mathrm{d}t$$

可见,只要 i_C 为有限值,则积分项为零,即得

$$u_C(0_+) = u_C(0_-)$$

同样,对电感元件,因为

$$u_L = L\frac{\mathrm{d}i_L}{\mathrm{d}t}$$

则

$$i_L(t) = i_L(t_0) + \frac{1}{L}\int_{t_0}^{t} u_L\mathrm{d}t$$

将 t_0 和 t 分别替代为 0_- 和 0_+,得到

$$i_L(0_+) = i_L(0_-) + \frac{1}{L}\int_{0_-}^{0_+} u_L\mathrm{d}t$$

只要 u_L 为有限值,则积分项为零,得

$$i_L(0_+) = i_L(0_-)$$

这和前面所说的,由于储能元件所储能量不能突变,所以电容的电压、电感的电流不能突变的含义是一致的。

换路定则的一般表达式为

$$\left.\begin{array}{l} u_C(0_+) = u_C(0_-) \\ i_L(0_+) = i_L(0_-) \end{array}\right\} \tag{4.3}$$

它适用的前提条件是:在换路瞬间,电容中的电流 i_C 为有限值;电感两端的电压 u_L 为有限值。只要电路中存在电阻(不一定是外接电阻器,例如电源、电感线圈中均存在内阻),这一条件在实际电路中都是满足的。

利用换路定则,可以确定暂态过程中的 $u_C(0_+)$ 或 $i_L(0_+)$,并由此求得电路中其他电流、电压的初始值。

4.2.2　初始值的计算

分析动态电路的过渡过程的方法之一是根据 KCL、KVL 和支路的伏安关系建立描述电路的方程,建立的方程是以时间为自变量的线性常微分方程,然后求解,得到电路的所求变量(电压或电流)。此方法称为经典法,它是一种在时间域中进行的分析方法。

用经典法求解常微分方程时,必须根据电路的初始条件确定积分常数。若在 $t=0$ 时换路,初始值就是电路中的所求变量(电压或电流)在 $t=0_+$ 时刻的值。

初始值的计算步骤如下所述。

(1) 作 $t=0_-$ 等效电路,这时电感相当于短路,电容相当于开路。

(2) 根据 $t=0_-$ 等效电路,计算换路前的电感电流 $i_L(0_-)$ 和电容电压 $u_C(0_-)$;应用换路定则,得到独立的初始值 $u_C(0_+)$ 和 $i_L(0_+)$。

(3) 作 $t=0_+$ 等效电路,这时电感 L 相当于一个值为 $i_L(0_+)$ 的电流源,电容 C 相当于一个值为 $u_C(0_+)$ 的电压源。

(4) 根据 $t=0_+$ 等效电路,计算其他相关初始值。

下面通过例子来说明计算初始值的具体方法。

【例 4.1】 在图 4.4(a)所示电路中,$t=0$ 时刻开关 S 闭合。开关闭合前,电容 C 上无电荷,求 $t=0_+$ 时的 u_C 及各支路的电流值。

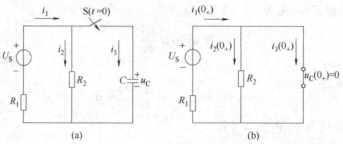

图 4.4 例 4.1 的图

解：已知 $q_C(0_-)=0$,则有

$$u_C(0_-)=\frac{q_C(0_-)}{C}=0$$

根据换路定则,有

$$u_C(0_+)=u_C(0_-)=0$$

由于在换路后的初始瞬间 $t=0_+$ 时,电容电压为零,而电容的电流不为零,电容在电路中相当于短路。作出 $t=0_+$ 时的等效电路如图 4.4(b)所示,则有

$$i_1(0_+)=\frac{U_S-u_C(0_+)}{R_1}=\frac{U_S}{R_1}$$

$$i_2(0_+)=\frac{u_C(0_+)}{R_2}=0$$

$$i_3(0_+)=i_1(0_+)=\frac{U_S}{R_1}$$

在求解电路的初始值时,只要满足换路定则的条件,并且 $u_C(0_-)=0$,则电容在换路瞬间($t=0_+$)可以看成是短路。同理,对于一个 $i_L(0_-)=0$ 的电感来说,只要满足换路定则的条件,则在换路瞬间($t=0_+$)相当于开路。

【例 4.2】 图 4.5(a)所示电路中,已知 $U_S=18\text{V}$,$R_1=1\Omega$,$R_2=2\Omega$, $R_3=3\Omega$,$L=0.5\text{H}$,$C=4.7\mu\text{F}$,开关 S 在 $t=0$ 时合上。设 S 合上前,电路已进入稳态。试求 $i_1(0_+)$、$i_2(0_+)$、$i_3(0_+)$、$u_L(0_+)$ 和 $u_C(0_+)$。

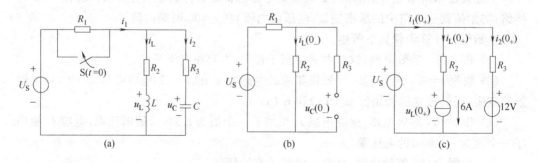

图 4.5 例 4.2 的图

解：（1）作 $t=0_-$ 等效电路如图 4.5(b)所示。这时，电感相当于短路，电容相当于开路。

（2）根据 $t=0_-$ 等效电路，计算换路前的电感电流和电容电压，得

$$i_L(0_-)=\frac{U_S}{R_1+R_2}=\frac{18}{1+2}=6(A)$$

$$u_C(0_-)=R_2 i_L(0_-)=2\times6=12(V)$$

根据换路定则，得

$$i_L(0_+)=i_L(0_-)=6A$$

$$u_C(0_+)=u_C(0_-)=12V$$

（3）作 $t=0_+$ 等效电路如图 4.5(c)所示。这时，电感 L 相当于一个 6A 的电流源，电容 C 相当于一个 12V 的电压源。

（4）根据 $t=0_+$ 等效电路，计算其他相关初始值。

$$i_2(0_+)=\frac{U_S-u_C(0_+)}{R_3}=\frac{18-12}{3}=2(A)$$

$$i_1(0_+)=i_L(0_+)+i_2(0_+)=6+2=8(A)$$

$$u_L(0_+)=U_S-R_2 i_L(0_+)=18-2\times6=6(V)$$

【**例 4.3**】 图 4.6(a)所示电路在 $t=0$ 时换路，即开关 S 由位置 1 合到位置 2。设换路前电路已经稳定，求换路后的初始值 $i_1(0_+)$、$i_2(0_+)$ 和 $U_L(0_+)$。

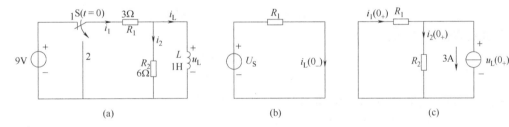

图 4.6　例 4.3 的图

解：（1）作 $t=0_-$ 等效电路如图 4.6(b)所示，则有

$$i_L(0_+)=i_L(0_-)=\frac{U_S}{R_1}=\frac{9}{3}=3(A)$$

（2）作 $t=0_+$ 等效电路如图 4.6(c)所示。由此可得

$$i_1(0_+)=\frac{R_2}{R_1+R_2}i_L(0_+)=\frac{6}{3+6}\times3=2(A)$$

$$i_2(0_+)=i_1(0_+)-i_L(0_+)=2-3=-1(A)$$

$$u_L(0_+)=R_2 i_2(0_+)=6\times(-1)=-6(V)$$

【**例 4.4**】 在图 4.7(a)所示电路中，$U=10V$，$R_1=2\Omega$，$R_2=3\Omega$，$R_3=6\Omega$。换路前电路已稳定，$t=0$ 时，开关 S 闭合，试求电路中 i、i_S、u_C、i_C、u_L、i_L 的初始值。

解：开关 S 闭合前，电路处于稳态，理想电感元件相当于短路，理想电容元件相当于开路，$t=0_-$ 时的等效电路如图 4.7(b)所示，所以有

$$i_{L(0-)}=\frac{U}{R_1+R_2}=\frac{10}{2+3}=2(A)$$

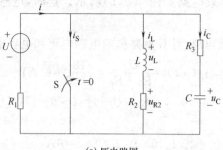

(a) 原电路图

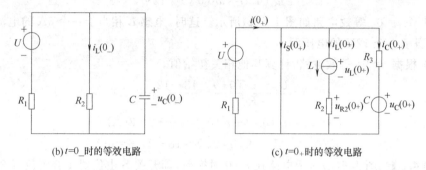

(b) $t=0_-$ 时的等效电路   (c) $t=0_+$ 时的等效电路

图 4.7   例 4.4 的图

$$u_C(0_-)=R_2i_L(0_-)=3\times2=6(\text{V})$$

根据换路定则,开关 S 闭合瞬间,有

$$u_C(0_+)=u_C(0_-)=6\text{V}$$

$$i_L(0_+)=i_L(0_-)=2\text{A}$$

开关 S 闭合后,画出 $t=0_+$ 时刻的等效电路如图 4.7(c)所示,可得

$$i_C(0_+)=-\frac{u_C(0_+)}{R_3}=-\frac{6}{6}=-1(\text{A})$$

$$i(0_+)=\frac{U}{R_1}=\frac{10}{2}=5(\text{A})$$

$$i_S(0_+)=i(0_+)-i_L(0_+)-i_C(0_+)=4(\text{A})$$

$$u_L(0_+)=-u_{R2}(0_+)=-R_2i_L(0_+)=-3\times2=-6(\text{V})$$

由本例计算结果可见,虽然电感元件中的电流不能突变,但其两端电压 u_L 是可以突变的。电容元件上的电压不能突变,但其电流 i_C 是可以突变的。而电阻两端的电压 u 和电流 i 都可以突变。

4.3 RC 电路的响应

电阻电路没有独立源就没有响应;而动态电路即使没有独立源,只要电容元件的电压或电感元件的电流不为零,就会由它们的初始储能引起响应。动态电路在没有独立电源作用下产生的响应称为零输入响应;如果换路前储能元件没有储能,仅由外加激励引起的响应叫作零状态响应。

4.3.1　RC 串联电路的零输入响应

求解 RC 电路的零输入响应,实际上就是分析它的放电过程。如图 4.8(a)所示的 RC 串联电路,在换路前,开关 S 是合在位置 1 上的,电源对电容元件充电。在 $t=0$ 时,将开关从位置 1 合到位置 2,使电源脱离电路。此时,电容元件已储有能量,其上电压的初始值 $u_C(0_+)=U_S$,于是电容元件经过电阻 R 开始放电,电路如图 4.8(b)所示。此后,电容电压不断下降,其所储存的能量由电能转变为热能。

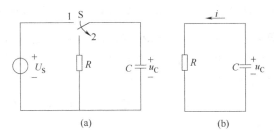

图 4.8　RC 串联电路的零输入响应

由图 4.8(b)列 KVL 方程如下:

$$u_R(t) - u_C(t) = 0$$

而

$$u_R(t) = Ri(t)$$

$$i(t) = -C \frac{\mathrm{d}u_C(t)}{\mathrm{d}t}$$

整理上面各式,可得

$$R\left[-C \frac{\mathrm{d}u_C(t)}{\mathrm{d}t}\right] - u_C(t) = 0$$

即

$$RC \frac{\mathrm{d}u_C(t)}{\mathrm{d}t} + u_C(t) = 0 \tag{4.4}$$

式(4.4)是关于 $u_C(t)$ 的一阶常系数线性齐次微分方程。由微分方程的概念,得出该微分方程的通解为

$$u_C(t) = A e^{-\frac{t}{RC}}$$

式中:A 为积分常数,由电路的初始条件确定。

由换路定则,有

$$u_C(0_+) = u_C(0_-) = U_S$$

则

$$u_C(0_+) = A e^{-\frac{0_+}{RC}} = A e^0 = A = U_S$$

$$u_C(t) = u_C(0_+) e^{-\frac{t}{RC}} = U_S e^{-\frac{t}{RC}} = U_S e^{-\frac{t}{\tau}} \quad (t \geqslant 0) \tag{4.5}$$

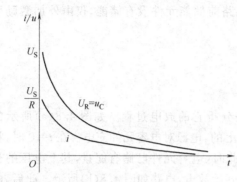

图 4.9　一阶 RC 电路的零输入响应波形

$$i(t)=\frac{u_R(t)}{R}=\frac{U_S}{R}e^{-\frac{t}{RC}}=\frac{U_S}{R}e^{-\frac{t}{\tau}}\quad(t\geqslant0)$$

$$(4.6)$$

式中：$\tau=RC$。τ 是表示时间的物理量，其量纲为时间（s），称为电路的时间常数。根据式（4.5）和式（4.6）作出电流、电压随时间变化的曲线，如图 4.9 所示。可见，RC 电路的零输入响应 $u_C(t)$ 和 $i(t)$ 都是随时间按指数规律衰减的变化曲线，其衰减速率取决于 τ 的值，τ 越大，放电过程越慢。

【例 4.5】　供电局向某企业供电电压为 10kV，在切断电源瞬间，电网上遗留有 $10\sqrt{2}$kV 的电压。已知送电线路长 $L=30$km，电网对地绝缘电阻为 500MΩ，电网的分布每千米电容为 $C_0=0.008\mu$F/km。求：①拉闸后 1 分钟，电网对地的残余电压为多少？②拉闸后 10 分钟，电网对地的残余电压为多少？

解：电网拉闸后，储存在电网电容上的电能逐渐通过对地绝缘电阻放电。这是一个 RC 串联电路的零输入响应问题。

电网总电容为

$$C=C_0\times L=0.008\times30=0.24(\mu F)=2.4\times10^{-7}(F)$$

放电电阻为

$$R=500M\Omega=5\times10^8\Omega$$

则电路的时间常数为

$$\tau=RC=120(s)$$

电容上的初始电压为

$$U_0=10\sqrt{2}kV$$

电容放电过程中，电压变化的规律为

$$u_C(t)=U_0e^{-\frac{t}{\tau}}=10\sqrt{2}\times10^3e^{-\frac{t}{120}}(V)\quad(t\geqslant0)$$

故 $u_C(60s)=8.6$kV，$u_C(600s)=95.3$V。

由此可见，电网断电，电压并不立即消失。电网断电经历 1 分钟，仍有 8.6kV 的高压；断电 10 分钟，仍有 95.3V 的电压。

4.3.2　RC 串联电路的零状态响应

RC 串联电路的零状态响应实质上就是电容 C 的充电过程。

如图 4.10 所示，RC 串联电路与直流电源连接，S 断开时，电容 C 没有储能。$t=0$ 时刻，将开关

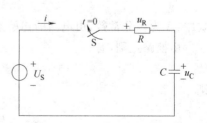

图 4.10　RC 电路接通直流电源

S闭合,RC串联电路与外激励U_S接通,电容C充电。

S闭合后,由KVL,得

$$u_R + u_C = U_S$$

$$u_R = Ri$$

$$i = C\frac{\mathrm{d}u_C}{\mathrm{d}t}$$

由上述三式,得

$$RC\frac{\mathrm{d}u_C}{\mathrm{d}t} + u_C = U_S$$

解得

$$u_C(t) = A\left(1 - \mathrm{e}^{-\frac{t}{RC}}\right) \quad (t \geqslant 0)$$

式中:A为积分常数,由电路的初始条件确定。

由换路定则,有

$$u_C(0_+) = u_C(0_-) = 0$$

所以

$$A = U_S$$

电容两端的电压为

$$u_C(t) = U_S\left(1 - \mathrm{e}^{-\frac{t}{\tau}}\right) = U_S\left(1 - \mathrm{e}^{-\frac{t}{RC}}\right)(\mathrm{V}) \quad (t \geqslant 0) \tag{4.7}$$

电容中的电流为

$$i(t) = C\frac{\mathrm{d}u_C(t)}{\mathrm{d}t} = \frac{U_S}{R}\mathrm{e}^{-\frac{t}{\tau}}(\mathrm{A}) \quad (t \geqslant 0) \tag{4.8}$$

电阻两端的电压为

$$U_R(t) = U_S - u_C(t) = U_S\mathrm{e}^{-\frac{t}{\tau}}(\mathrm{V}) \quad (t \geqslant 0)$$

式中:$\tau = RC$为时间常数,单位为秒(s),反映了电容的充电速率。τ越大,充电过程越缓慢;τ越小,充电过程越快。i、u_R和u_C在瞬态过程中随时间变化的曲线如图4.11所示。

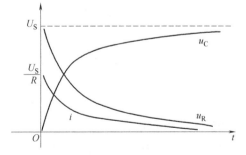

图4.11 RC串联电路零状态响应波形

【例4.6】 在图4.10所示电路中,开关S闭合前,电容C未储能,已知$U_S = 10\mathrm{V}$,$R = 1\mathrm{M}\Omega$,$C = 10\mu\mathrm{F}$。试求:①电路的时间常数τ;②开关S闭合10s时,电容两端的电压$u_C(t)$。

解:(1) 时间常数τ为

$$\tau = RC = 10^6 \times 10 \times 10^{-6} = 10(\mathrm{s})$$

(2) 开关S闭合后,电源对电容C充电。
电容充电的规律为

$$u_C(t) = U_S\left(1 - \mathrm{e}^{-\frac{t}{\tau}}\right) = 10 \times \left(1 - \mathrm{e}^{-\frac{t}{10}}\right)(\mathrm{V}) \quad (t \geqslant 0)$$

$t = 10\mathrm{s}$时,

$$u_C(10) = 10 \times \left(1 - \mathrm{e}^{-\frac{10}{10}}\right) = 10 \times (1 - \mathrm{e}^{-1}) = 6.32(\mathrm{V})$$

4.3.3　RC 电路的全响应

电路中的响应不仅与电容的初始储能有关,与外施激励也有关的情况,称为一阶 RC 电路的全响应。

线性动态电路的全响应可以分解为零输入响应与零状态响应之和,即

$$全响应=零输入响应+零状态响应$$

如图 4.10 所示电路,如果电容 C 在 S 闭合前就具有电压,$u_C(0_-)=U_0$,换路后,

$$RC\frac{\mathrm{d}u_C}{\mathrm{d}t}+u_C=U_S$$

初始条件为

$$u_C(0_+)=u_C(0_-)=U_0$$

由式(4.5)求得电容电压的零输入响应为

$$u_{Ch}(t)=u_C(0_+)\mathrm{e}^{-\frac{t}{\tau}}=U_0\mathrm{e}^{-\frac{t}{\tau}}$$

由式(4.7)求得电容电压的零状态响应为

$$u_{Cp}(t)=U_S(1-\mathrm{e}^{-\frac{t}{\tau}})$$

故电容电压的全响应为

$$u_C(t)=u_{Ch}(t)+u_{Cp}(t)=U_0\mathrm{e}^{-\frac{t}{\tau}}+U_S(1-\mathrm{e}^{-\frac{t}{\tau}})(\mathrm{V})\quad(t\geqslant0) \tag{4.9}$$

【例 4.7】　在图 4.12(a)所示的电路中,开关 S 处于 1 的位置,电路处于稳态;当 $t=0$ 时,开关由 1 的位置换路至 2 的位置。试求电容上的电压 $u_C(t)$。已知:$R=3\mathrm{k}\Omega$,$C=3\mu\mathrm{F}$,$U_1=3\mathrm{V}$,$U_2=5\mathrm{V}$。

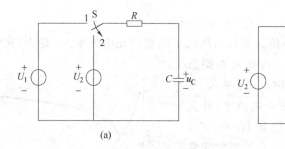

图 4.12　例 4.7 的图

解:(1)求初始值和时间常数。

当 $t=0_-$ 时,有

$$u_C(0_-)=U_1=3\mathrm{V}$$

由换路定则,有

$$u_C(0_+)=u_C(0_-)=3\mathrm{V}$$

电路时间常数为

$$\tau=RC=3\times10^3\times3\times10^{-6}=9\times10^{-3}(\mathrm{s})$$

(2)由式(4.5)求得电容电压的零输入响应为

$$u_{Ch}(t) = u_C(0_+) e^{-\frac{t}{\tau}} = 3e^{-\frac{1000t}{9}} (\text{V}) \quad (t \geqslant 0)$$

（3）换路后，等效电路如图 4.9(b)所示。由式(4.5)求得电容电压的零状态响应为

$$u_{Cp}(t) = U_2(1 - e^{-\frac{t}{\tau}}) = 5(1 - e^{-\frac{1000t}{9}})(\text{V}) \quad (t \geqslant 0)$$

（4）电容电压的全响应为

$$u_C(t) = u_{Ch}(t) + u_{Cp}(t) = 3e^{-\frac{1000t}{9}} + 5(1 - e^{-\frac{1000t}{9}}) = 5 - 2e^{-\frac{1000t}{9}}(\text{V}) \quad (t \geqslant 0)$$

4.4　RL 电路的响应

4.4.1　RL 串联电路的零输入响应

如图 4.13 所示的 RL 串联电路，开关 S 原来合在位置 1 上，电感中有电流。在 $t = 0$ 时刻，将开关 S 从位置 1 合到位置 2 上，使电路脱离电源，RL 电路被短接。此时，由于电感元件中已储有能量，电流的初始值 $i_L(0_+) =$ $i_L(0_-) = \dfrac{U_S}{R} = I_0$，电感 L 将通过电阻 R 释放能量。根据 KVL，得

$$u_R + u_L = 0$$

由元件伏安关系，得

$$iR + L\frac{di}{dt} = 0$$

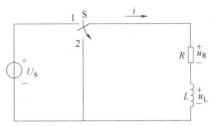

图 4.13　RL 串联电路的零输入响应

解得

$$\left. \begin{array}{l} i(t) = I_0 e^{-\frac{R}{L}t} = I_0 e^{-\frac{t}{\tau}} (\text{A}) \quad (t \geqslant 0) \\[2mm] u_L = L\frac{di(t)}{dt} = -U_S e^{-\frac{t}{\tau}} (\text{V}) \quad (t \geqslant 0) \\[2mm] u_R(t) = i(t)R = U_S e^{-\frac{t}{\tau}} (\text{V}) \quad (t \geqslant 0) \end{array} \right\} \quad (4.10)$$

式中：时间常数 $\tau = L/R$。L 的单位为亨(H)，R 的单位为欧为(Ω)，τ 的单位为秒(s)。i、u_R、u_L 随时间变化的曲线如图 4.14 所示。

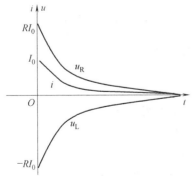

图 4.14　RL 串联电路的零输入响应波形

可见，电感在放电时，其电流按指数规律衰减，衰减的快慢由时间常数 $\tau = L/R$ 决定。时间常数 τ 越大，i 衰减得越慢，反之越快。时间常数与自感系数 L 成正比，与电阻 R 成反比，其物理意义是：在电流 I_0 一定时，L 越大，储能越多，释放完所储能量需要的时间越长，即暂态过程越长；R 越大，电流的初始功率损耗 $I_0^2 R$ 越大，能量释放越快，暂态过程越短。

RL 串联电路实为一个线圈电路模型，如果在

图 4.13 所示电路中,开关 S 将线圈与电源直接断开而不是短接,电路的情况又如何呢?

当电源与线圈断开的瞬间,由于电感中的电流不能突变,而在断开的瞬间电流要一下子下降到零,电流的变化率 di/dt 将很大。当线圈的自感系数 L 很大时,线圈中的自感电动势就很大。这个自感电动势将击穿开关两个触点之间的空气,造成电弧,以延缓电流中断。此时,不仅触点会被电弧烧坏,对人身也会带来伤害。因此在具有大电感的电路中,不能随便拉闸,并且需要采取一些防止拉闸产生电弧的措施,如下所述。

(1) 在 RL 电路与电源断开的同时接通一个低值泄放电阻 R',如图 4.15(a)所示,通常 $R' < R$。这样,在线圈两端就不会出现过电压,同时便于加速线圈的放电过程。

(2) 将 R' 改成二极管,如图 4.15(b)所示。利用二极管单向导电、正向电阻小的特点,在开关 S 处于 1 位置时,二极管处于截止状态,电流由电源流向线圈;在开关 S 处于 2 位置时,电感线圈中的电流通过二极管构成放电回路,形成线圈的放电过程。

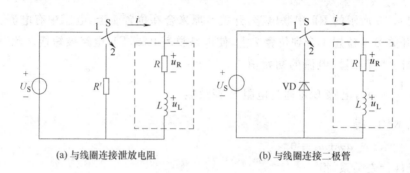

(a) 与线圈连接泄放电阻　　　　　　(b) 与线圈连接二极管

图 4.15　防止拉闸产生电弧的措施

【例 4.8】　发电机中用来产生磁场的线圈通常电感较大,线圈有一定的电阻,因此实际它是一个 RL 串联电路,如图 4.16 所示。其中,可变电阻 R_f 是用来调整电流的。当电源开关断开时,为了防止电弧烧坏开关触点,在开关处于 2 位置时,接通泄放电阻 R'。已知电源电压 $U_S = 220\text{V}$,$L = 5\text{H}$,$R = 60\Omega$,$R_f = 40\Omega$。如果要使线圈两端的电压不超过电源电压,R' 应选为多大?

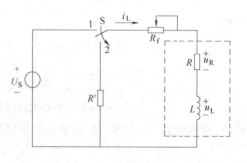

图 4.16　例 4.8 的图

解:电路换路前,R_f 调到最大值(40Ω),线圈中的电流为

$$i_L(0_-) = \frac{U_S}{R + R_f} = \frac{220}{60 + 40} = 2.2(\text{A})$$

在 $t = 0$ 时,将开关合到位置 2。由于电感中的电流不能突变,即

$$i_L(0_+) = i_L(0_-) = 2.2\text{A}$$

此时,线圈两端的电压即为 R_f 和 R' 上的电压降之和,其绝对值为

$$U_{RL}(0_+) = (R_f + R')i_L(0_+) = (40 + R') \times 2.2(\text{V}) < 220\text{V}$$

所以

$$R' < 60\,\Omega$$

4.4.2　RL 串联电路的零状态响应

如图 4.17 所示的 RL 串联电路与直流电源连接。开关 S 断开时,电路处于稳态,且 L 中无储能。在开关 S 闭合的瞬间,RL 串联电路与外激励接通,电感 L 将不断地从电源吸取电能,并转换为磁场能储存在线圈内部。

当 S 闭合后,由 KVL 及元件的伏安关系,得

$$u_R + u_L = U_S$$

$$u_R = iR, \quad u_L = L\frac{di}{dt}$$

电路的微分方程为

$$L\frac{di}{dt} + Ri = U_S \tag{4.11}$$

微分方程解的形式为

$$i(t) = A(1 - e^{-\frac{t}{\tau}})$$

根据换路定则,有

$$i(0_+) = i(0_-) = 0$$

解得

$$i(t) = \frac{U_S}{R}(1 - e^{-\frac{t}{\tau}})(A) \quad (t \geqslant 0) \tag{4.12}$$

电感电压为

$$u_L(t) = L\frac{di}{dt} = U_S e^{-\frac{t}{\tau}}(V) \quad (t \geqslant 0) \tag{4.13}$$

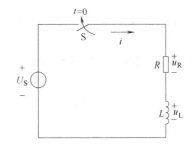

图 4.17　RL 串联电路零状态
响应电路

式中:时间常数 $\tau = L/R$。τ 越大,电路达到稳定值需要的时间越长。

根据数学表达式,作出电流 i 随时间变化的曲线如图 4.18(a)所示,u_R 和 u_L 随时间变化的曲线如图 4.18(b)所示。

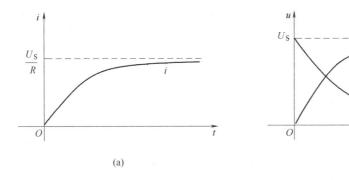

(a)　　　　　　　　　　　　　　　(b)

图 4.18　RL 串联电路零状态响应波形

【**例 4.9**】 如图 4.17 所示的 RL 串联电路,已知 $R=2\Omega$,$L=200H$,$U_S=20V$。开关 S 闭合前,电路处于稳态。求开关 S 闭合多少秒后,电流小于 1A?

解: 由于

$$\tau=\frac{L}{R}=\frac{200}{2}=100(s)$$

电流为

$$i(t)=\frac{U_S}{R}(1-e^{-\frac{t}{\tau}})=\frac{20}{2}(1-e^{-0.01t})(A)\leqslant 1A$$

计算得 $t\geqslant 10s$,即当开关 S 闭合 10 多秒后,电流才能小于 1A。

4.4.3 RL 电路的全响应

如果 RL 串联电路既有初始储能,又有外加激励,这样的响应就是 RL 电路的全响应。在计算全响应的时候,也可以参照 RC 电路全响应的计算方法,即

全响应=零输入响应+零状态响应

如图 4.17 所示电路,如果电感 L 在 S 闭合前就有电流,$i(0_-)=I_0$,换路后,

$$L\frac{di}{dt}+Ri=U_S$$

初始条件为

$$i(0_+)=i(0_-)=I_0$$

由式(4.10)求得电感电流的零输入响应为

$$i_h(t)=i(0_+)e^{-\frac{t}{\tau}}=I_0e^{-\frac{t}{\tau}}(A) \quad (t\geqslant 0)$$

由式(4.12)求得电感电流的零状态响应为

$$i_p(t)=\frac{U_S}{R}(1-e^{-\frac{t}{\tau}}) (A) \quad (t\geqslant 0)$$

故得电感电流的全响应为

$$i(t)=i_h(t)+i_p(t)=I_0e^{-\frac{t}{\tau}}+\frac{U_S}{R}(1-e^{-\frac{t}{\tau}})(A) \quad (t\geqslant 0) \tag{4.14}$$

【**例 4.10**】 在图 4.19(a)所示的电路中,开关 S 处于 1 的位置,电路已处于稳态。当 $t=0$ 时,开关由 1 的位置换路至 2 的位置,试求电感中的电流 $i_L(t)$。已知 $R=2\Omega$,$L=20mH$,$U_1=10V$,$U_2=20V$。

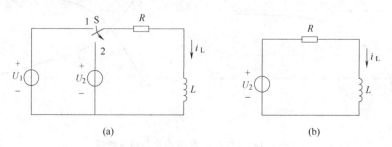

(a)   (b)

图 4.19 例 4.10 的图

解：（1）求初始值和时间常数。

当 $t=0_-$ 时，有

$$i_L(0_-)=U_1/R=5(A)$$

由换路定则，有

$$i_L(0_+)=i_L(0_-)=5A$$

电路时间常数为

$$\tau=L/R=20\times10^{-3}/2=1\times10^{-2}(s)$$

（2）由式(4.10)求得电感电流的零输入响应为

$$i_{hL}(t)=i_L(0_+)e^{-\frac{t}{\tau}}=5e^{-100t}(A)\quad(t\geqslant0)$$

（3）换路后，等效电路如图 4.19(b)所示。由式(4.12)求得电感电流的零状态响应为

$$i_{pL}(t)=\frac{U_2}{R}(1-e^{-\frac{t}{\tau}})=\frac{20}{2}(1-e^{-100t})=10(1-e^{-100t})(A)\quad(t\geqslant0)$$

（4）电感电流的全响应为

$$i_L(t)=i_{hL}(t)+i_{pL}(t)=5e^{-100t}+10(1-e^{-100t})$$
$$=(10-5e^{-100t})(A)\quad(t\geqslant0)$$

4.5 一阶电路的三要素分析法

4.5.1 一阶电路响应的规律

通过前面的讨论可以看出，对于只包含一个储能元件，或者可用串、并联方法简化后等效为只有一个储能元件的电路，根据 KVL 列出的为一阶微分方程。这样的电路叫作一阶电路。分析一阶电路的过渡过程，就是求微分方程的特解(稳态分量)和对应的齐次微分方程的通解(暂态分量)的过程。稳态分量是电路在换路后达到新的稳态时的解；暂态分量的形式通常为 $Ae^{-\frac{t}{\tau}}$，常数 A 由电路的初始条件确定，时间常数 τ 由电路的结构和参数来计算。当电路中的电源都是恒定的直流电源时，一阶电路的过渡过程通常是电路变量由初始值向新的稳态值过渡，并且是按照指数规律逐渐趋向新的稳态值。趋向新稳态值的速率与电路时间常数 τ 密切相关。

一阶电路的响应均是按指数规律变化的：按指数规律衰减有两种情况，按指数规律上升也有两种情况，共有四种情况。

1. 按指数规律衰减

一阶电路的响应 $f(t)$ 按指数规律衰减分为两种情况：一种情况是由初始值 $f(0_+)$ 衰减到零稳态值 $f(\infty)=0$，一阶电路的响应波形如图 4.20(a)所示。这种情况实质就是一阶电路的零输入响应。在 $f(t)$ 的 $f(0_+)$ 处作切线与时间轴相交，就得到电路的时间常数 τ。

另一种情况是:由初始值 $f(0_+)$ 衰减到非零稳态值 $f(\infty)\neq0$,一阶电路的响应波形如图 4.20(b)所示。这种情况实质就是一阶电路的全响应。在 $f(t)$ 的 $f(0_+)$ 处作切线与 $f(\infty)$ 相交,就得到电路的时间常数 τ。

2. 按指数规律上升

一阶电路的响应 $f(t)$ 按指数规律上升也分为两种情况:一种情况是由零初始值 $f(0_+)=0$ 上升到稳态值 $f(\infty)$,一阶电路的响应波形如图 4.20(c)所示。这种情况实质就是一阶电路的零状态响应。在 $f(t)$ 的 $f(0_+)=0$ 处作切线与 $f(\infty)$ 相交,就得到电路的时间常数 τ。

另一种情况是由初始值 $f(0_+)\neq0$ 上升到稳态值 $f(\infty)$,一阶电路的响应波形如图 4.20(d)所示。这种情况实质就是一阶电路的全响应。在 $f(t)$ 的 $f(0_+)$ 处作切线与 $f(\infty)$ 相交,就得到电路的时间常数 τ。

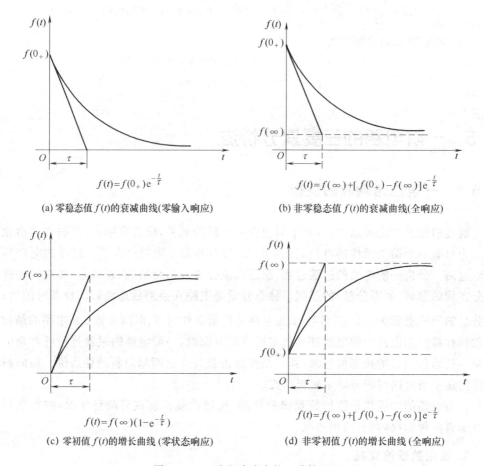

(a) 零稳态值 $f(t)$ 的衰减曲线(零输入响应)
$$f(t)=f(0_+)e^{-\frac{t}{\tau}}$$

(b) 非零稳态值 $f(t)$ 的衰减曲线(全响应)
$$f(t)=f(\infty)+[f(0_+)-f(\infty)]e^{-\frac{t}{\tau}}$$

(c) 零初值 $f(t)$ 的增长曲线(零状态响应)
$$f(t)=f(\infty)(1-e^{-\frac{t}{\tau}})$$

(d) 非零初值 $f(t)$ 的增长曲线(全响应)
$$f(t)=f(\infty)+[f(0_+)-f(\infty)]e^{-\frac{t}{\tau}}$$

图 4.20　一阶电路响应的四种情况

从一阶电路响应的四种情况可见:对于一阶电路,换路后,电容电压、电感电流和电路的其他电压(电流)都是从换路后的初始值按同一指数规律单调变化(单调增加或单调减小)到新稳态值。其中,暂态分量都具有相同的形式,而且时间常数都是相同的。因此，分析线性一阶电路时，只要求出换路后的初始值 $f(0+)$、达到新稳态时的稳态值 $f(\infty)$ 和电路时间常数 τ 这三个要素，就能确定一阶电路中电压(电流)的变化规律，即电路的响应。这就是一阶电路的三要素分析法。

3. 一阶电路响应的通用公式

若用 $f(t)$ 表示电路的响应，$f(0+)$ 表示该量的初始值，$f(\infty)$ 表示该量的新稳态值，τ 表示电路的时间常数，则三要素表示法的通用公式为

$$f(t) = f(\infty) + [f(0+) - f(\infty)] e^{-\frac{t}{\tau}} \quad (t \geqslant 0) \tag{4.15}$$

当 $f(\infty) = 0$ 时，式(4.15)变为 $f(t) = f(0+) e^{-\frac{t}{\tau}}$，此为零输入响应。

当 $f(0+) = 0$ 时，式(4.15)变为 $f(t) = f(\infty)(1 - e^{-\frac{t}{\tau}})$，此为零状态响应。

当 $f(0+) \neq 0$ 且 $f(\infty) \neq 0$ 时，式(4.15)表示了电路的全响应。

因此，只要知道这三个量，就可以根据式(4.15)直接写出一阶电路瞬态过程中任何变量的变化规律。即一阶电路的零输入响应、零状态响应和全响应均可以用式(4.15)来表示。

在同一电路中，各条支路电流和电压变化规律的时间常数 τ 都是相同的。在 RC 电路中，$\tau = R_0 C$；在 RL 电路中，$\tau = L/R_0$。式中，R_0 为从 L 或 C 两端看进去的戴维南等效电阻，可用戴维南定理求得。

4.5.2　三要素分析法

式(4.15)对求解电容、电感、电阻的电流、电压都是适用的。但是，对于其中的 $f(0+)$，只有 $u_C(0+)$、$i_L(0+)$ 可直接由换路定则求得；而电容中的电流、电感上的电压、电阻中的电压和电流只能在换路后，应用电路的基本定律或其他方法分析求得。

$f(0+)$、$f(\infty)$、τ 三者统称为一阶电路全响应的三要素。分别计算出三要素，代入式(4.15)，直接求得响应的方法称为三要素分析法(简称三要素法)。

三要素法解题的一般步骤如下所述。

(1) 画出换路前($t = 0_-$)的等效电路，求出电容电压 $u_C(0_-)$ 或电感电流 $i_L(0)$。

(2) 根据换路定则 $u_C(0+) = u_C(0_-)$，$i_L(0+) = i_L(0_-)$，画出换路瞬间($t = 0+$)的等效电路，求出响应电流或电压的初始值 $i(0+)$ 或 $u(0+)$，即 $f(0+)$。

(3) 画出 $t = \infty$ 时的稳态等效电路(稳态时，电容相当于开路，电感相当于短路)，求出稳态下的响应电流或电压的稳态值 $i(\infty)$ 或 $u(\infty)$，即 $f(\infty)$。

(4) 求出电路的时间常数 τ，$\tau = RC$ 或 $\tau = L/R$。其中，R 值是换路后，从储能元件两端看进去的戴维南等效电阻。

(5) 根据求得的三要素，代入式(4.15)，求得响应电流或电压的瞬态表达式。

【例 4.11】 电路如图 4.21(a)所示，已知 $U_S = 18V$，$R_1 = 3k\Omega$，$R_2 = 6k\Omega$，$C = 10\mu F$。开关 S 闭合前，电路已处于稳态，在 $t = 0$ 时刻将开关 S 闭合。试用三要素法，求电容电压 $u_C(t)$ 的变化规律，并画出 $u_C(t)$ 随时间变化的曲线。

解：(1) 求初始值 $u_C(0+)$。

画出换路前($t=0_-$)的等效电路如图 4.21(b)所示,有

$$u_C(0_-)=U_S=18V$$

根据换路定则,得

$$u_C(0_+)=u_C(0_-)=U_S=18V$$

(2) 求稳态值 $u_C(\infty)$。

画出 $t=\infty$ 时的稳态等效电路如图 4.21(c)所示,电容相当于开路。由换路后的稳态电路,求得

$$u_C(\infty)=\frac{R_2}{R_1+R_2}U_S=\frac{6}{3+6}\times18=12(V)$$

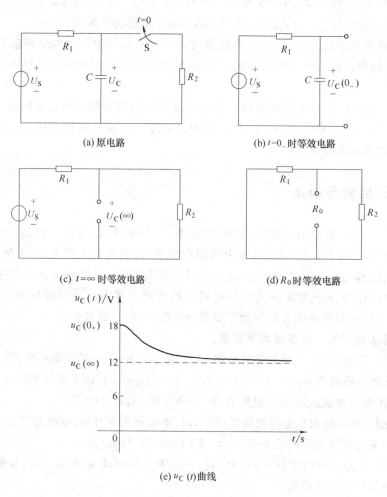

(a) 原电路

(b) $t=0_-$ 时等效电路

(c) $t=\infty$ 时等效电路

(d) R_0 时等效电路

(e) $u_C(t)$ 曲线

图 4.21　例 4.11 的图

(3) 求电路时间常数 τ。

求戴维南等效电阻的电路如图 4.21(d)所示,可得

$$R_0=\frac{R_1R_2}{R_1+R_2}=\frac{3\times6}{3+6}=2(k\Omega)$$

电路的时间常数为

$$\tau = R_0 C = 2 \times 10^3 \times 10 \times 10^{-6} = 2 \times 10^{-2} (s)$$

(4) 求 $u_C(t)$。由式(4.15),有

$$u_C(t) = u_C(\infty) + [u_C(0_+) - u_C(\infty)] e^{-\frac{t}{\tau}}$$
$$= 12 + (18 - 12) e^{-\frac{t}{0.02}} = (12 + 6 e^{-50t})(V) \quad (t \geqslant 0)$$

$u_C(t)$ 变化曲线如图 4.21(e) 所示。

【例 4.12】 如图 4.22(a) 所示电路中,换路前,电路呈稳态。$t = 0_-$ 时,开关 S 从位置 1 扳到位置 2,用三要素法求 $i_L(t)$ 和 $i(t)$。

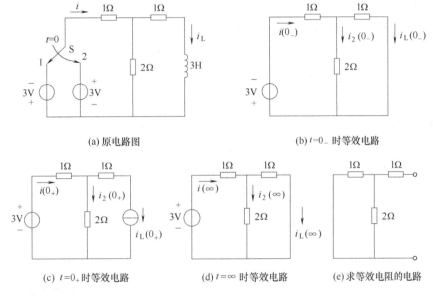

(a) 原电路图　　　　　　　　　(b) $t = 0_-$ 时等效电路

(c) $t = 0_+$ 时等效电路　　　(d) $t = \infty$ 时等效电路　　　(e) 求等效电阻的电路

图 4.22　例 4.12 的图

解：(1) 画出 $t = 0_-$ 时的等效电路,电感 L 相当于短路,如图 4.22(b) 所示,有

$$i_L(0_-) = (-3) \times \frac{\dfrac{1 \times 2}{1 + 2}}{1 + \dfrac{1 \times 2}{1 + 2}} = -1.2 (A)$$

由换路定则,得

$$i_L(0_+) = i_L(0_-) = -1.2 A$$

(2) 画出 $t = 0_+$ 时的等效电路,如图 4.22(c) 所示。由 KVL,得

$$3 = i(0_+) \times 1 + i_2(0_+) \times 2$$

由 KCL,得

$$i(0_+) = i_2(0_+) - 1.2$$

解得

$$i(0_+) = 0.2 A$$

(3) 画出 $t = \infty$ 时的等效电路,如图 4.22(d) 所示,有

$$i(\infty) = \frac{3}{1 + \frac{1 \times 2}{1+2}} = 1.8 (\text{A})$$

$$i_L(\infty) = i(\infty) \times \frac{2}{1+2} = 1.2 (\text{A})$$

（4）画出电感开路时求等效内阻的电路，如图4.22（e）所示，有

$$R_0 = 1 + \frac{1 \times 2}{1+2} = \frac{5}{3} (\Omega)$$

$$\tau = \frac{L}{R_0} = \frac{3}{5/3} = \frac{9}{5} = 1.8 (\text{s})$$

（5）由式（4.15），有

$$i(t) = i(\infty) + [i(0_+) - i(\infty)] e^{-\frac{t}{\tau}}$$
$$= 1.8 + (0.2 - 1.8) e^{-\frac{t}{1.8}} = (1.8 - 1.6 e^{-\frac{t}{1.8}}) (\text{A}) \quad (t \geq 0)$$

$$i_L(t) = i_L(\infty) + [i_L(0_+) - i_L(\infty)] e^{-\frac{t}{\tau}}$$
$$= 1.2 + (-1.2 - 1.2) e^{-\frac{t}{1.8}} = 1.2(1 - 2 e^{-\frac{t}{1.8}}) (\text{A}) \quad (t \geq 0)$$

【例4.13】 如图4.23（a）所示电路中，换路前，电路呈稳态。$t = 0_-$ 时，开关S闭合，用三要素法求 $u_C(t)$。

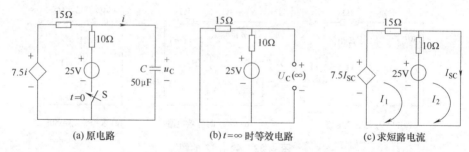

图 4.23　例 4.13 的图

解：本题是一个含有受控源的一阶电路，用三要素法分析。

（1）求初始值 $u_C(0_+)$。

因为换路前电路呈稳态，由换路定则可知

$$u_C(0_+) = u_C(0_-) = 0$$

（2）求稳态值 $u_C(\infty)$。

$t = \infty$ 时的等效电路如图4.23（b）所示。由分压式可得

$$u_C(\infty) = 25 \times \frac{15}{10+15} = 15 (\text{V})$$

（3）求时间常数 τ。

为了求从电容两端看进去的等效电阻 R_0，采用 $R_0 = U_{OC}/I_{SC}$ 方法。其中，开路电压为

$$U_{OC} = u_C(\infty) = 15 \text{V}$$

求短路电流 I_{SC} 的等效电路如图4.23（c）所示。列写网孔方程如下：

$$I_1(15+10) - 10 I_2 = 7.5 I_{SC} - 25$$

$$-10I_1+10I_2=25$$
$$I_{SC}=I_2$$

解得

$$I_{SC}=I_2=5(A)$$

等效电阻 R_0 为

$$R_0=U_{OC}/I_{SC}=15/5=3(\Omega)$$

时间常数 τ 为

$$\tau=R_0C=3\times50\times10^{-6}=1.5\times10^{-4}(s)$$

(4) 由三要素通用式,有

$$u_C(t)=u_C(\infty)+\left[u_C(0_+)-u_C(\infty)\right]e^{-\frac{t}{\tau}}$$
$$=15+(0-15)e^{-\frac{10^4t}{1.5}}=15(1-e^{-\frac{10^4t}{1.5}})(A)\quad(t\geqslant0)$$

由上述例题可见,三要素法是普遍采用的一种方法。不过,式(4.15)只适用于直流电源激励的一阶线性电路。

4.6　阶跃信号与阶跃响应

4.6.1　阶跃信号

1. 阶跃信号的概念

在信号分析中,经常用到的阶跃信号(或称为阶跃函数)如图 4.24(a)所示,其表达式为

$$f(t)=\begin{cases}A, & t>0\\0, & t<0\end{cases}\tag{4.16}$$

若 $A=1$,称其为单位阶跃信号,并记为 $\varepsilon(t)$,如图 2.24(b)所示。这样,式(4.16)可以表示为 $f(t)=A\varepsilon(t)$。

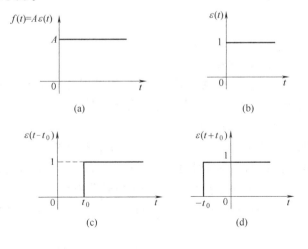

图 4.24　阶跃信号与单位阶跃信号

在整个时间区间内，$\varepsilon(t)$只在$t=0$处有一个间断点，除此之外，对任意的确定时刻t_0，都有确定的值。可见，阶跃信号也是一个连续信号。在间断点处，信号的取值规定为左极限与右极限和的一半，即

$$\varepsilon(0)=\frac{1}{2}[\varepsilon(0_+)+\varepsilon(0_-)]=\frac{1}{2}$$

单位阶跃信号$\varepsilon(t)$向右移t_0秒，表示为$\varepsilon(t-t_0)$，如图4.24(c)所示。单位阶跃信号$\varepsilon(t)$向左移t_0秒，表示为$\varepsilon(t+t_0)$，如图4.24(d)所示。

阶跃信号在理论分析和实际工程中应用广泛，下面举三个方面的应用实例。

2. 阶跃信号的应用

1) 用阶跃信号描述电源的接入

例如，直流电压源U_S在$t=0$时接入RLC网络，如图4.25(a)所示。为了作图方便(去掉开关S)，利用单位阶跃信号$\varepsilon(t)$，把图4.25(a)所示电路画成图4.25(b)所示电路。这两个电路是等效的。

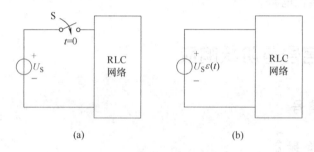

图4.25 用阶跃信号描述电源的接入

2) 用阶跃信号描述电路响应的时间区间

用阶跃信号描述电路响应的时间区间，可以给电路响应的函数表达式的书写带来方便，而且便于函数运算。例如：

$$f(t)=f(\infty)+[f(0_+)-f(\infty)]e^{-\frac{t}{\tau}}\quad(t\geqslant0)$$

可以写成

$$f(t)=\{f(\infty)+[f(0_+)-f(\infty)]e^{-\frac{t}{\tau}}\}\varepsilon(t)$$

3) 用阶跃信号描述方波信号

例如，图4.26(a)所示信号作用于动态电路，如果用分段函数来表示这个激励信号$f(t)$，将会给电路分析带来很多麻烦，但用单位阶跃信号$\varepsilon(t)$表示$f(t)$，将给电路分析带来很多方便(在4.6.2小节中具体讨论)。

【例4.14】 写出图4.26(a)所示信号$f(t)$的数学表达式。

解：用阶跃信号表示$f(t)$信号时，把$f(t)$分解成$f_1(t)$、$f_2(t)$和$f_3(t)$三个分量信号的叠加，如图4.26(b)、(c)和(d)所示。三个分量信号分别为

$$f_1(t)=\varepsilon(t),\quad f_2(t)=\varepsilon(t-1),\quad f_3(t)=-2\varepsilon(t-2)$$

故有

$$f(t)=f_1(t)+f_2(t)+f_3(t)=\varepsilon(t)+\varepsilon(t-1)-2\varepsilon(t-2)$$

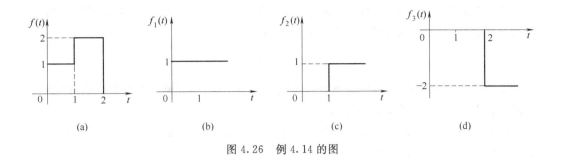

图 4.26　例 4.14 的图

4.6.2　阶跃响应

对于一个初始状态为零的线性电路,当输入为阶跃信号 $A\varepsilon(t)$ 时,称电路的响应为阶跃响应;当输入为单位阶跃信号 $\varepsilon(t)$ 时,称电路的响应为单位阶跃响应,记为 $s(t)$。可见,电路的阶跃响应属于零状态响应。

阶跃响应的求解方法与前述零状态响应相同。例如,图 4.27(a)所示 RL 串联电路处于零状态,即 $i(0_-)=0$,恒定电压 U_S 在 $t=0$ 时施加于电路,利用阶跃函数,可以把电路的输入表示为

$$u_S = U_S\varepsilon(t)$$

则图 4.27(a)所示电路的零状态响应(电流),或者说阶跃响应(电流)为

$$i(t) = \frac{U_S}{R}(1 - e^{-\frac{t}{\tau}})\varepsilon(t) \tag{4.17}$$

由于表达式中已包含 $\varepsilon(t)$ 这一因子,因此不必再说明 $t \geqslant 0$,其波形如图 4.27(c)所示。

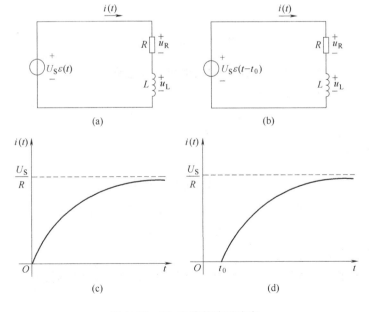

图 4.27　RL 电路的阶跃响应

如果恒定电压 U_S 在 $t=t_0$ 时开始施加于电路,如图 4.27(b)所示。对于其阶跃响应,只要把式(4.17)中的 t 改为 $(t-t_0)$,即延迟时间 t_0,则有

$$i(t)=\frac{U_S}{R}(1-e^{-\frac{t-t_0}{\tau}})\varepsilon(t-t_0)$$

其波形如图 4.27(d)所示。可见,延迟阶跃信号作用于电路,其响应与原阶跃信号作用于电路的波形相同,只是波形延迟了时间 t_0。

【例 4.15】 电路如图 4.28(a)所示,输入信号 u_S 的波形如图 4.28(b)所示。已知 $u_C(0_+)=10V$,求 $u_C(t)$,$t\geqslant 0$。

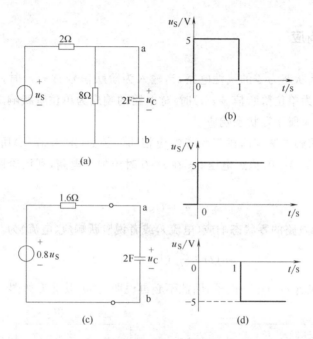

图 4.28　例 4.15 的图

解:(1) 断开电容元件,求 a、b 间的戴维南等效电路。

由图 4.28(a)可得开路电压为

$$U_{OC}=\frac{8}{8+2}u_S=0.8u_S$$

等效电阻为

$$R_0=\frac{2\times 8}{2+8}=1.6(\Omega)$$

图 4.28(a)所示电路的等效电路如图 4.28(c)所示。电路的时间常数为

$$\tau=R_0C=1.6\times 2=3.2(s)$$

(2) 由阶跃函数表示输入信号 u_S。

图 4.28(b)所示波形可以分解为图 4.28(d)所示两个波形的叠加。由图 4.28(d)可得 u_S 的表达式为

$$u_S=[5\varepsilon(t)-5\varepsilon(t-1)](V)$$

因此,开路电压表示为

$$U_{OC} = 0.8u_S = 4\varepsilon(t) - 4\varepsilon(t-1)(\text{V})$$

(3) 利用叠加定理求零状态响应 $u_{Cp}(t)$。

对于图 4.28(c)所示电路,当输入为单位阶跃信号 $\varepsilon(t)$ 时,电路的响应 $u_C(t)$ 为单位阶跃响应 $s(t)$,即

$$s(t) = 1(1 - e^{-\frac{t}{3.2}})\varepsilon(t)(\text{V})$$

根据图 4.28(c),在 $4\varepsilon(t)\text{V}$ 分量作用下,由线性电路的齐次性,其 $u_{Cp}(t)$ 的分量为

$$u_{1Cp}(t) = 4s(t) = 4(1 - e^{-\frac{t}{3.2}})\varepsilon(t)(\text{V})$$

在 $-4\varepsilon(t-1)(\text{V})$ 分量作用下,由线性电路的齐次性,其 $u_{Cp}(t)$ 的分量为

$$u_{2Cp}(t) = -4s(t-1) = -4(1 - e^{-\frac{t-1}{3.2}})\varepsilon(t-1)(\text{V})$$

对上述两式进行叠加,得零状态响应 $u_{Cp}(t)$ 为

$$u_{Cp}(t) = u_{1Cp}(t) + u_{2Cp}(t) = 4(1 - e^{-\frac{t}{3.2}})\varepsilon(t) - 4(1 - e^{-\frac{t-1}{3.2}})\varepsilon(t-1)(\text{V})$$

(4) 由初始值求零输入响应 $u_{Ch}(t)$。

$$u_{Ch}(t) = u_C(0_+)e^{-\frac{t}{\tau}}\varepsilon(t) = 10e^{-\frac{t}{3.2}}\varepsilon(t)(\text{V})$$

(5) 求全响应 $u_C(t)$。

$$u_C(t) = u_{Cp}(t) + u_{Ch}(t)$$
$$= \left[4(1 - e^{-\frac{t}{3.2}})\varepsilon(t) - 4(1 - e^{-\frac{t-1}{3.2}})\varepsilon(t-1)\right] + 10e^{-\frac{t}{3.2}}\varepsilon(t)$$
$$= (4 + 6e^{-\frac{t}{3.2}})\varepsilon(t) - 4(1 - e^{-\frac{t-1}{3.2}})\varepsilon(t-1)(\text{V})$$

*4.7　积分电路和微分电路

本节所讲的积分电路与微分电路是指电容元件充、放电的 RC 电路,与前几节讲的电路有所不同。这里是矩形脉冲激励,并且可以选取不同的电路时间常数,构成输出电压波形和输入电压波形之间的待定(微分或积分)关系。

4.7.1　积分电路

1. 积分电路的基本概念

在脉冲技术中,常需要将矩形脉冲信号变为锯齿波信号,用作扫描等。这种变换可用积分电路来完成。积分电路也是 RC 串联电路,但条件正好与微分电路相反。组成积分电路的条件为:

(1) 取电容两端的电压为输出电压。

(2) 电路的时间常数 τ 远大于矩形脉冲宽度 t_p。

积分电路如图 4.29(a)所示,输入电压波形如图 4.29(b)所示。当矩形脉冲电压由零跳变到 U 时,电容器开始充电。由于时间常数 τ 很大,电容器两端电压 u_C 在 $0 \sim t_1$ 这段时间内缓慢增长,u_C 还没达到 U 时,矩形脉冲电压已由 U 跳变到 0;电容器通过电阻缓

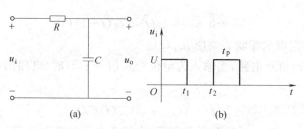

图 4.29　矩形脉冲作用于积分电路

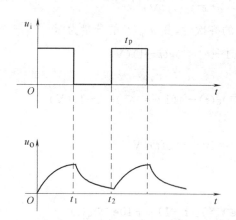

图 4.30　矩形脉冲作用于积分电路的输出波

慢放电,u_C 逐渐下降,在输出端得到一个近似锯齿波的电压,如图 4.30 所示。时间常数 τ 越大,充放电越缓慢,所得三角波电压的线性越好。

经过推导,可得

$$u_o \approx \frac{1}{RC}\int_0^\infty u_i(t)\,\mathrm{d}t \qquad (4.18)$$

由上式可见,输出电压 u_o 与输入电压 u_i 近似为积分关系,因此这种电路称为积分电路。

2. 积分运算电路

积分运算电路是模拟计算机中的基本单元,利用它可以实现对微分方程的模拟,能对信号进行积分运算。此外,积分运算电路在控制和测量系统中应用也非常广泛。

积分运算电路如图 4.31 所示。积分运算电路也称为积分器。

由虚开路的概念,可得 $i_1 = i_C$,但

$$i_1 = \frac{u_i}{R_1}, \quad i_C = C\frac{\mathrm{d}u_C}{\mathrm{d}t}, \quad u_o = -u_C$$

则有

$$\frac{u_i}{R_1} = C\frac{\mathrm{d}u_C}{\mathrm{d}t} = -C\frac{\mathrm{d}u_o}{\mathrm{d}t}$$

对上式两边求积分并整理,得

$$u_o = -\frac{1}{R_1 C}\int_0^t u_i\,\mathrm{d}t \qquad (4.19)$$

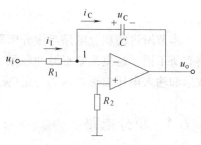

图 4.31　积分运算电路

式(4.19)说明,输出电压为输入电压对时间的积分,实现了积分运算。式中,负号表示输出与输入相位相反。$R_1 C$ 为积分时间常数,其值越小,积分作用越强;反之,积分作用越弱。

当输入电压为直流信号($u_i = U_i$) 时,式(4.19)变为

$$u_o = -\frac{U_i}{R_1 C}t \qquad (4.20)$$

由上式可以看出,当输入电压为直流信号时,对于由集成运放构成的积分电路,在电容充电过程(即积分过程)中,输出电压(即电容两端电压)随时间线性增长,增长速度均

匀。简单的 RC 积分电路所能实现的则是电容两端电压随时间按指数规律增长,只在很小范围内可近似为线性关系。从这一点来看,集成运放构成的积分器实现了接近理想的积分运算。

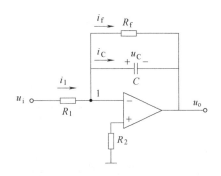

利用积分电路模拟微分方程,可以用图 4.32 所示电路来说明。图中,有 $i_1 = i_f + i_C$,即

$$\frac{u_i}{R_1} = \left(-\frac{u_o}{R_f}\right) + \left(-C\frac{\mathrm{d}u_o}{\mathrm{d}t}\right)$$

改写上式为

图 4.32　模拟一阶微分方程的电路

$$R_1 C\frac{\mathrm{d}u_o}{\mathrm{d}t} + \frac{R_1}{R_f}u_o = -u_i$$

上式为一阶微分方程。因此,用图 4.32 所示电路可以模拟一阶微分方程。

【例 4.16】　在图 4.31 中,$R_1 = 20\text{k}\Omega$,$C = 1\mu\text{F}$,u_i 为单位阶跃电压,如图 4.33(a)所示。运放的最大输出电压 $U_{om} = \pm 15\text{V}$。求 $t \geqslant 0$ 范围内,u_o 与 u_i 之间的运算关系,并画出波形。

解：由式(4.20),有

$$u_o = -\frac{U_i}{R_1 C}t = -\frac{1}{20\times10^3\times1\times10^{-6}} = -50t$$

当 $u_o = U_{om} = -15\text{V}$ 时,所需时间为

$$t = (-15)/(-50) = 0.3(\text{s})$$

波形如图 4.33(b)所示。

计算结果表明,积分运算电路的输出电压受到运放最大输出电压 U_{om} 的限制,当 u_o 达到 $\pm U_{om}$ 后,输出电压不再增长。

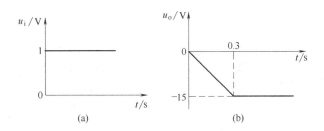

图 4.33　例 4.16 的图

4.7.2　微分电路

1. 微分电路的基本概念

在脉冲技术中,常用尖脉冲作为触发信号。微分电路可以把方波变为尖脉冲。微分电路如图 4.34(a)所示。输入信号 u_i 为矩形脉冲电压,其波形如图 4.34(b)所示。矩形脉冲电压的幅度为 U,脉冲宽度为 t_p,如果是周期性的,则脉冲周期为 T。

在 $t = 0 \sim t_1$ 这段时间内,输入矩形脉冲电压的幅度为 U,对电容器充电;在 $t = t_1 \sim t_2$ 这

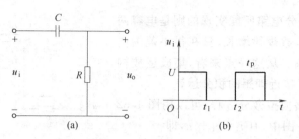

图 4.34　微分电路

段时间内,输入矩形脉冲电压的幅度为零,电容器通过电阻放电。矩形脉冲电压对 RC 电路的作用,就是使 RC 电路不断充电、放电。要组成 RC 微分电路,必须满足以下两个条件。

(1) 取电阻两端的电压为输出电压。

(2) 电容器充、放电的时间常数 τ 远小于矩形脉冲宽度 t_p。

因为电阻与电容串联,因此电阻两端的电压也按指数规律变化。输入电压波形如图 4.35(a)所示。当矩形脉冲电压到来时,由于电容两端的电压不能突变,$u_C(0+) = u_C(0-) = 0$,所以输出电压 $u_o = u_R = U$。由于 $\tau \ll t_p$,则在到达 t_1 之前,电容器的充电过程很快结束,即电容器两端电压 $u_C(\infty) = U$,而电阻两端电压 u_R 很快下降到零。在 $t = t_1$ 时刻,电容器要通过电阻放电,同样,由于 τ 很小,在下一个脉冲电压到来之前,电容器的放电已经结束,所以输出电压为两个极性相反的尖脉冲,如图 4.35(b)所示。

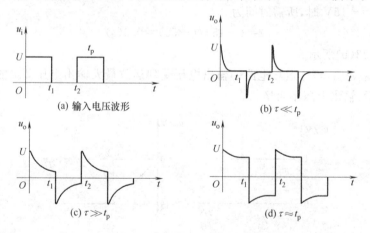

图 4.35　选取不同的微分电路时间常数的输出波形

改变电路参数 R 或 C,可以改变时间常数 τ。输出电压 u_o 的波形与电路的时间常数和脉冲宽度 t_p 的大小有关。改变 τ 和 t_p 的比值,电容元件充电、放电的快慢不同,输出电压的波形也就不同。

当 $\tau \gg t_p$ 时,输出电压波形如图 4.35(c)所示,为一个尖脉冲;当 $\tau \approx t_p$ 时,电容器充放电很慢,输出电压 u_o 接近输入电压 u_i 的波形,如图 4.35(d)所示,它常用于多级放大电路的阻容耦合电路。

经过推导,可得

$$u_o \approx RC \frac{du_i}{dt} \tag{4.21}$$

由此可见,输出电压 u_o 与输入电压 u_i 近似为微分关系,因此这种电路称为微分电路。

2. 微分运算电路

微分与积分互为逆运算。将图 4.36 中的 C 与 R_1 位置互换,便构成微分电路,如图 4.36(a)所示。微分电路也称微分器。

在图 4.36(a)中,根据理想运放的特性,有 $i_C = i_1$,又因为

$$i_C = C \frac{du_C}{dt} = C \frac{du_i}{dt}$$

所以

$$u_o = -i_1 R_1 = -i_C R_1 = -R_1 C \frac{du_i}{dt}$$

由上式可见,输出电压与输入电压对时间的微分成比例,实现了微分运算。式中,负号表示输出与输入相位相反。$R_1 C$ 为微分时间常数,其值越大,微分作用越强;反之,微分作用越弱。

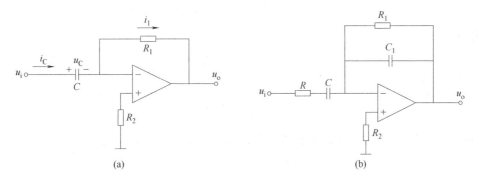

图 4.36　微分运算电路

微分电路是一个高通网络,对高频干扰及高频噪声反应灵敏,使输出的信噪比下降。此外,电路中的 R_1、C 具有滞后移相作用,与运放本身的滞后移相相叠加,容易产生高频自激,使电路不稳定。因此,实践中常用图 4.36(b)所示的改进电路。在此图中,R 的作用是限制输入电压突变,C_1 的作用是增强高频负反馈,从而抑制高频噪声,提高工作的稳定性。

4.8　二阶电路的零输入响应

用二阶线性常微分方程来描述的电路称为二阶(线性)电路。在二阶电路中,给定的初始条件应有两个,它们由储能元件的初始值决定。当电路中既有一个电感又有一个电容时,就是一种二阶电路。本节将主要讨论二阶电路的零输入响应。

RLC 串联放电电路如图 4.37 所示。假设电容原已充电,其电压为 U_0,电感中的初始电流为 I_0。在 $t=0$ 时,开关 S 由 1 置于 2 点,此电路的放电过程就是二阶电路的零输入响应。在指定的电压、电流参考方向下,根据 KVL,可得

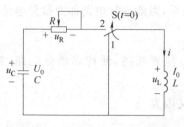

图 4.37　RLC 串联放电电路

$$-u_C + u_L + u_R = 0$$

电路中,电流为

$$i = -C\frac{\mathrm{d}u_C}{\mathrm{d}t}$$

电阻和电感上的电压分别为

$$u_R = Ri = -RC\frac{\mathrm{d}u_C}{\mathrm{d}t}, \quad u_L = L\frac{\mathrm{d}i}{\mathrm{d}t} = -LC\frac{\mathrm{d}^2 u_C}{\mathrm{d}t^2}$$

整理上述各式,可得

$$u_C + RC\frac{\mathrm{d}u_C}{\mathrm{d}t} + LC\frac{\mathrm{d}^2 u_C}{\mathrm{d}t^2} = 0 \tag{4.22}$$

式(4.22)就是以 u_C 为未知量的 R、L、C 串联电路放电过程的微分方程。这是一个常数、二阶、线性、齐次的微分方程。求解这类方程时,仍然先设 $u_C = A\mathrm{e}^{pt}$,然后确定其中的 p 和 A 值。

若 $u_C = A\mathrm{e}^{pt}$,则 $\dfrac{\mathrm{d}u_C}{\mathrm{d}t} = pA\mathrm{e}^{pt}$;$\dfrac{\mathrm{d}^2 u_C}{\mathrm{d}t^2} = p^2 A\mathrm{e}^{pt}$。把这些关系式代入式(4.22),得特征方程

$$LCp^2 + RCp + 1 = 0$$

解出特征根为

$$p = -\frac{R}{2L} \pm \sqrt{\left(\frac{R}{2L}\right)^2 - \frac{1}{LC}}$$

根号前有正、负两个符号,所以 p 有两个值。为了兼顾这两个值,电压 u_C 可写成

$$u_C = A_1\mathrm{e}^{p_1 t} + A_2\mathrm{e}^{p_2 t} \quad (t \geqslant 0)$$

其中,

$$\left.\begin{array}{l} p_1 = -\dfrac{R}{2L} + \sqrt{\left(\dfrac{R}{2L}\right)^2 - \dfrac{1}{LC}} \\[3mm] p_2 = -\dfrac{R}{2L} - \sqrt{\left(\dfrac{R}{2L}\right)^2 - \dfrac{1}{LC}} \end{array}\right\} \tag{4.23}$$

p_1 和 p_2 是特征根,仅与元件参数和电路结构有关;而积分常数 A_1 和 A_2 决定于 u_C 的初始条件 $u_C(0_+)$ 和 $\left.\dfrac{\mathrm{d}u_C}{\mathrm{d}t}\right|_{t=0_+}$。现在给定的初始条件为 $u_C(0_+) = u_C(0_-) = U_0$ 和 $i_C(0_+) = i_C(0_-) = I_0$。由于 $i = -C\dfrac{\mathrm{d}u_C}{\mathrm{d}t}$,因此有 $\left.\dfrac{\mathrm{d}u_C}{\mathrm{d}t}\right|_{t=0_+} = \dfrac{-I_0}{C}$。根据这两个初始条件和式(4.22),得

$$\left.\begin{array}{l} A_1 + A_2 = U_0 \\[2mm] p_1 A_1 + p_2 A_2 = \dfrac{-I_0}{C} \end{array}\right\} \tag{4.24}$$

联立求解式(4.24),可求得常数 A_1 和 A_2。下面讨论 $U_0 \neq 0$ 而 $I_0 = 0$ 的情况,即充了电的电容通过 R、L 放电的情况。此时,解得

$$A_1 = \frac{p_2 U_0}{p_2 - p_1}, \quad A_2 = \frac{p_1 U_0}{p_1 - p_2}$$

下面将根据 p_1 和 p_2 表达式(4.23)中根号内 $\left(\dfrac{R}{2L}\right)^2$ 和 $\dfrac{1}{LC}$ 两项的量值,分三种情况讨论。

1. $R > 2\sqrt{\dfrac{L}{C}}$,非振荡放电过程

在这种情况下,特征根 p_1 和 p_2 是两个不等的负实数,电容上的电压为

$$u_C = \frac{U_0}{p_2 - p_1}(p_2 e^{p_1 t} - p_1 e^{p_2 t}) \quad (t \geqslant 0) \tag{4.25}$$

电路中的电流为

$$i = -C\frac{\mathrm{d}u_C}{\mathrm{d}t} = -\frac{CU_0 p_1 p_2}{p_2 - p_1}(e^{p_1 t} - e^{p_2 t})$$

$$= -\frac{U_0}{L(p_2 - p_1)}(e^{p_1 t} - e^{p_2 t}) \quad (t \geqslant 0) \tag{4.26}$$

电感上的电压为

$$u_L = L\frac{\mathrm{d}i}{\mathrm{d}t} = -\frac{U_0}{p_2 - p_1}(p_1 e^{p_1 t} - p_2 e^{p_2 t}) \quad (t \geqslant 0) \tag{4.27}$$

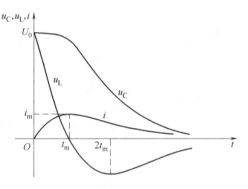

注意:在式(4.26)中利用了 $p_1 p_2 = -\dfrac{1}{LC}$ 这个关系式。图 4.38 画出了 u_C、i 和 u_L 随时间变化的曲线。从图中可以看出,u_C 和 i 始终不改变方向,而且 $u_C i \geqslant 0$,表示电容在整个过程中一直释放所储存的电能。u_L 在整个过程中改变一次方向,当 $u_L = 0$(电流达到最大值 i_m)时,求得对应时间为

$$t_m = \frac{\ln\left(\dfrac{p_2}{p_1}\right)}{p_1 - p_2} \tag{4.28}$$

图 4.38　非振荡放电过程中 u_C、i 和 u_L 随时间变化的曲线

当 $t < t_m$ 时,电感吸收能量,建立磁场;当 $t > t_m$ 时,电感释放能量,磁场逐渐衰减,趋向消失。整个过程完毕时,$u_C = 0$,$i = 0$,$u_L = 0$,电容储存的初始能量全部被电阻消耗。

【例 4.17】　在图 4.39 所示电路中,已知 $U_S = 10\text{V}$,$C = 1\mu\text{F}$,$R = 4000\Omega$,$L = 1\text{H}$,开关 S 原来早已合在触点 1 处。在 $t = 0$ 时,开关 S 由触点 1 合至触点 2。求:①u_C、i、u_L 和 u_R;②i_m。

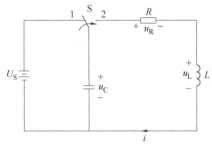

图 4.39　例 4.17 的图

解:(1) 已知 $R = 4000\Omega$,而 $2\sqrt{\dfrac{L}{C}} = 2\sqrt{\dfrac{L}{10^{-6}}} = 2000(\Omega)$,所以 $R > 2\sqrt{\dfrac{L}{C}}$,放电过程是非振荡的。

特征根为

$$p_1 = -\frac{R}{2L} + \sqrt{\left(\frac{R}{2L}\right)^2 - \frac{1}{LC}} = -268$$

$$p_2 = -\frac{R}{2L} + \sqrt{\left(\frac{R}{2L}\right)^2 - \frac{1}{LC}} = -3732$$

根据式(4.25)、式(4.26)和式(4.27),求得电容电压为

$$u_C = 10.77 e^{-268t} - 0.773 e^{-3732t} (\text{V}) \quad (t \geq 0)$$

电流为

$$i = 2.89(e^{-268t} - e^{-3732t})(\text{mA}) \quad (t \geq 0)$$

电阻电压为

$$u_R = Ri = 11.56(e^{-268t} - e^{-3732t})(\text{V}) \quad (t \geq 0)$$

电感电压为

$$u_L = L\frac{\mathrm{d}i}{\mathrm{d}t} = 10.77 e^{-3732t} - 0.773 e^{-268t} (\text{V}) \quad (t \geq 0)$$

(2) 电流最大值发生在 t_m 时刻,由式(4.28)可得

$$t_m = \frac{\ln\dfrac{p_2}{p_1}}{p_1 - p_2} = \frac{\ln\dfrac{-268}{-3732}}{-268 - (-3732)} = 7.60 \times 10^{-4} = 760(\mu s)$$

电流最大值为

$$i_m = 2.89(e^{-268 \times 7.60 \times 10^{-4}} - e^{-3732 \times 7.60 \times 10^{-4}}) = 2.19(\text{mA})$$

2. $R < 2\sqrt{\dfrac{L}{C}}$,振荡放电过程

在这种情况下,特征根 p_1 和 p_2 是一对共轭复数。若令

$$\delta = \frac{R}{2L}, \quad \omega^2 = \frac{1}{LC} - \left(\frac{R}{2L}\right)^2$$

则

$$\sqrt{\left(\frac{R}{2L}\right)^2 - \frac{1}{LC}} = \sqrt{-\omega^2} = \mathrm{j}\omega$$

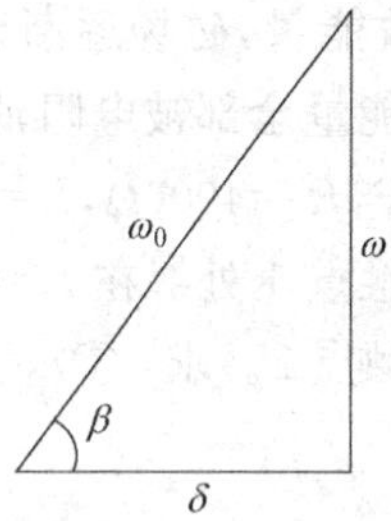

于是有

$$p_1 = -\delta + \mathrm{j}\omega, \quad p_2 = -\delta - \mathrm{j}\omega$$

令

$$\omega_0 = \sqrt{\delta^2 + \omega^2} = \frac{1}{\sqrt{LC}}, \quad \beta = \arctan\frac{\omega}{\delta}$$

ω_0、ω 和 δ 的三角形关系如图 4.40 所示,则有

$$\delta = \omega_0\cos\beta, \quad \omega = \omega_0\sin\beta$$

图 4.40 ω_0、ω 和 δ 的三角形关系

由 $e^{\mathrm{j}\beta} = \cos\beta + \mathrm{j}\sin\beta$, $e^{-\mathrm{j}\beta} = \cos\beta - \mathrm{j}\sin\beta$,可得

$$p_1 = -\omega_0 e^{-\mathrm{j}\beta}, \quad p_2 = -\omega_0 e^{\mathrm{j}\beta}$$

这样,

$$u_C = \frac{U_0}{p_2 - p_1}(p_2 e^{p_1 t} - p_1 e^{p_2 t})$$

$$= \frac{U_0}{-\text{j}2\omega} \left[-\omega_0 \text{e}^{\text{j}\beta} \text{e}^{(-\delta+\text{j}\omega)t} + \omega_0 \text{e}^{-\text{j}\beta} \text{e}^{(-\delta-\text{j}\omega)t} \right]$$

$$= \frac{U_0 \omega_0}{\omega} \text{e}^{-\delta t} \left[\frac{\text{e}^{\text{j}(\omega t+\beta)} - \text{e}^{-\text{j}(\omega t+\beta)}}{\text{j}2} \right]$$

$$= \frac{U_0 \omega_0}{\omega} \text{e}^{-\delta t} \sin(\omega t+\beta) \tag{4.29}$$

电路中的电流为

$$i = -C \frac{\text{d}u_C}{\text{d}t} = \frac{U_0}{\omega L} \text{e}^{-\delta t} \sin\omega t \tag{4.30}$$

电感上的电压为

$$u_L = -\frac{U_0 \omega_0}{\omega} \text{e}^{-\delta t} \sin(\omega t-\beta) \tag{4.31}$$

从上述 u_C、i 和 u_L 的表达式可以看出,其波形将呈现衰减振荡的形状,在整个过程中,它们将周期性地改变方向,储能元件 L、C 也将周期性地交换能量。u_C、i 和 u_L 的波形如图 4.41 所示。

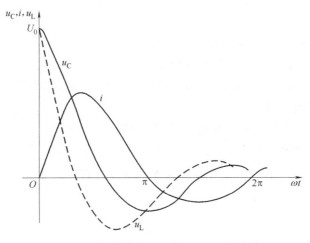

图 4.41 振荡放电过程中 u_C、i、u_L 的波形

【例 4.18】 在图 4.42 所示电路中,电容 C 已充电至 $U_0=100\text{V}$,并已知 $C=1\mu\text{F}$,$R=1000\Omega$,$L=1\text{H}$。求开关 S 闭合后 u_C、i 和 u_L 的值。

解:因为

$$\delta = \frac{R}{2L} = \frac{1000}{2 \times 1} = 500(\text{s}^{-1})$$

$$\omega = \sqrt{\left(\frac{R}{2L}\right)^2 - \frac{1}{LC}} = \sqrt{(500)^2 - \frac{10^6}{1}} = \text{j}866(\text{rad/s})$$

特征根为

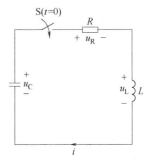

图 4.42 例 4.18 的图

$$p_1 = -\delta + \text{j}\omega = -500 + \text{j}866$$

$$p_2 = -\delta - \text{j}\omega = -500 - \text{j}866$$

特征根为复根,过渡过程为振荡放电情况。由特征根,有

$$\omega_0 = \sqrt{\delta^2 + \omega^2} = 1000(\text{rad/s}), \quad \beta = \arctan\frac{\omega}{\delta} = \frac{\pi}{3}$$

由式(4.29)、式(4.30)和式(4.31)可得

$$u_C = 115e^{-500t}\sin\left(866t + \frac{\pi}{3}\right)(\text{V}) \quad (t \geqslant 0)$$

$$i = 115e^{-500t}\sin 866t(\text{mA}) \quad (t \geqslant 0)$$

$$u_L = -115e^{-500t}\sin\left(866t - \frac{\pi}{3}\right)(\text{V}) \quad (t \geqslant 0)$$

【例 4.19】 为了试验高压开关的熄灭电弧能力,需要在开关中通以数十千安、频率

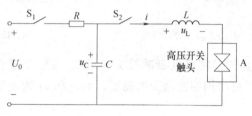

图 4.43 例 4.19 的图

为 50Hz(工频)的正弦电流。往往采用 LC 放电电路作为试验电源,如图 4.43 所示, 其工作情况大致如下:首先断开开关 S_2, 接通开关 S_1,使电容器 C 充电至所需要的 电压 U_0;然后断开开关 S_1,接通开关 S_2, 电容器开始经电感线圈放电。选择电路参 数 L、C 的大小以及充电电压 U_0 的数值,

可得到试验所需的正弦电流。在高压开关闭合后的适当时间,借助于自动装置,把被 试验的高压开关的触头 A 拉开,便可以试验高压开关的灭弧能力。

在本例中,已知 $C = 3800\mu\text{F}$,$U_0 = 14.14\text{kV}$。若线圈用很粗的导线绕制,则在近似估 算中可以忽略其电阻不计。试求:

(1) 为了产生试验需要的工频电流,线圈电感 L 应为多少?

(2) 振荡电路的放电电流 $i(t)$ 以及电容电压 $u_C(t)$ 各为多少?

解:(1) 试验所需要的正弦电流的频率为 50Hz,即 $\omega_0 = 2\pi f = 314(\text{rad/s})$。根据 $\omega_0 = \dfrac{1}{\sqrt{LC}}$,求出电感 L 的大小为

$$L = \frac{1}{\omega_0^2 C} = 2.67 \times 10^{-3}(\text{H}) = 2.67(\text{mH})$$

(2) 根据

$$i = \frac{U_0}{\sqrt{L/C}}\sin\frac{t}{\sqrt{LC}}$$

可以求得电流 $i(t)$ 为

$$i(t) = 16.9 \times 10^3 \sin 314t(\text{A})$$

可见,放电电流的峰值可达 16.9kA。

电容或电感的电压为

$$u_C = u_L = U_0\sin\left(\omega_0 t + \frac{\pi}{2}\right) = 10\sqrt{2} \times 10^3 \sin\left(314t + \frac{\pi}{2}\right)(\text{V})$$

可见,放电时,电容或电感电压的峰值可达 $10\sqrt{2}\text{kV}$。

3. $R = 2\sqrt{\dfrac{L}{C}}$, 临界情况

在 $R = 2\sqrt{\dfrac{L}{C}}$ 的条件下, $p_1 = p_2 = -\dfrac{R}{2L} = -\delta$。为了求得这种情况下的解, 仍可利用非振荡放电过程的解

$$u_C = \frac{U_0}{p_1 - p_2}(p_2 e^{p_1 t} - p_1 e^{p_2 t})$$

然后令 $p_2 \to p_1 = -\delta$ 取极限。根据洛必达法则, 得

$$u_C = U_0 \lim_{p_2 \to p_1} \frac{\dfrac{\mathrm{d}}{\mathrm{d}p_2}(p_2 e^{p_1 t} - p_1 e^{p_2 t})}{\dfrac{\mathrm{d}}{\mathrm{d}p_2}(p_2 - p_1)}$$

同时有

$$i = -C\frac{\mathrm{d}u_C}{\mathrm{d}t} = \frac{U_0}{L} t e^{-\delta t}$$

$$u_L = L\frac{\mathrm{d}i}{\mathrm{d}t} = U_0 e^{-\delta t}(1 - \delta t)$$

如按以上各式画出 u_C、i 和 u_L 的波形, 可以看出, 放电过程仍属非振荡性质, 其变化规律与图 4.41 所示相似。不过, 此时 $t_m = \dfrac{1}{\delta}$。

从以上讨论可以看出, 当电阻值大于或等于 $2\sqrt{\dfrac{L}{C}}$ 时, 电路中的变化过程是非振荡性质的; 当电阻小于此值时, 便是振荡性质的。因此, 称 $R = 2\sqrt{\dfrac{L}{C}}$ 为临界电阻。通常又把 $R < 2\sqrt{\dfrac{L}{C}}$ 的情况称为欠阻尼; 把 $R > 2\sqrt{\dfrac{L}{C}}$ 的情况称为过阻尼; 把 $R = 2\sqrt{\dfrac{L}{C}}$ 的情况称为临界阻尼; 把 $R = 0$ 的情况称为无阻尼。

以上讨论中的具体式仅适用于 RLC 串联电路, 且在 $u_C(0_+) \neq 0$, $i_L(0_+) \neq 0$ 情况下的放电过程。根据特征根的性质表述的过渡过程三种形态, 可以推广用于一般的二阶电路。

本章小结

(1) 电路状态的改变(如通电、断电、短路、电信号突变、元件参数的变化等)统称为换路。含有储能元件的电路如果发生换路, 电路将从换路前的稳定状态经历一段过渡过程达到另一个新的稳定状态。

(2) 换路定则: 电路换路时, 各储能元件的能量不能跃变。具体表现在: 电容电压不能跃变, 电感电流不能跃变。换路定则的数学表达式为

$$u_C(0_+) = u_C(0_-), \quad i_L(0_+) = i_L(0_-)$$

（3）描述动态电路的方程是微分方程。利用 KCL、KVL 和元件的 VAR，可列出待求响应的微分方程。利用换路定则和 $t=0_+$ 等效电路，可求得电路中各电流、电压的初始值。

（4）零输入响应是指激励为零，由电路的初始储能产生的响应。它是齐次微分方程满足初始条件的解。零状态响应是指电路的初始状态为零，由激励产生的响应。它是非齐次微分方程满足初始条件的解，包含齐次解和特解两部分。假设电路的初始状态不为零，在外加激励作用下，电路的响应为完全响应，它等于零输入响应与零状态响应之和。

动态电路的响应也分为自由响应与强迫响应。对于稳定电路，在直流电源或正弦电源激励下，强迫响应为稳态响应，它与激励具有相同的函数形式。自由响应即为暂态响应，它随着时间的增加逐渐衰减到零。

（5）利用三要素法可以简便地求解一阶电路在直流电源或阶跃信号作用下的电路响应。三要素式为

$$f(t)=f(\infty)+\left[f(0_+)-f(\infty)\right]\mathrm{e}^{-\frac{t}{\tau}}\quad(t\geqslant 0)$$

求三要素的方法如下。

① 初始值 $f(0_+)$：利用换路定则和 $t=0_+$ 等效电路求得。

② 稳态响应 $f(\infty)$：在直流电源或阶跃信号下，电路达到稳态时，电容看作开路，电感看作短路，此时电路成为电阻电路。利用电阻电路的分析方法，求得稳态响应 $f(\infty)$。

③ 时间常数 τ：对于 RC 电路，$\tau=R_0C$；对于 RL 电路，$\tau=L/R_0$。式中，R_0 为断开动态元件后的戴维南等效电路的等效电阻。

（6）要组成 RC 微分电路，必须满足以下两个条件。

① 取电阻两端的电压为输出电压。

② 电容器充放电的时间常数 τ 远小于矩形脉冲宽度 t_p。

（7）要组成积分电路，必须满足以下两个条件。

① 取电容两端的电压为输出电压。

② 电路的时间常数 τ 远大于矩形脉冲宽度 t_p。

（8）单位阶跃响应 $s(t)$ 定义为：在 $\varepsilon(t)$ 作用下电路的零状态响应。

（9）对于二阶电路，由于其特征根 p_1 和 p_2 的取值有三种不同的情况，其响应分为过阻尼、临界阻尼和欠阻尼三种不同的情况。

习题四

4.1 通过电感的电流只能（　　　　）变化，不能（　　　　）；电容两端的电压只能（　　　　）变化，不能（　　　　）。换路定则的内容是（　　　　　　　　　　）。

4.2 在瞬态过程中，τ 叫做（　　　　），它的单位是（　　　　）；在 RC 电路中，$\tau=$（　　　　）；在 RL 电路中 $\tau=$（　　　　）。

4.3 三要素法的三要素是指（　　　　）、（　　　　）和（　　　　）。

4.4 图 4.44 所示电路中，在 $t=0$ 时，S 闭合，$u_C(0_-)=0$，则

$$u_C(0_+)=(\qquad)\,,\ \tau=(\qquad)\,,\ u_C(\infty)=(\qquad)$$

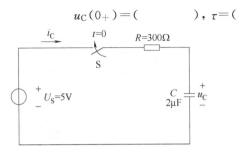

图 4.44　题 4.4 的图

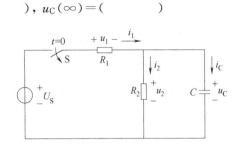

图 4.45　题 4.5 的图

4.5　电路如图 4.45 所示，已知 $U_S=10\text{V}$，$R_1=15\Omega$，$R_2=5\Omega$。开关 S 断开前，电路处于稳态。求开关 S 在 $t=0$ 断开后，电路中各电流、电压的初始值。

4.6　电路如图 4.46 所示，已知 $U_S=12\text{V}$，$R_1=4\text{k}\Omega$，$R_2=8\text{k}\Omega$，$C=2\mu\text{F}$。开关 S 闭合时，电路已处于稳态。$t=0$ 时，将开关 S 断开，求开关 S 断开后 48ms 及 80ms 时，电容上的电压值。

4.7　电路如图 4.47 所示，虚框内是继电器，其电阻 $R=100\Omega$，电感 $L=25\text{H}$，$R_1=500\Omega$，$U_S=12\text{V}$，继电器释放电流 2.7mA。试求开关 S 闭合后多少时间，继电器开始释放？

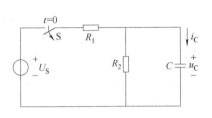

图 4.46　题 4.6 的图

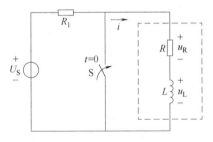

图 4.47　题 4.7 的图

4.8　如图 4.48 所示电路中，已知 $U_S=6\text{V}$，$R_1=10\text{k}\Omega$，$R_2=20\text{k}\Omega$，$C=1000\text{pF}$，$u_C(0_-)=0$。求电路的响应 $u(t)$。

4.9　如图 4.49 所示电路，已知 $R_1=R_3=10\Omega$，$R_2=40\Omega$，$L=0.1\text{H}$，$U_S=180\text{V}$。$t=0$ 时，开关 S 闭合。试求 S 闭合后，电感中的电流 $i_L(t)$。

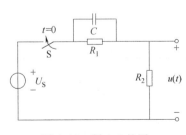

图 4.48　题 4.8 的图

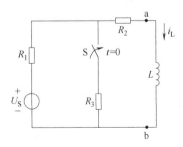

图 4.49　题 4.9 的图

4.10　如图 4.50 所示电路原处于稳态。$t=0$ 时，开关闭合。若 $U_S=50\text{V}$，用三要素

法求 u_C。

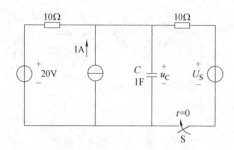

图 4.50 题 4.10 的图

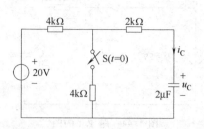

图 4.51 题 4.11 的图

4.11 如图 4.51 所示电路,$t=0$ 时,开关 S 闭合。S 闭合前,电路处于稳态。应用三要素法,求 $t \geqslant 0$ 时,u_C 和 i_C 的值。

4.12 图 4.52 所示电路原来处于零状态。$t=0$ 时,开关 S 闭合,试求换路后,电流 i_L 和电压 u_L 的值。

4.13 图 4.53 所示电路已处于稳态,$t=0$ 时,开关 S 闭合。试求换路后,各支路电流。

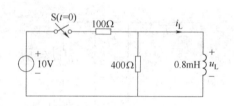

图 4.52 题 4.12 的图

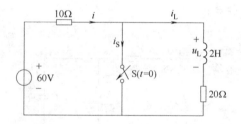

图 4.53 题 4.13 的图

4.14 一个电感线圈被短接后,经过 1s 时间,电感中的电流衰减初始值的 36.8%。如果经过 10Ω 电阻串联短接,经过 0.5s 后,电感中的电流衰减初始值的 36.8%。问线圈的内阻 R 是多少?

4.15 在图 4.54 所示电路中,电容原未充电,若 $i_S=25\varepsilon(t)$ (A),用三要素法,求 $t \geqslant 0$ 时,u_C 和 i_C 的值。

4.16 电路如图 4.55 所示。已知 $u_S=4\varepsilon(t)$ (V),$u_C(0_-)=4$V。用三要素法,求 $t \geqslant 0$ 时,u_C 的值。

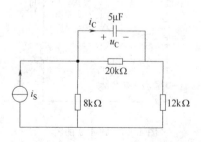

图 4.54 题 4.15 的图

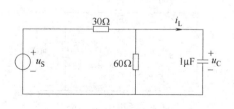

图 4.55 题 4.16 的图

4.17　图 4.56 所示电路已处于稳态，$t=0$ 时，开关 S 由 a 端投向 b 端。求 $t \geqslant 0$ 时的 $u_C(t)$。

4.18　图 4.57 所示电路已处于稳态，$t=0$ 时，开关 S 闭合。求 $t \geqslant 0$ 时的 $i_L(t)$。

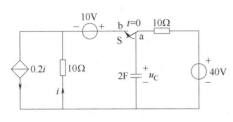

图 4.56　题 4.17 的图

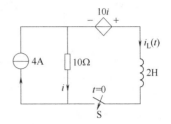

图 4.57　题 4.18 的图

4.19　电路如图 4.58(a) 所示。已知 $i_L(0_-)=2\mathrm{mA}$，输入如图 4.58(b) 所示波形的电流 $i(t)$。求完全响应 $i_L(t)$。

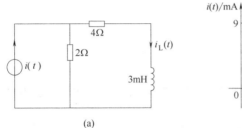

(a)

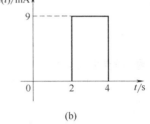

(b)

图 4.58　题 4.19 的图

4.20　电路如图 4.59(a) 所示，u_S 波形如图 4.59(b) 所示。已知 $u_C(0_-)=10\mathrm{V}$，求 $u_C(t)$，$t \geqslant 0$。

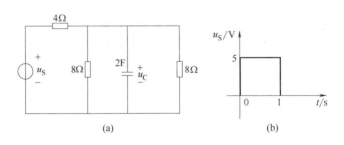

(a)　　　　　　　　(b)

图 4.59　题 4.20 的图

4.21　电路如图 4.60(a) 所示，u 波形如图 4.60(b) 所示。已知 $i(0_-)=0$，求电流 $i(t)$，$t \geqslant 0$。

4.22　组成微分电路的条件是什么？组成积分电路的条件是什么？

4.23　微分电路有哪些应用？积分电路有哪些应用？

4.24　电路如图 4.61 所示，已知 $R=2.5\Omega$，$L=0.23\mathrm{H}$，$C=0.25\mathrm{F}$。电容原已充电，且 $u_C(0_-)=U_0=6\mathrm{V}$。试求：

(1) 开关 S 在 $t=0$ 时闭合后的 u_C 和 i。

(2) 若使电路在临界阻尼状态下放电,当 L 和 C 不变时,R 应为多少?

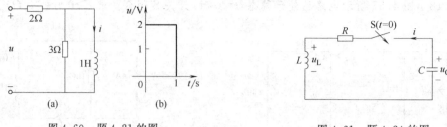

图 4.60 题 4.21 的图   图 4.61 题 4.24 的图

4.25 对于 RLC 并联电路,已知 $L=6\text{H}$,$C=\dfrac{1}{18}\text{F}$,$i_L(0_-)=10\text{A}$,$u_C(0_-)=0$。分别求 R 为 4.5Ω、5.196Ω 和 6.369Ω 时,电路的零输入响应 $i_L(t)$ 和 $u_C(t)$。

自测题四

一、填空题(每空 2 分,共 30 分)

1. 由电感和电容的性质可知:它们是储能元件,能量不能突变。这是产生(   )的原因。

2. 换路定则的一般表达式为(   )、(   )。它适用的前提条件是:在换路瞬间,电容中的电流 i_C 为(   )值;电感两端的电压 u_L 为有限值。只要电路中存在电阻(不一定是外接电阻器,例如电源、电感线圈中均存在内阻),这一条件都是满足的。

3. 动态电路在没有独立电源作用下产生的响应称为(   )。如果换路前储能元件没有储能,仅由外加激励引起的响应叫作(   )。

4. 若用 $f(t)$ 表示电路的响应,$f(0_+)$ 表示该量的初始值,$f(\infty)$ 表示该量的新稳态值,τ 表示电路的时间常数,则三要素表示法的通用式为(   )。

5. 要组成 RC 微分电路,必须满足以下两个条件。

(1) (   )。

(2) (   )。

6. 单位阶跃响应 $s(t)$ 定义:在(   )作用下电路的零状态响应。

7. 对于电路时间常数 τ,在 RC 电路中,$\tau=$(   );在 RL 电路中,$\tau=$(   )。

8. 对于二阶电路,由于其特征根 p_1 和 p_2 的取值有三种不同的情况,其响应分为(   )、(   )和(   )三种情况。

二、单选题(每小题 3 分,共 15 分)

9. 对于如图 4.62 所示的 RL 串联电路,已知 $R=2\Omega$,$L=200\text{H}$,$U_S=20\text{V}$。开关 S 闭合前,电路处于稳态;开关 S 闭合 10s 后,电流 $i=$(   )A。

A. 1   B. 2   C. 0.5   D. 1.5

10. 电路如图 4.63 所示,已知 $U_S = 27V, R_1 = 3k\Omega, R_2 = 6k\Omega, C = 10\mu F$。开关 S 闭合前,电路已处于稳态;在 $t = 0$ 时刻,将开关 S 闭合,$u_C(0_+)$、$u_C(\infty)$ 各为(　　)。

    A. 17V、18V　B. 27V、18V　C. 20V、16V　　D. 21V、14V

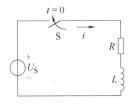

图 4.62　自测题 9 的图

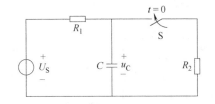

图 4.63　自测题 10、自测题 11 的图

11. 电路如图 4.63 所示,当 $R_1 = 1k\Omega$ 时,其他元件参数不变,$u_C(0_+) = ($　　$)$V。

    A. 17　　　　　B. 27　　　　　C. 16　　　　　D. 18

12. 电路如图 4.64 所示,$u_C(\infty) = ($　　$)$V。

    A. 45　　　　　B. 20　　　　　C. 15　　　　　D. 10

13. 由阶跃函数表示图 4.65 所示的信号 $f(t), f(t) = ($　　$)$。

    A. $\varepsilon(t) - \varepsilon(t-1)$　　　　　　　　B. $\varepsilon(t-1) - \varepsilon(t-2)$

    C. $\varepsilon(t-1) + \varepsilon(t-2)$　　　　　　　D. $\varepsilon(t) + \varepsilon(t-2)$

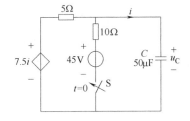

图 4.64　自测题 12 的图

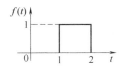

图 4.65　自测题 13 的图

三、计算题(共 55 分)

14. 一个电感线圈被短接后,经过 1s 时间,电感中的电流衰减初始值的 36.8%。如果经过 10Ω 电阻串联短接,则经过 0.5s 后,电感中的电流衰减初始值的 36.8%。问线圈的电阻 R 是多少?(6 分)

15. 一个 1H 的电感和一个 1Ω 的电阻元件并联成一个回路。已知 $t \geqslant 0$ 时,电感电压为 $u_L(t) = e^{-t}$(V)。试求下列各题。

    (1)电感电流初始值为多少?　　(3 分)

    (2)电感电流的表达式。　　　　(3 分)

    (3)电感储能的表达式。　　　　(3 分)

16. 如图 4.66 所示电路,$t = 0$ 时刻,开关 S 打开。换路前,电路处于稳态。试求换路后的初始值 $i_L(0_+)$、$u_C(0_+)$、$i_R(0_+)$、$u_L(0_+)$ 和 $i_C(0_+)$。(每小题 2 分,共 10 分)

17. 电路如图 4.67 所示,开关 S 在 $t = 0$ 时,由"1"端指向"2"端,用三要素法求 $i_L(t)$ 和 $i(t), t \geqslant 0$。(10 分)

18. 电路如图 4.68 所示,$t=0$ 时刻,开关 S 闭合。开关闭合前,电路处于未充电状态。问开关闭合后经 1ms 的时间,电容电压是多少?(10 分)

19. 电路如图 4.69(a)所示,$u_C(0_-)=10V$,u_S 波形如图 4.69(b)所示,$R=2\Omega$,$C=1F$。求 $i(t)$,$t\geqslant0$。(10 分)

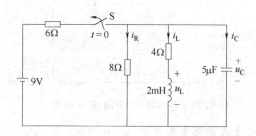

图 4.66 自测题 16 的图

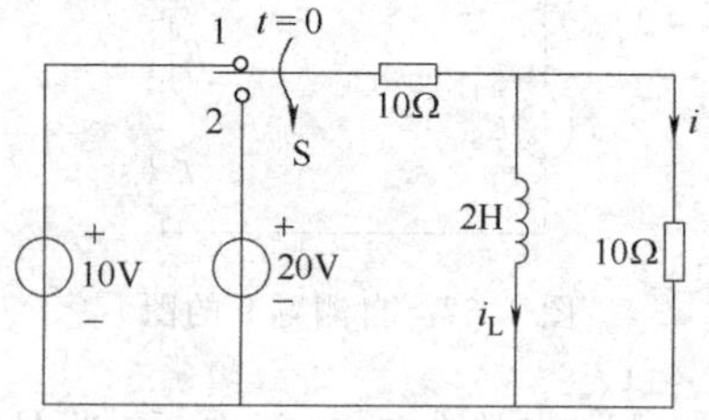

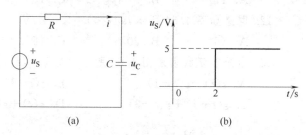

图 4.67 自测题 17 的图

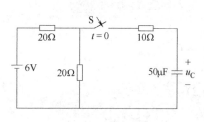

图 4.68 自测题 18 的图

图 4.69 自测题 19 的图

CHAPTER 5 ————————

第 5 章

正弦稳态交流电路

正弦交流电路指的是含有正弦电源,而且各支路电流和电压均按正弦规律变化的电路,在工程上称为交流电路。交流电在生产和日常生活中应用广泛。所以,正弦交流电是电路理论研究重要的一部分,应当很好地掌握。

分析正弦交流电路的方法,类同于电阻电路的分析方法,即基本依据仍然是元件的伏安关系和基尔霍夫定律这两类约束。但是,由于电感元件和电容元件的伏安关系为微分或积分关系,而且电路中各电流和电压为正弦量,分析时不方便。当正弦量用"相量"表示后,电阻电路的分析方法可直接应用于正弦稳态电路分析之中了。

本章首先介绍正弦量的三要素、交流电的有效值等基本概念;然后讨论正弦量的相量表示、相量模型电路、阻抗(导纳)的概念、正弦稳态交流电路的分析和正弦交流电路中的功率计算;最后介绍正弦交流电路中的谐振及非正弦交流电路的基本概念、特点和计算。

5.1 正弦量的三要素与有效值

5.1.1 正弦量的三要素

随时间按正弦规律变化的电压和电流等物理量统称为正弦量。正弦电流的波形如图 5.1(a)所示,其函数表达式为

$$i = I_{\mathrm{m}} \sin \omega t \tag{5.1}$$

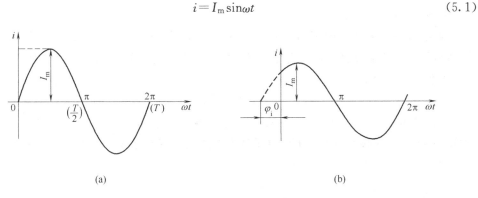

(a)   (b)

图 5.1 正弦量

图中,正半波表示电流的实际方向与参考方向一致;负半波表示电流的实际方向与参考方向相反。图 5.1(a)与图 5.1(b)所示波形的区别在于选取了不同的坐标原点(即计时起点),计时起点可以任意选取。图 5.1(b)所示波形的表达式为

$$i = I_m \sin(\omega t + \varphi_i) \tag{5.2}$$

式中:i 表示某时刻 t 的电流值,称为瞬时值;I_m 称为正弦电流的幅值(也称最大值);ω 称为角频率;φ_i 称为初相位。几种不同计时起点的正弦电流波形如图 5.2 所示。

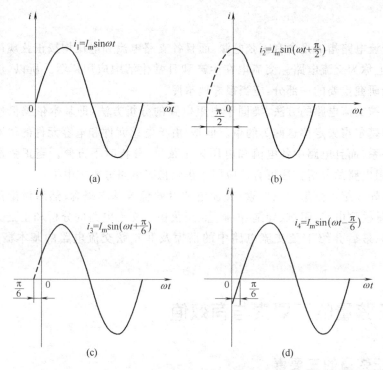

图 5.2   几种不同计时起点的正弦电流波形

一个正弦量在参考方向确定的条件下,可由频率、幅值和初相位完全确定。这三个参数称为正弦量的三要素,下面分别讨论。

1. 周期、频率和角频率

周期、频率和角频率分别用字母 T、f 和 ω 表示,其单位分别为秒(s)、赫兹(Hz)和弧度/秒(rad/s),都是表示正弦量变化快慢的参数。有关它们的定义在物理学中已讨论,在此不重复。T、f 和 ω 三者的关系是

$$\omega = 2\pi f = 2\pi / T \tag{5.3}$$

各种技术领域使用不同频率的交流电。我国电力工业标准频率(简称工频)为 50Hz;美国和日本的工频为 60Hz;电子技术中所用的音频频率一般为 20Hz~20kHz;无线电的频率高达 500kHz~3×10^5MHz。

2. 幅值

瞬时值中的最大值称为幅值。对于给定的正弦量,其幅值是一个定值,用带下标 m

的大写字母表示,例如 I_m、U_m 和 E_m 分别表示正弦电流、电压和电动势的幅值。幅值(最大值)是用来表示正弦量大小的参数。

3. 相位、初相位和相位差

式(5.1)和式(5.2)中,ωt 和 $(\omega t + \varphi_i)$ 称为正弦量的相位角,简称相位。相位确定正弦量变化的瞬时状态,其单位为弧度(rad)。有时为了方便,也可以用度(°)。

$t = 0$ 时的相位称为初相位。在式(5.1)中,初相位为零;而式(5.2)中的初相位为 φ_i。正弦量的初相位与计时起点的选取有关,但计时起点一旦选定,正弦量的初相位就唯一确定。

如果计时起点与正弦量正半波的起点重合,则初相位 $\varphi = 0$,如图 5.2(a)所示。电流 i_1 的初相位 $\varphi_{i1} = 0$;i_2 的初相位 $\varphi_{i2} = 90°$;i_3 的初相位 $\varphi_{i3} = 30°$;i_4 的初相位 $\varphi_{i4} = -30°$。

两个同频率正弦量的相位之差称为相位差,用 φ 表示。例如,在图 5.2 中,i_3 和 i_4 的表达式分别为

$$i_3 = I_{3m}\sin(\omega t + 30°)(A)$$
$$i_4 = I_{4m}\sin(\omega t - 30°)(A)$$

它们的相位差为

$$\varphi = (\omega t + 30°) - (\omega t - 30°) = 30° - (-30°) = 60°$$

从上述分析中可见:两个同频率的相位差等于它们的初相位之差,是不随时间改变的常量。

一般情况下,电压、电流的瞬时表达式分别表示为

$$u = U_m\sin(\omega t + \varphi_u)$$
$$i = I_m\sin(\omega t + \varphi_i)$$

则它们的相位差为

$$\varphi = (\omega t + \varphi_u) - (\omega t + \varphi_i) = \varphi_u - \varphi_i$$

当 $\varphi > 0$ 时,称 u 超前 $i\,\varphi°$,或称 i 滞后 $u\,\varphi°$,其意义是 u 比 i 先到达最大值或先到达零值。当 $\varphi < 0$ 时,称 u 滞后 $i\,\varphi°$,或称 i 超前 $u\,\varphi°$。

例如图 5.3 所示相位差的几种情况。若两个同频率正弦量的相位差为零,即 $\varphi = 0$ 时,称为同相,如图 5.3(a)所示;如图 5.3(b)所示,因为相位差 $\varphi = \varphi_1 - \varphi_2 > 0$,所以 u_1 超

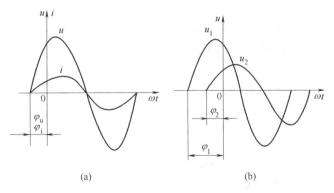

图 5.3　相位差的几种情况

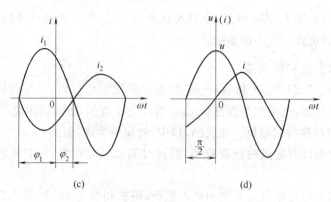

(c)   (d)

图　5.3(续)

前 u_2 的角度为 φ；若相位差 $\varphi=\pm180°$，称为反相，如图 5.3(c)所示；若相位差 90°，即 $\varphi=\pm90°$时，称为正交，如图 5.3(d)所示。

【例 5.1】　已知通过某支路的正弦电流，其参考方向如图 5.4 所示。其中，$I_{\mathrm{m}}=10\mathrm{mA}$，$f=1\mathrm{Hz}$，而初相位 $\varphi=\pi/4\mathrm{rad}$。试写出电流的瞬时表达式，并求当 $t=0.5\mathrm{s}$ 和 $t=1.25\mathrm{s}$ 时电流的瞬时值的大小和实际方向。

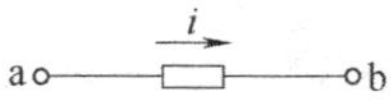

a ○—[▭]—○ b

图 5.4　例 5.1 的图

解：首先，求出该电流的角频率为

$$\omega=2\pi f=2\pi(\mathrm{rad/s})$$

故电流瞬时表达式为

$$i=10\sin(2\pi t+\pi/4)(\mathrm{mA})$$

当 $t=0.5\mathrm{s}$ 时，

$$i=10\sin(2\pi\times0.5+\pi/4)=-7.07(\mathrm{mA})$$

i 为负值，表示电流实际方向与参考方向相反。

当 $t=1.25\mathrm{s}$ 时，

$$i=10\sin(2\pi\times1.25+\pi/4)=7.07(\mathrm{mA})$$

i 为正值，表示电流实际方向与参考方向一致。

【例 5.2】　已知在选定参考方向的条件下，正弦量的波形如图 5.5 所示。试写出正弦量的解析式。

解：由图形写出正弦量的解析式时，应注意初相位的符号。在图 5.5 中，u_1 和 u_2 的解析式分别为

$$u_1=200\sin\left(\omega t+\frac{\pi}{3}\right)(\mathrm{V})$$

$$u_2=250\sin\left(\omega t-\frac{\pi}{6}\right)(\mathrm{V})$$

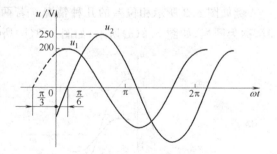

图 5.5　例 5.2 的图

【例 5.3】　已知正弦电压 $u=-9\sin(\omega t+40°)(\mathrm{V})$，正弦电流 $i=8\sin(\omega t+60°)(\mathrm{A})$。求它们的相位差，并说明谁超前、谁滞后。

解：由于 u 和 i 为同频率正弦量，所以它们可以进行相位比较。因为

$$u = -9\sin(\omega t + 40°) = 9\sin(\omega t + 40° + 180°)(V)$$

故有

$$\varphi = \varphi_u - \varphi_i = 40° + 180° - 60° = 160°$$

相位差为 $160°$，即 u 超前 $i\ 160°$。

5.1.2　正弦量的有效值

1. 有效值的定义

正弦交流电压和电流的大小随时间变化而变化，通常所说的某交流电压为多少伏，某交流电流为多少安，都是指其有效值。交流电的有效值一般用大写字母表示，如 E、U 和 I 分别表示电动势、电压和电流的有效值。交流电流的有效值是根据电流热效应确定的。在图 5.6 中，两个阻值相同的电阻分别通过直流电流 I 和正弦交流电流 i，如在相同时间内（交流电的一个周期 T 时间内），电阻消耗的电能是相等的，此时直流电流 I 的值称为交流电流的有效值。

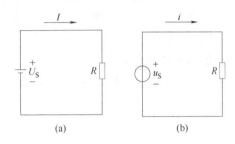

图 5.6　交流电流的有效值定义

在一个周期 T 内，交流电流在电阻上消耗的电能为

$$W = \int_0^T R i^2 \, dt$$

在相同时间内，直流电流在电阻上消耗的电能为

$$W = R I^2 T$$

令上述两式相等，即

$$\int_0^T R i^2 \, dt = R I^2 T$$

则交流电流有效值的定义为

$$I = \sqrt{\frac{1}{T} \int_0^T i^2 \, dt} \tag{5.4}$$

式(5.4)适用于一切周期量，它又叫作方均根值。

2. 正弦量的有效值

正弦电流 $i = I_m \sin\omega t$ 的有效值为

$$I = \sqrt{\frac{1}{T} \int_0^T i^2 \, dt} = \sqrt{\frac{1}{T} \int_0^T I_m^2 (\sin\omega t)^2 \, dt}$$

$$= I_m \sqrt{\frac{1}{T} \int_0^T \frac{1}{2}(1 - \cos 2\omega t) \, dt} = I_m \sqrt{\frac{1}{2}}$$

故

$$I = \frac{I_m}{\sqrt{2}} = 0.707 I_m \qquad (5.5)$$

同理,正弦电压和电动势的有效值分别为

$$U = \frac{U_m}{\sqrt{2}} = 0.707 U_m$$

$$E = \frac{E_m}{\sqrt{2}} = 0.707 E_m$$

注意:上述有效值与最大值的关系式只适用于正弦量。有效值应用很广。例如,用交流电表测得的电流和电压值为有效值;各种交流电气设备铭牌上标注的电压和电流值也是有效值。只有在说明某些电气设备的耐压等场合时,才用到最大值。

【例 5.4】 已知某正弦电流,当 $t=0$ 时,其值 $i(0)=1A$。已知初相位为 $60°$,试求该电流的最大值和有效值。

解:根据题意,写出正弦电流的瞬时表达式为

$$i = I_m \sin(\omega t + 60°)$$

当 $t=0$ 时,有

$$i(0) = I_m \sin 60° = 1(A)$$

故得最大值为

$$I_m = \frac{1}{\sin 60°} = 1.15(A)$$

所以有效值为

$$I = \frac{I_m}{\sqrt{2}} = \frac{1.15}{\sqrt{2}} = 0.813(A)$$

【例 5.5】 电容器的耐压值为 250V,问能否用在 220V 的单相交流电源上?

解:因为 220V 的单相交流电源为正弦电压,其振幅值为 311V,大于其耐压值 250V,电容可能被击穿,所以不能接在 220V 的单相电源上。对于各种电器件和电气设备的绝缘水平(耐压值),要按最大值考虑。

【例 5.6】 一个正弦电压的初相为 $60°$,有效值为 100V,试求它的解析式。

解:因为电压有效值 $U=100V$,所以其最大值为 $100\sqrt{2}V$,则电压的解析式为

$$u = 100\sqrt{2}\sin(\omega t + 60°)(V)$$

5.2   正弦量的相量表示法及相量电路模型

在正弦交流电路中,如果直接利用正弦量的瞬时表达式进行各种分析计算,将十分复杂。当正弦量用相量表示后,不但给分析正弦交流电路带来方便,而且使电阻电路的分析方法可用于正弦交流电路的分析。用相量表示正弦量,实质是用复数表示正弦量。因此,先简要复习复数的相关知识。

5.2.1　复数的复习

1. 复数

在数学中，常用 $A=a+\mathrm{j}b$ 表示复数。其中，a 为实部，b 为虚部，$\mathrm{j}=\sqrt{-1}$ 称为虚单位。在电工技术中，为区别于电流的符号，虚单位常用 j 表示，复数的矢量表示如图 5.7 所示，它们之间的关系为

$$r=|A|=\sqrt{a^2+b^2}$$

$$\theta=\arctan\frac{b}{a}\quad(\theta\leqslant 2\pi)$$

式中：$a=r\cos\theta$；$b=r\sin\theta$。

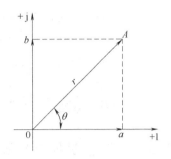

图 5.7　复数的矢量表示

2. 复数的四种形式

一个复数 A 可以表示为下面几种形式：

$$A=a+\mathrm{j}b,\quad A=r\mathrm{e}^{\mathrm{j}\varphi},\quad A=r\angle\varphi,\quad A=r(\cos\varphi+\mathrm{j}\sin\varphi)$$

它们分别称为复数 A 的代数形式、指数形式、极坐标形式和三角形式。a 和 b 分别为复数的实部和虚部，r 和 φ 分别为复数的模和辐角。

【例 5.7】　写出复数 $A_1=4-\mathrm{j}3$，$A_2=-3+\mathrm{j}4$ 的极坐标形式。

解：A_1 的模 $r_1=\sqrt{4^2+(-3)^2}=5$，辐角 $\theta_1=\arctan\dfrac{-3}{4}=-36.9°$，则 A_1 的极坐标形式为 $A_1=5\angle-36.9°$。

A_2 的模 $r_2=\sqrt{(-3)^2+4^2}=5$，辐角 $\theta_2=\arctan\dfrac{-4}{3}=126.9°$，则 A_2 的极坐标形式为 $A_2=5\angle126.9°$。

【例 5.8】　写出复数 $A=100\angle30°$ 的三角形式和代数形式。

解：三角形式：$A=100(\cos30°+\mathrm{j}\sin30°)$

代数形式：$A=100(\cos30°+\mathrm{j}\sin30°)=86.6+\mathrm{j}50$

3. 复数的四则运算

复数的加减运算，通常采用复数的代数形式或三角形式；复数的乘除运算，采用复数的指数形式或极坐标形式比较方便。

1）复数的加减法

设

$$A_1=a_1+\mathrm{j}b_1=r_1\angle\theta_1,\quad A_2=a_2+\mathrm{j}b_2=r_2\angle\theta_2$$

则

$$A_1\pm A_2=(a_1\pm a_2)+\mathrm{j}(b_1\pm b_2)$$

2）复数的乘除法

$$A_1\times A_2=r_1\angle\theta_1\times r_2\angle\theta_2=r_1r_2\angle(\theta_1+\theta_2)$$

$$\frac{A_1}{A_2}=\frac{r_1\angle\theta_1}{r_2\angle\theta_2}=\frac{r_1}{r_2}\angle(\theta_1-\theta_2)$$

【例 5.9】 已知复数 $A=3+j5, B=4-j3$，求它们的和、差、积和商。

解：因为

$$A=3+j5=\sqrt{34}\angle 59°, \quad B=4-j3=\sqrt{25}\angle -37°$$

所以

$$A+B=(3+j5)+(4-j3)=(3+4)+j(5-3)=7+j2$$

$$A-B=(3+j5)-(4-j3)=(3-4)+j(5+3)=-1+j8$$

$$A\times B=\sqrt{34}\angle 59°\times\sqrt{25}\angle -37°=\sqrt{34}\times 5\underline{/59°-37°}=29.15\angle 22°$$

$$\frac{A}{B}=\frac{\sqrt{34}}{\sqrt{25}}\times\frac{\angle 59°}{\angle -37°}=\frac{\sqrt{34}}{\sqrt{25}}\underline{/59°-(-37°)}=1.16\angle 96°$$

5.2.2　正弦量的相量表示法

一个正弦量是由它的幅值、频率和初相位三要素决定的。可以证明，在线性正弦交流电路中，各处的电压和电流都是与电源同频率的正弦量，而电源的频率一般是已知的。因此，计算正弦交流电路中的电压和电流，可归结于计算它们的幅值和初相位，即在频率已知的情况下，正弦量由幅值和初相位确定。一个复数由模和辐角来确定，所以，可以用复数表示正弦量，即用复数的模来表示正弦量的幅值（或有效值），用复数的辐角来表示正弦量的初相位。为了与一般复数相区别，把表示正弦量的复数称为相量。下面介绍正弦量的相量表示法。由欧拉公式，有

$$I_m e^{j(\omega t+\varphi_i)}=I_m\cos(\omega t+\varphi_i)+j\sin(\omega t+\varphi_i)$$

分析上式，对于正弦电流，可表示为

$$i=I_m\sin(\omega t+\varphi_i)=\partial[I_m e^{j(\omega t+\varphi_i)}]=\partial[I_m e^{j\varphi_i}e^{j\omega t}]=\partial[\dot I_m e^{j\omega t}] \tag{5.6}$$

式中：

$$\dot I_m=I_m e^{j\varphi_i}=I_m\angle\varphi_i \tag{5.7}$$

式(5.6)中的 $\partial[\cdot]$ 表示取其虚部。式(3.7)就是正弦电流的相量表示形式，即

$$\dot I_m=I_m\angle\varphi_i \tag{5.8}$$

或

$$\dot I=I\angle\varphi_i \tag{5.9}$$

式(5.8)称为正弦电流 i 的幅值相量，式(5.9)称为正弦电流 i 的有效值相量，它们之间的关系为

$$\dot I_m=\sqrt2\dot I \tag{5.10}$$

在电路分析中，一般采用有效值相量。同理，对于正弦电压，有

$$u=U_m\sin(\omega t+\varphi_u) \tag{5.11}$$

用相量表示为

$$\dot U_m=U_m\angle\varphi_u \tag{5.12}$$

或

$$\dot{U}=U\angle\varphi_\mathrm{u} \tag{5.13}$$

用相量表示正弦量时,应注意以下两点。

(1) 相量只包含正弦量的幅值(或有效值)和初相位,因此相量只是表示正弦量,而不等于正弦量。

(2) 用相量表示正弦量之前,一般要把正弦量化成像式(5.2)和式(5.11)这样的标准形式,再用相量表示;否则,相量的辐角(正弦量的初相位)就会出错。

因为相量就是一个复数,所以,相量可以在复平面上用一段有向线段来表示。有向线段的长度就是正弦量的幅值(或有效值),有向线段与正实轴的夹角表示正弦量的初相位。这种表示相量的图形称为相量图,如图 5.8 所示。在相量图上,可以清晰地看出各个相同频率正弦量的大小和相位关系。例如,在图 5.8 中,电压超前电流的相位角为 $\varphi_\mathrm{u}-\varphi_\mathrm{i}$。

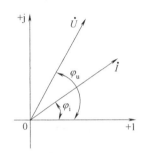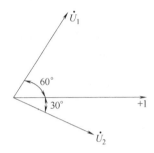

图 5.8　相量图　　　　　　　图 5.9　例 5.10 的相量图

【**例 5.10**】　已知正弦量 $u_1=5\sqrt{2}\sin(1000t+60°)(\mathrm{V})$,$u_2=10\sqrt{2}\cos(1000t-120°)$ (V)。试分别写出它们对应的有效值相量,并作相量图。

解:
$$\dot{U}_1=5\angle 60°\,\mathrm{V}$$

但 u_2 不是正弦量的标准形式,故先把它们化为标准形式,即

$$u_2=10\sqrt{2}\cos(1000t-120°)=10\sqrt{2}\sin(1000t-30°)(\mathrm{V})$$

对应的相量表示为

$$\dot{U}_2=10\angle -30°\,\mathrm{V}$$

相量图如图 5.9 所示。

【**例 5.11**】　已知 $\dot{U}=10\angle -43°\,\mathrm{V}$ 和 $\dot{I}=8\angle 150°\,\mathrm{A}$,$f=50\,\mathrm{Hz}$,求正弦电压和电流的解析式。

解:角频率 $\omega=2\pi f=2\times 3.14\times 50=314(\mathrm{rad/s})$。因为 $\dot{U}$ 和 $\dot{I}$ 为有效值相量,而最大值是有效值的 $\sqrt{2}$ 倍,故

$$u=10\sqrt{2}\sin(314t-43°)(\mathrm{V}),\quad i=8\sqrt{2}\sin(314t+150°)(\mathrm{A})$$

5.2.3　电路元件伏安关系的相量形式

为了运用相量法分析正弦交流电路,首先讨论电路两类约束的相量形式。在第 1 章

中,导出了 R、L、C 三种电路元件的伏安关系式;在元件上的电流和电压采用关联参考方向的情况下,其伏安关系分别表示为

$$u=Ri, \quad u=L\frac{\mathrm{d}i}{\mathrm{d}t}, \quad i=C\frac{\mathrm{d}u}{\mathrm{d}t}$$

当以上各式中的 u 和 i 为正弦量时,可以证明:u 和 i 乘以常量、求导和积分后所得结果仍为同频率的正弦量。因此,这些电路元件的伏安关系也可以用相量来表示。下面分别讨论 R、L、C 元件伏安关系的相量形式。

1. 电阻元件

设图 5.10(a)中流过电阻元件 R 的电流是

$$i=\sqrt{2}I\sin(\omega t+\varphi_i) \tag{5.14}$$

则

$$u=Ri=R\sqrt{2}I\sin(\omega t+\varphi_i)=\sqrt{2}U\sin(\omega t+\varphi_u) \tag{5.15}$$

式中:$U=RI$ 及 $\varphi_u=\varphi_i$。

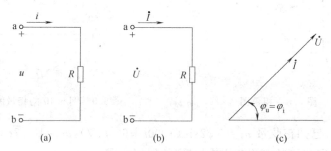

图 5.10　电阻中电流和电压的关系

可以看出:在正弦交流电路中,电阻元件上的电流和电压是同相位的。式(5.14)和式(5.15)用相量分别表示为

$$\left.\begin{array}{l}\dot{I}=I\angle\varphi_i\\[4pt]\dot{U}=U\angle\varphi_u\end{array}\right\} \tag{5.16}$$

则有

$$\dot{U}=R\dot{I} \tag{5.17}$$

式(5.17)就是电阻元件的伏安关系的相量形式。该式不但表明了电阻上电流和电压的大小关系($U=IR$),还表明它们是同相位的($\varphi_u=\varphi_i$)。

用相量表示的电阻元件电路——相量电路的模型如图 5.10(b)所示。该电路的电流、电压相量图如图 5.10(c)所示。

【例 5.12】 已知 4Ω 电阻元件两端的电压 $u=10\sqrt{2}\sin(314t-60°)$(V)。求通过电阻元件的电流 i,并画出相量图。

解:(1) 写出已知正弦量 u 的相量为

$$\dot{U}=10\angle-60°\,\text{V}$$

(2) 利用电阻元件伏安关系的相量形式,有

$$\dot{I}=\frac{\dot{U}}{R}=\frac{10\angle-60°}{4}=2.5\angle-60°\text{A}$$

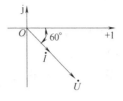

（3）由 $\dot{I}$ 写出 i，得

$$i=2.5\sqrt{2}\sin(314t-60°)(\text{A})$$

其相量图如图 5.11 所示。

图 5.11　例 5.12 的相量图

2. 电感元件

设图 5.12(a)所示电感元件的电流为

$$i=\sqrt{2}I\sin(\omega t+\varphi_i)$$

$$u=L\frac{\mathrm{d}i}{\mathrm{d}t}=L\frac{\mathrm{d}}{\mathrm{d}t}[\sqrt{2}I\sin(\omega t+\varphi_i)]=\omega L\sqrt{2}I\cos(\omega t+\varphi_i)$$

$$=\omega L\sqrt{2}I\sin\left(\omega t+\varphi_i+\frac{\pi}{2}\right)=\sqrt{2}U\sin(\omega t+\varphi_u)$$

式中：$U=\omega LI$ 及 $\varphi_u=\varphi_i+90°$。由此可见，在正弦交流电路中，电感元件上的电流和电压是同频率的正弦量，电感电压的幅值等于电流幅值乘以 ωL，电感电压超前电流 $90°$。

电感元件上电流和电压的相量分别表示为

$$\dot{I}=I\angle\varphi_i$$

$$\dot{U}=\mathrm{j}\omega L\dot{I} \tag{5.18}$$

式(5.18)就是电感元件的伏安关系的相量形式，电感元件的相量电路模型如图 5.12(b)所示，电流和电压的相量图如图 5.12(c)所示。

下面研究 ωL 的意义。由式(5.18)可知

$$I=\frac{U}{\omega L}$$

当 U 一定时，ωL 越大，则 I 越小，所以 ωL 反映了电感对正弦电流的阻碍作用。

ωL 称为电感电抗，简称感抗，用 X_L 表示：

$$X_L=\omega L=2\pi fL \tag{5.19}$$

其单位为欧姆(Ω)。式(5.19)表明：感抗不但与 L 有关，而且与工作频率 f 有关。当 L 一定时，X_L 与 f 成正比。当 $f\to\infty$ 时，$X_L\to\infty$，$I\to0$，这时电感相当于开路。所以，电感线圈常用在高频，作为扼流圈；反之，f 越小，X_L 越小，I 越大。当 $f\to0$(直流)时，$X_L=0$，这时电感相当于短路。所以，直流或低频电流容易通过电感元件。感抗 X_L 与频率 f 的关系如图 5.13 所示。采用感抗后，式(5.18)可以改写成

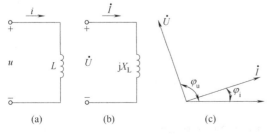

图 5.12　电感中电压和电流的关系

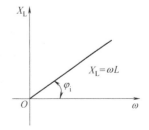

图 5.13　感抗与频率的关系

$$\dot{U} = jX_L \dot{I} \qquad (5.20)$$

【**例 5.13**】 已知一个电感线圈电感 $L=1$H，忽略内阻不计，现把它接在 220V，频率为 50Hz 的交流电源上。试求：①感抗；②通过线圈的电流；③作出相量图。

解：(1) 先求感抗：

$$X_L = 2\pi fL = 2\pi \times 50 \times 1 = 314(\Omega)$$

(2) 求电流相量 $\dot{I}$。令电压初相位为零，即

$$\dot{U} = 220\angle 0°\,\mathrm{V}$$

因此，有

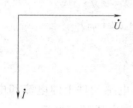

$$\dot{I} = \frac{\dot{U}}{jX_L} = \frac{220\angle 0°}{j314} = 0.7\angle -90°(\mathrm{A})$$

(3) 画出向量图如图 5.14 所示。

图 5.14 例 5.13 的相量图

【**例 5.14**】 流过 0.1H 电感的电流为 $i(t) = 15\sqrt{2} \times \sin(200t+10°)$(A)，试求在关联参考方向下，电感两端的电压 $u(t)$。

解：用相量伏安关系求解，得

$$\dot{I} = 15\angle 10°\,\mathrm{A}$$

$$\dot{U} = jX_L \dot{I} = j200 \times 0.1 \times 15\angle 0° = 300\angle(90°+10°) = 300\angle 100°(\mathrm{V})$$

对应的正弦电压为

$$u(t) = 300\sqrt{2}\sin(200t+100°)(\mathrm{V})$$

3. 电容元件

设图 5.15(a)所示电容元件两端的电压为

$$u = \sqrt{2}U\sin(\omega t + \varphi_u)$$

则

$$i = C\frac{\mathrm{d}u}{\mathrm{d}t} = \omega C\sqrt{2}U\cos(\omega t + \varphi_u)$$

$$= \omega C\sqrt{2}U\sin\left(\omega t + \varphi_u + \frac{\pi}{2}\right) = \sqrt{2}I\sin(\omega t + \varphi_i)$$

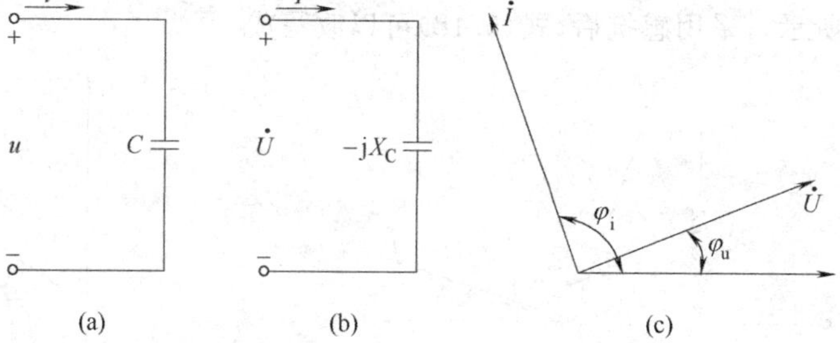

(a)　　　(b)　　　(c)

图 5.15 电容中电流和电压的关系

式中：$I=\omega CU$ 及 $\varphi_i=\varphi_u+90°$。

由此可见，在正弦交流电路中，电容元件上的电流和电压是同频率的正弦量，电容元件电流的幅值等于电压的幅值乘以 ωC，电流相位超前电压 $90°$。

电容元件中的电压和电流相量分别表示为

$$\dot{U}=U\angle\varphi_u$$

$$\dot{I}=I\angle\varphi_i=j\omega CU\angle\varphi_u=j\omega C\dot{U} \tag{5.21}$$

式(5.21)是电容元件伏安关系的相量形式。电容元件的相量电路模型如图 5.15(b)所示，相量图如图 5.15(c)所示。

下面研究 $1/\omega C$ 的意义。由式(5.21)可得

$$I=\omega CU$$

上式说明，当 U 一定时，若 $1/\omega C$ 越大，则 I 越小。所以，$1/\omega C$ 反映了电容元件对正弦电流的阻碍作用。$1/\omega C$ 称为电容电抗，简称容抗，用 X_C 表示，即

$$X_C=\frac{1}{\omega C}=\frac{1}{2\pi f C} \tag{5.22}$$

其单位为欧姆(Ω)。式(5.22)说明：当电容 C 一定时，X_C 与 f 成反比，即 f 愈高，X_C 愈小，电流容易通过；反之，f 愈低，X_C 愈大，电流不容易通过。这就是电容通高频信号阻低频信号的作用，在电子技术中应用广泛。当 $f\to0$ 时，$X_C\to\infty$，$\dot{I}\to0$，这就是电容隔直流的作用。

采用容抗 X_C 后，式(3.21)可以改写成

$$\dot{I}=\frac{1}{-jX_C}\dot{U}$$

或

$$\dot{U}=-jX_C\dot{I} \tag{5.23}$$

【例 5.15】　已知一个电容元件，其电容 $C=5\mu F$，接到电压为 220V，频率为 50Hz 的正弦交流电源上。试求：①容抗；②通过电容的电流；③画出相量图。

解：(1) 计算容抗：

$$X_C=\frac{1}{\omega C}=\frac{1}{2\pi f C}=\frac{1}{2\pi\times50\times5\times10^{-6}}=637(\Omega)$$

(2) 求电流。令电压初相位为零，则有

$$\dot{I}=\frac{\dot{U}}{-jX_C}=\frac{220\angle0°}{-j637}=j0.345(A)$$

(3) 作出相量图如图 5.16 所示。

【例 5.16】　流过 0.5F 电容的电流 $i(t)=\sin(100t-30°)(A)$。试求在关联参考方向下，电容的电压 u。

解：用相量关系求解，得

$$\dot{I}=1\angle-30°A$$

图 5.16　例 5.15 的相量图

$$\dot{U} = -\mathrm{j}X_C\dot{I} = -\mathrm{j}\frac{1}{\omega C}\dot{I} = -\mathrm{j}\frac{1}{100 \times 0.5} \times 1\angle -30°$$
$$= 2 \times 10^{-2}\angle -120°(\mathrm{V})$$

对应的正弦电压为

$$u(t) = 0.02\sqrt{2}\sin(100t - 120°)(\mathrm{V})$$

5.2.4 基尔霍夫定律的相量形式

前面讨论了电路元件伏安关系的相量形式,本节讨论另一类约束——基尔霍夫定律的相量形式。

1. 基尔霍夫电流定律的相量形式

在交流电路中,KCL 和 KVL 的形式类同于直流电路的表达形式。在正弦交流电路中,KCL 指出:在任何瞬间,电路中任一节点的各支路电流的代数和恒等于零,即

$$\sum_{k=1}^{n} i_k = 0 \tag{5.24}$$

式中:i_k 为第 k 条支路电流的瞬时值。可以证明 n 个正弦量之和的相量等于 n 个正弦量的相量和。这个结论表明,当要求 n 个正弦量的相量和时,先把各个正弦量的相量表示出来,再把这些相量加起来。对于任一节点,都有

$$\sum_{k=1}^{n} \dot{I}_k = 0 \tag{5.25}$$

式(5.25)为 KCL 的有效值相量形式,也可以写成幅值相量形式,即

$$\sum_{k=1}^{n} \dot{I}_{km} = 0$$

2. 基尔霍夫电压定律的相量形式

KVL 指出:在任何瞬间,沿电路中任一闭合回路所得各段电压的代数和恒等于零,即

$$\sum_{n}^{m} u_k = 0 \tag{5.26}$$

式中:u_k 为第 k 段电路电压的瞬时值。同理可以证明式(5.26)的有效值相量形式为

$$\sum_{k=1}^{m} \dot{U}_k = 0 \tag{5.27}$$

这就是 KVL 的有效值相量形式。KVL 的幅值相量形式为

$$\sum_{k=1}^{m} \dot{U}_{km} = 0$$

综上所述,正弦电路的电流、电压的瞬时值关系、相量关系都满足 KCL 和 KVL;而有效值的关系一般不满足,要由相量的关系决定。因此,正弦电路的某些结论不能从直流电路的角度去考虑。

【例 5.17】　在正弦电路中,与某一个节点 a 相连的三个支路电流分别为 i_1、i_2、i_3。已知 i_1、i_2 流入,i_3 流出,如图 5.17 所示。若 $i_1(t)=10\sqrt{2}\cos(\omega t+60°)(\text{A})$,$i_2(t)=5\sqrt{2}\sin\omega t(\text{A})$,求 i_3。

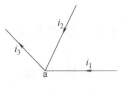

图 5.17　例 5.17 的图

解：首先写出 i_1 和 i_2 的相量。因为 i_1 的初相应为 $60°+90°=150°$,所以 i_1 的相量为

$$\dot{I}_1=10\angle 150°=(-8.66+\text{j}5)\,\text{A}$$

i_2 的相量为

$$\dot{I}_2=5\angle 0°=(5+\text{j}0)\,\text{A}$$

故有

$$\dot{I}_1+\dot{I}_2-\dot{I}_3=0$$

$$\dot{I}_3=\dot{I}_1+\dot{I}_2=-8.66+\text{j}5+5=-3.66+\text{j}5=6.2\angle 126.2°(\text{A})$$

$$i_3(t)=6 \cdot 2\sqrt{2}\sin(\omega t+126.2°)(\text{A})$$

5.2.5　正弦交流电路的相量电路模型

以前所用的电路模型,如图 5.18(a)所示时域模型,反映了电压与电流时间函数之间的关系。也就是说,从这个模型可列出电路的微分方程,从而求解未知的时间函数。相量电路模型则是一种运用相量能很方便地对正弦稳态电路进行分析、计算的假想模型。只要把正弦电路中的电源及支路电压、电流分别用相量表示,再把电路元件用相量电路模型表示出来,就可以用对应的相量电路模型来表示正弦交流电路。例如,将图 5.18(a)所示电路表示成如图 5.18(b)所示的相量电路模型。

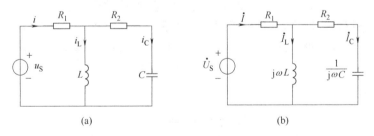

(a)　　　　　　　　　　　　(b)

图 5.18　正弦交流电路的相量电路模型

5.3　阻抗与导纳

上节讨论了正弦量的相量表示法、电路元件伏安关系的相量形式以及基尔霍夫定律的相量形式,最后提出了相量电路模型的概念。本节将要讨论阻抗和导纳的概念,并进行简单正弦交流电路的计算。

5.3.1　阻抗与导纳的概念

1. 阻抗的概念

对于图 5.19(a)所示无源单口网络,其端口电压相量与电流相量之比定义为单口网络的阻抗,即

$$Z=\frac{\dot{U}}{\dot{I}} \tag{5.28}$$

式(5.28)称为欧姆定律的相量形式。其中,阻抗 Z 的单位是欧姆(Ω)。这样,图 5.19(a)所示无源单口网络的等效电路如图 5.19(b)所示。

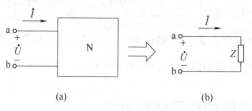

图 5.19　阻抗的定义

从定义式(5.28)可知,阻抗 Z 是一个复数。若 $\dot{U}=U\angle\varphi_u$,$\dot{I}=I\angle\varphi_i$,由式(5.28)得

$$Z=\frac{\dot{U}}{\dot{I}}=\frac{U\angle\varphi_u}{I\angle\varphi_i}=\frac{U}{I}\angle(\varphi_u-\varphi_i)=|Z|\angle\varphi \tag{5.29}$$

式中:$Z=U/I$,$\varphi=\varphi_u-\varphi_i$。式(5.29)为阻抗的极坐标形。若用直角坐标形式表示,阻抗为

$$Z=R+jX \tag{5.30}$$

其实部 R 称为阻抗的电阻分量,虚部 X 称为阻抗的电抗分量,其单位均为欧姆(Ω)。

一般来说,电阻分量 R 是由网络中各元件参数、电路结构及工作频率确定的,不一定完全由电阻元件确定;同样,电抗分量 X 也是由网络中各元件参数、电路结构及工作频率确定的,并不一定完全由储能元件确定。式(5.29)和式(5.30)等效转换的关系为

$$|Z|=\sqrt{R^2+X^2} \tag{5.31}$$

称为阻抗的模。

$$\varphi=\arctan\frac{X}{R} \tag{5.32}$$

称为阻抗角。阻抗的实部分量 R 和虚部分量 X 分别写成

$$R=|Z|\cos\varphi,\quad X=|Z|\sin\varphi \tag{5.33}$$

上述三个式子构成阻抗三角形,如图 5.20(a)所示。由于

$$\dot{U}=Z\dot{I}=(R+jX)\dot{I}=R\dot{I}+jX\dot{I}=\dot{U}_R+j\dot{U}_X$$

因此

$$U=|Z|I=\sqrt{R^2+X^2}\times I=\sqrt{U_R^2+U_X^2}$$

即

$$U=\sqrt{U_R^2+U_X^2} \tag{5.34}$$

由式(5.34)得到电压三角形,如图 5.20(b)所示。

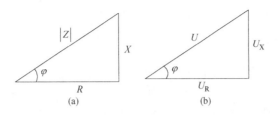

图 5.20　阻抗三角形与电压三角形

由阻抗的定义可知 R、L 和 C 三个元件的阻抗分别为

$$Z_R = R$$
$$Z_L = j\omega L = jX_L$$
$$Z_C = -j\frac{1}{\omega C} = -jX_C$$

阻抗 Z 可以反映电路的性质,如下所述。

(1) 当 $X=0$,即 $X_L = X_C$ 时,$Z=R$,电路呈电阻性(这种情况将在 5.6 节研究)。

(2) 当 $X>0$,即 $X_L > X_C$ 时,电路呈电感性,称为感性电路。

(3) 当 $X<0$,即 $X_L < X_C$ 时,电路呈电容性,称为容性电路。

(4) 当 $R=0$,即 $Z=jX$ 时,称为电抗电路。这时有两种情况:当 $X<0$ 时,电路为纯电容性;当 $X>0$ 时,电路为纯电感性。可见,正弦交流电路中的阻抗是一个重要的概念。

2. 导纳的概念

如果无源单口网络端口电流、电压采用关联参考方向,如图 5.21(a)所示,其导纳定义为

$$Y = \frac{\dot{I}}{\dot{U}} \tag{5.35}$$

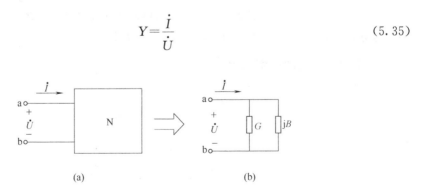

图 5.21　导纳的定义

导纳 Y 的单位为西门子(S)。根据 Y 的定义,R、L 和 C 三个元件的导纳分别是

$$Y_R = \frac{1}{R} = G$$

$$Y_L = -j\frac{1}{\omega L} = -jB_L$$

$$Y_C = j\omega C = jB_C$$

导纳 Y 是一个复数,即

$$Y = |Y|\angle\alpha = \frac{\dot{I}}{\dot{U}} = \frac{I}{U}\angle(\varphi_i - \varphi_u) \tag{5.36}$$

式中:

$$|Y| = \frac{I}{U}, \quad \alpha = \varphi_i - \varphi_u \tag{5.37}$$

式(5.36)称为导纳的极坐标形式。导纳的直角坐标形式为

$$Y = G + jB \tag{5.38}$$

式中:实部 G 称为导纳的电导分量,虚部 B 称为导纳的电纳分量,其单位都是西门子(S)。

比较式(5.36)和式(5.38),导纳的两种坐标表达式的等效互换关系是

$$|Y| = \sqrt{G^2 + B^2}, \quad \alpha = \arctan\frac{B}{G} \tag{5.39}$$

$$G = |Y|\cos\alpha, \quad B = |Y|\sin\alpha \tag{5.40}$$

经过上述分析,无源单口网络的等效电路如图 5.21(b)所示,由式(5.36)～式(5.40)得到导纳三角形如图 5.22 所示。

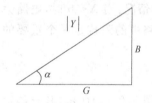

图 5.22　导纳三角形

类似于阻抗的情况,导纳的电导分量 G 和电纳分量 B 的值由网络结构、元件参数和工作频率确定。

导纳 Y 也可以反映电路的性质,如下所述。

(1) 当 $B = 0$ 时,即 $Y = G$,电路呈电阻性。

(2) 当 $B > 0$ 时,电路呈容性,称为容性电路。

(3) 当 $B < 0$ 时,电路呈电感性,称为感性电路。

(4) 当 $G = 0$ 时, 即 $Y = jB$,称为电抗电路。这时有两种情况:当 $B < 0$ 时,电路为纯电感性;当 $B > 0$ 时,电路为纯电容性。可见,正弦交流电路中的导纳也是一个重要的概念。

3. 阻抗与导纳的等效互换

因为阻抗 $Z = R + jX$,而导纳为

$$Y = \frac{1}{Z} = G + jB$$

式中:

$$G = \frac{R}{R^2 + X^2}, \quad B = \frac{-X}{R^2 + X^2} \tag{5.41}$$

上式是已知阻抗求导纳的公式。如果阻抗是极坐标形式,它们互换就方便了,即

$$Y = \frac{1}{Z} = \frac{1}{|Z|\angle\varphi} = |Y|\angle\alpha$$

式中:

$$|Y| = \frac{1}{|Z|}, \quad \alpha = -\varphi \tag{5.42}$$

至于给定导纳 Y 去求等效阻抗 Z 的公式,请读者完成。

5.3.2　阻抗与导纳的串、并联

1. RLC 串联电路的等效阻抗

图 5.23(a)所示 RLC 串联电路的电流为 $i=\sqrt{2}I\sin\omega t$,其相量为 $\dot{I}=I\angle 0°$。
现分析电路中电流 i 与电压 u 的关系。首先,作出 RLC 串联电路的相量电路模型如图 5.23(b)所示。列出 KVL 相量方程:

$$\dot{U}=\dot{U}_R+U_L+\dot{U}_C=\dot{I}R+\dot{I}\mathrm{j}\omega L-\dot{I}\mathrm{j}\frac{1}{\omega C}$$

$$=\left(R+\mathrm{j}\omega L-\mathrm{j}\frac{1}{\omega C}\right)\dot{I}=\dot{Z}I$$

式中:

$$Z=R+\mathrm{j}\omega L-\mathrm{j}\frac{1}{\omega C}=R+\mathrm{j}\left(\omega L-\frac{1}{\omega C}\right)=R+\mathrm{j}X$$

$$X=\omega L-\frac{1}{\omega C}=X_L-X_C$$

式中:X 是该电路的电抗部分,它等于感抗与容抗之差。因为 $\dot{U}_L$ 超前 $\dot{I}$ 90°;$\dot{U}_C$ 滞后 $\dot{I}$ 90°,使得 $\dot{U}_L$ 与 $\dot{I}_C$ 相差 180°(反相)。图 5.23(a)的等效电路如图 5.23(c)所示。

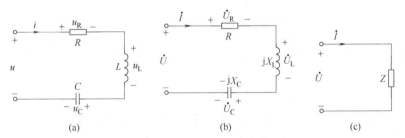

图 5.23　RLC 串联电路

【例 5.18】　电路如图 5.23(a)所示。已知 $R=10\Omega,L=31.8\mathrm{mH},C=159.2\mu\mathrm{F},u=100\sqrt{2}\sin(314t+30°)(\mathrm{V})$,试求电路中的电流及元件上的电压。

解:(1)写出已知正弦量 u 的相量为

$$\dot{U}=100\angle 30°\mathrm{V}$$

(2)求阻抗,得

$$X_L=\omega L=314\times 31.8\times 10^{-3}=10(\Omega)$$

$$X_C=\frac{1}{\omega C}=\frac{1}{314\times 159.2\times 10^{-6}}=20(\Omega)$$

故有阻抗

$$Z=R+\mathrm{j}(X_L-X_C)=10-\mathrm{j}10=10\sqrt{2}\angle -45°(\Omega)$$

(3)作相量电路模型如图 5.23(b)所示,并进行如下计算:

$$\dot{I}=\frac{\dot{U}}{Z}=100\angle 30°/10\sqrt{2}\angle -45°=5\sqrt{2}\angle 75°(A)$$

$$\dot{U}_R=\dot{R}I=10\times 5\sqrt{2}\angle 75°=50\sqrt{2}\angle 75°(V)$$

$$\dot{U}_L=jZ_L\dot{I}=10\angle 90°\times 5\sqrt{2}\angle 75°=50\sqrt{2}\angle 165°(V)$$

$$\dot{U}_C=-jX_C\dot{I}=-20\angle 90°\times 5\sqrt{2}\angle 25°=100\sqrt{2}\angle -65°(V)$$

(4) 由以上求得的各相量,写出对应的正弦量为

$$i=10\sin(314t+75°)(A)$$

$$u_R=100\sin(314t+75°)(V)$$

$$u_L=100\sin(314t+165°)(V)$$

$$u_C=200\sin(314t-65°)(V)$$

【例 5.19】 图 5.24(a)所示为 RC 串联移相电路,u 为输入正弦电压,以 u_C 为输出电压。已知 $C=0.01\mu F$,u 的频率为 6000Hz,有效值为 1V。欲使输出电压比输入电压滞后 $60°$,应选配多大的电阻 R? 在此情况下,输出电压为多大?

解: 选电流作为参考相量,作出相量图如图 5.24(b)所示。容性电路的阻抗角为负值,根据已知条件,有

$$\varphi=-30°$$

$$\varphi=\arctan\frac{-X_C}{R}=\arctan\frac{-1}{R\omega C}=-30°$$

所以

$$R=\frac{X_C}{\tan 30°}=\frac{1}{\omega C\tan 30°}=\frac{1}{2\pi\times 6000\times 0.01\times 10^{-6}\times 1/\sqrt{3}}=4600(\Omega)$$

在此情况下,输出电压为

$$U_C=U\sin 30°=1\times 0.5=0.5(V)$$

【例 5.20】 电路如图 5.25 所示,已知正弦交流电压 u 的有效值为 220V。交流电压表 V_2 和 V_3 的读数分别为 65V 和 42V,求表 V_1 的读数。

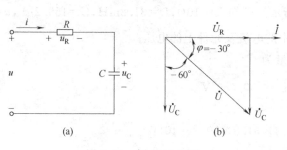

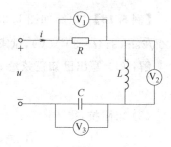

图 5.24　例 5.19 的图　　　　　　图 5.25　例 5.20 的图

解: RLC 串联电路电压三角形关系为

$$U=\sqrt{U_R^2+(U_L-U_C)^2}$$

即

$$220=\sqrt{V_1^2+(V_2-V_3)^2}=\sqrt{V_1^2+(65-42)^2}$$

所以

$$V_1=\sqrt{220^2-(65-42)^2}=218.79(\text{V})$$

即表 V_1 读数为 218.79V。

2. RLC 并联电路的等效导纳

RLC 并联电路如图 5.26(a)所示,设电压为 $u=\sqrt{2}U\sin\omega t$,求各支路电流与电压 u 的关系。电压 u 的相量形式为 $\dot{U}=U\angle 0°\text{V}$,并作出相量电路模型如图 5.26(b)所示,分析如下:

$$\dot{I}_R=\frac{\dot{U}}{R}=\frac{U}{R}\angle 0°,\quad \dot{I}_L=\frac{\dot{U}}{j\omega L}=\dot{U}\left(-j\frac{1}{\omega L}\right)=\frac{U}{\omega L}\angle -90°$$

$$\dot{I}_C=\frac{\dot{U}}{\dfrac{1}{j\omega C}}=\dot{U}j\omega C=U\omega C\angle 90°$$

由 KCL,得

$$\dot{I}=\dot{I}_R+\dot{I}_L+\dot{I}_C=\frac{\dot{U}}{R}-j\frac{\dot{U}}{\omega L}+j\dot{U}\omega C=\dot{U}\left[\frac{1}{R}+j\left(\omega C-\frac{1}{\omega L}\right)\right]=\dot{U}Y=I\angle\varphi_i$$

式中:

$$Y=\frac{1}{R}+j\left(\omega C-\frac{1}{\omega L}\right)=G+jB,\quad \varphi_i=\arctan\frac{B}{G}=\arctan\frac{\omega C-\dfrac{1}{\omega L}}{\dfrac{1}{R}}$$

其中,

$$G=\frac{1}{R},\quad B=\omega C=\frac{1}{\omega L}$$

$$I=\sqrt{\frac{U^2}{R^2}+\left(U\omega C-\frac{U}{\omega L}\right)^2}=\sqrt{I_R^2+(I_C-I_L)^2}=\sqrt{I_R^2+I_X^2}$$

式中: $I_X=I_C-I_L$。

图 5.26(a)的等效电路如图 5.26(c)所示。

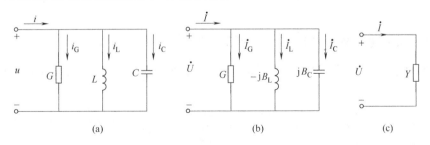

图 5.26　RLC 并联电路

【例 5.21】　在图 5.27(a)所示电路中,电流表 A_1、A_2 均指示 10A,求电流表 A 的读数。

解:方法一　这是一个 RC 并联电路,电流表读数为有效值。其相量电路模型如图 5.27(b)所示。

令 $\dot{U}=U\angle0°\text{V}$,则有

$$\dot{I}_R=\frac{U}{R}=\frac{U\angle0°}{R}=10\angle0°(\text{A})$$

$$\dot{I}_C=\frac{U}{-\text{j}\frac{1}{\omega C}}=\dot{U}\omega C\angle90°=10\angle90°(\text{A})$$

由 KCL,有

$$\dot{I}=\dot{I}_R+\dot{I}_C=10\angle0°+10\angle90°=10\sqrt{2}\angle45°(\text{A})$$

所以,电流表 A 读数为 $10\sqrt{2}=14.1(\text{A})$。

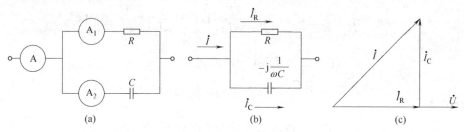

图 5.27 例 5.21 的图

方法二 用相量图解法。相量图如图 3.26(c)所示,$\dot{I}$、$\dot{I}_R$、$\dot{I}_C$ 构成电流三角形,故有

$$I=\sqrt{I_R^2+I_C^2}=\sqrt{10^2+10^2}=10\sqrt{2}(\text{A})$$

可见,这种方法要简单得多,说明有时利用相量图分析电路会很方便。

3. 混联正弦交流电路的计算

下面研究既有串联电路,又有并联电路的混联正弦交流电路的计算。只要作出其相量电路模型,其分析方法仍然类同于电阻电路的分析方法。下面通过例题来说明 RLC 混联电路的计算方法。

【例 5.22】 图 5.28(a)所示电路为功率补偿电路,已知 $u_S=100\sqrt{2}\sin314t(\text{V})$,$R=10\Omega$,$L=31.8\text{mH}$,$C=159\mu\text{F}$。求 $\dot{I}$、$\dot{I}_L$ 及 $\dot{I}_C$。

解:(1)写出已知正弦量的相量为

$$\dot{U}_S=100\angle0°\text{V}$$

(2)作相量电路模型如图 5.28(b)所示,其中,

$$\text{j}X_L=\text{j}314\times31.8\times10^{-3}=\text{j}10(\Omega),\quad-\text{j}X_C=\text{j}\frac{-1}{314\times159\times10^{-6}}=-\text{j}20(\Omega)$$

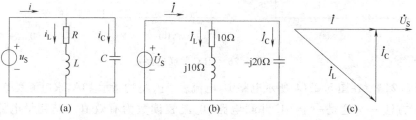

图 5.28 例 5.22 的图

（3）计算各支路电流。

RL 串联支路阻抗为

$$Z_{\mathrm{RL}}=R+\mathrm{j}\omega L=10+\mathrm{j}10=10\sqrt{2}\angle 45°(\Omega)$$

故有

$$\dot{I}_{\mathrm{L}}=\frac{\dot{U}_{\mathrm{S}}}{Z_{\mathrm{RL}}}=\frac{100\angle 0°}{10\sqrt{2}\angle 45°}=5\sqrt{2}\angle -45°(\mathrm{A})$$

$$\dot{I}_{\mathrm{C}}=\frac{\dot{U}_{\mathrm{S}}}{-\mathrm{j}X_{\mathrm{C}}}=\frac{100\angle 0°}{-\mathrm{j}20}=5\angle 90°(\mathrm{A})$$

由 KCL,得

$$\dot{I}=\dot{I}_{\mathrm{L}}+\dot{I}_{\mathrm{C}}=5\sqrt{2}\angle -45°+5\angle 90°=50\angle 0°(\mathrm{A})$$

（4）作出相量图如图 5.28(c)所示。

【例 5.23】 电路如图 5.29(a)所示，$u_{\mathrm{S}}=40\sqrt{2}\sin 3000t(\mathrm{V})$，求 i、i_{L} 和 i_{C}。

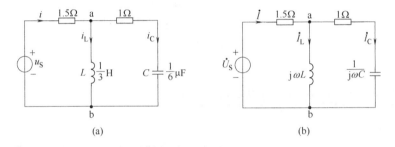

(a)   (b)

图 5.29   例 5.23 的图

解：写出已知正弦电压的相量 $\dot{U}=40\angle 0°\mathrm{V}$，作出相量电路模型如图 5.29(b)所示。其中,电感元件和电容元件的复阻抗分别为

$$\mathrm{j}\omega L=\mathrm{j}3000\times\frac{1}{3}=\mathrm{j}1(\mathrm{k}\Omega)$$

$$\frac{1}{\mathrm{j}\omega C}=-\mathrm{j}\frac{1}{3600\times\frac{1}{6}\times 10^{-6}}=-\mathrm{j}2(\mathrm{k}\Omega)$$

电路的等效阻抗为

$$Z=1.5+Z_{\mathrm{ab}}=1.5+\frac{\mathrm{j}1(1-\mathrm{j}2)}{\mathrm{j}1+1-\mathrm{j}2}=1.5+\frac{2+\mathrm{j}1}{1-\mathrm{j}1}$$

$$=1.5+\frac{(2+\mathrm{j}1)(1-\mathrm{j}2)}{(1-\mathrm{j}1)(1+\mathrm{j}1)}=1.5+\frac{1+\mathrm{j}3}{2}=2+\mathrm{j}1.5$$

$$=2.5\angle 37°(\mathrm{k}\Omega)$$

各电流相量计算如下：

$$\dot{I}=\frac{\dot{U}_{\mathrm{S}}}{Z}=\frac{40\angle 0°}{2.5\angle 37°}=16\angle -37°(\mathrm{mA})$$

$$\dot{I}_{\mathrm{C}}=\frac{\mathrm{j}1}{1+\mathrm{j}1-\mathrm{j}2}\dot{I}=\frac{\mathrm{j}1}{1-\mathrm{j}1}\dot{I}$$

$$= \frac{(j1)(1+j1)}{2}\dot{I} = \frac{-1+j1}{2}\dot{I} = 0.707\angle135°\dot{I}$$

$$= 0.707/135°\times16\angle-37° = 11.3\angle98°(\text{mA})$$

$$\dot{I}_\text{L} = \frac{1-2j}{1+j1-j2}\dot{I} = \frac{1-j2}{1-j1}\dot{I} = \frac{3-j1}{2}\dot{I} = 25.3\angle-45°(\text{mA})$$

由各相量写出对应的正弦量为

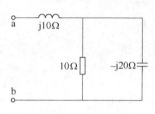

$$i(t) = 16\sqrt{2}\sin(3000t-37°)(\text{mA})$$

$$i_\text{C}(t) = 11.3\sqrt{2}\sin(3000t+98°)(\text{mA})$$

$$i_\text{L}(t) = 25.3\sqrt{2}\sin(3000t-45.3°)(\text{mA})$$

【例 5.24】 电路如图 5.30 所示。

(1) 求从 a、b 看进去的等效阻抗 Z_ab。

(2) 说明该电路的性质。

图 5.30 例 5.24 的图

解:(1) $Z_\text{ab} = j\omega L + \dfrac{-jX_\text{C}\times R}{-jX_\text{C}+R} = j10 + \dfrac{-j20\times10}{-j20+10}$

$$= j10 + (8-j4) = 8+j(10-4) = 8+j6 = 10\angle37°(\Omega)$$

(2) 由于 $\varphi=37°>0$,所以该电路呈感性。

5.4 正弦稳态交流电路的分析

分析正弦稳态交流电路的方法,类同于电阻电路的分析方法,即基本依据仍然是元件的伏安关系和基尔霍夫定律这两类约束。但是,由于电感元件和电容元件的伏安关系为微分或积分关系,而且电路中各电流和电压为正弦量,分析起来不方便。当正弦量用相量表示后,电阻电路的分析方法可直接应用于正弦稳态电路。下面举例说明正弦稳态交流电路的一般分析方法。

【例 5.25】 正弦稳态电路如图 5.31(a)所示,已知 $u_\text{S}=\sqrt{2}\times10\sin2t(\text{V})$,试用网孔法求 i_1 和 i_2。

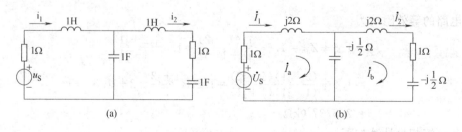

(a)　　　　　　　　　　　(b)

图 5.31 例 5.25 的图

解:作出相量电路模型如图 5.31(b)所示,列出网孔电流方程:

$$\left(1+j2-j\frac{1}{2}\right)\dot{I}_\text{a} - \left(-j\frac{1}{2}\right)\dot{I}_\text{b} = 10\angle0°$$

$$-\left(-\mathrm{j}\frac{1}{2}\right)\dot{I}_\mathrm{a}+\left(1+\mathrm{j}2-\mathrm{j}\frac{1}{2}\right)\dot{I}_\mathrm{b}=0$$

解得

$$\dot{I}_1=\dot{I}_\mathrm{a}=5.63\angle-50.7°(\mathrm{A}),\quad\dot{I}_2=\dot{I}_\mathrm{b}=2.00\angle174.3°(\mathrm{A})$$

因此得到

$$i_1=\sqrt{2}\times5.63\sin(2t-50.7°)(\mathrm{A}),\quad i_2=\sqrt{2}\times2\sin(2t+174.3°)(\mathrm{A})$$

【例 5.26】　电路的相量模型如图 5.32 所示,试用节点法求各支路电流。已知$\dot{U}_\mathrm{S1}=100\angle0°\,\mathrm{V},\dot{U}_\mathrm{S2}=100\angle90°\,\mathrm{V},X_\mathrm{C}=8\Omega,X_\mathrm{L}=8\Omega、R=6\Omega。$

解：各支路导纳为

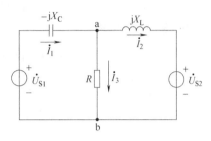

$$Y_1=\frac{1}{-\mathrm{j}X_\mathrm{C}}=\frac{1}{-\mathrm{j}8}(\mathrm{s})$$

$$Y_2=\frac{1}{\mathrm{j}X_\mathrm{L}}=\frac{1}{\mathrm{j}8}(\mathrm{s})$$

$$Y_3=\frac{1}{R}=\frac{1}{6}(\mathrm{s})$$

图 5.32　例 5.26 的图

以 b 点为参考节点,列出节点电压相量方程如下:

$$\dot{U}_\mathrm{ab}=\frac{\dfrac{100}{-\mathrm{j}8}+\dfrac{\mathrm{j}100}{\mathrm{j}8}}{\dfrac{1}{-\mathrm{j}8}+\dfrac{1}{\mathrm{j}8}+\dfrac{1}{6}}=\frac{600}{8}(1+\mathrm{j})=106.1\angle45°(\mathrm{V})$$

各支路电流分别为

$$\dot{I}_1=\frac{\dot{U}_\mathrm{S1}-\dot{U}_\mathrm{ab}}{-\mathrm{j}X_\mathrm{C}}=\frac{100-106.1\angle45°}{-\mathrm{j}8}=\frac{145.8\angle-71°}{8\angle-90°}=18.22\angle19°(\mathrm{A})$$

$$\dot{I}_2=\frac{\dot{U}_\mathrm{ab}-\dot{U}_\mathrm{S2}}{\mathrm{j}X_\mathrm{L}}=\frac{106.1\angle45°-\mathrm{j}100}{\mathrm{j}8}=\frac{79.1\angle-18°}{8\angle90°}=9.88\angle-108°(\mathrm{A})$$

$$\dot{I}_3=\frac{\dot{U}_\mathrm{ab}}{R}=\frac{106.1\angle45°}{6}=17.68\angle45°(\mathrm{A})$$

【例 5.27】　用戴维南定理计算图 5.33(a)所示 R 支路中的电流 $\dot{I}_3$。已知 $\dot{U}_\mathrm{S1}=100\angle0°\mathrm{V},\dot{U}_\mathrm{S2}=100\angle90°\mathrm{V},X_\mathrm{C}=2\Omega,X_\mathrm{L}=5\Omega,R=5\Omega。$

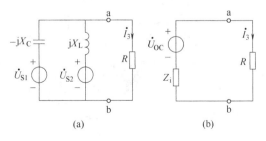

(a)　　　　　　　　　(b)

图 5.33　例 5.27 的图

解：由 R 两端向左看进去，是一个有源二端网络。先求其开路电压，即

$$\dot{U}_{\text{OC}}=\frac{\dot{U}_{\text{S1}}Y_1+\dot{U}_{\text{S2}}Y_2}{Y_1+Y_2}$$

$$=\frac{100\times\dfrac{\text{j}}{2}+\text{j}100\times\left(-\dfrac{\text{j}}{5}\right)}{\dfrac{\text{j}}{2}-\dfrac{\text{j}}{5}}$$

$$=\frac{20+\text{j}50}{\text{j}0.3}=\frac{53.9\angle68.2°}{0.3\angle90°}$$

$$=179.7\angle-21.8°(\text{V})$$

再求输入阻抗，即

$$Z_{\text{i}}=\text{j}5//(-\text{j}2)=\frac{\text{j}5(-\text{j}2)}{\text{j}5-\text{j}2}=\frac{10}{\text{j}3}=-\text{j}3.33(\Omega)$$

其等效电路如图 5.33(b)所示。求得 R 支路电流为

$$\dot{I}_3=\frac{\dot{U}_{\text{OC}}}{Z_{\text{i}}+R}=\frac{179.7\angle-21.8°}{5-\text{j}3.33}=\frac{179.7\angle-21.8°}{6\angle-33.6°}=29.9\angle11.8°(\text{A})$$

5.5　正弦交流电路中的功率

正弦交流电路的功率分析要比直流电阻电路的功率分析复杂得多。本节将讨论正弦交流电路的瞬时功率、平均功率(有功功率)、无功功率、视在功率、复功率和功率因数等基本概念和分析方法。

5.5.1　瞬时功率

假设图 5.34(a)所示无源单口网络含有 RLC 元件，端口上的电流 i 和电压 u 分别为

$$i=I\sqrt{2}\sin\omega t$$

$$u=U\sqrt{2}\sin(\omega t+\varphi)$$

式中：φ 为电压与电流的相位差。根据电路的不同性质，φ 可以为正，也可以为负。

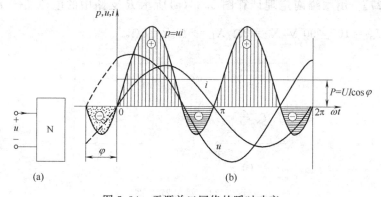

图 5.34　无源单口网络的瞬时功率

电路任一瞬间吸收或发出的功率称为瞬时功率,用小写字母 p 表示。当 u、i 为关联参考方向时,瞬时功率表示为

$$p = ui = 2UI\sin(\omega t + \varphi)\sin\omega t = UI\cos\varphi - UI\cos(2\omega t + \varphi) \tag{5.43}$$

由式(5.43)可以看出,p 由常数项和二倍电源角频率的正弦量构成,如图 5.34(b)所示。当 $p>0$ 时,表示单口网络吸收功率;当 $p<0$ 时,表示单口网络向外发出功率,这是由于单口网络中含有储能元件所致。

5.5.2　平均功率和功率因数

由于瞬时功率总是随时间交变,在工程中使用价值不大,因此,通常所指电路中的功率是瞬时功率在一个周期的平均值,称为平均功率,用大写字母 P 表示。

无源单口网络的平均功率为

$$P = \frac{1}{T}\int_0^T p\,\mathrm{d}t = \frac{1}{T}\int_0^T UI\left[\cos\varphi - \cos(2\omega t + \varphi)\right]\mathrm{d}t = UI\cos\varphi \tag{5.44}$$

平均功率是一个常数,如图 5.34(b)所示。平均功率的单位是瓦(W)、毫瓦(mW)和千瓦(kW)。通常,交流用电设备的铭牌上标的功率值为平均功率值。例如,25W 的白炽灯,75W 的电烙铁等。

式(5.44)中的 $\cos\varphi$ 称为功率因数,φ 称为功率因数角。$\cos\varphi$ 的大小取决于电路元件参数、频率和电路结构。

当单口网络只含有电阻时,即 $\varphi=0$,$\cos\varphi=1$。这时,有

$$P = UI = RI^2 = U^2/R$$

该式与直流电阻电路中的功率表达式相同。

当单口网络只含有电感元件时,即 $\varphi=\dfrac{\pi}{2}$,$\cos\varphi=0$ 时,$P=0$,说明电感元件不消耗功率,只是个储能元件。

当单口网络只含有电容元件时,即 $\varphi=-\dfrac{\pi}{2}$,$\cos\varphi=0$ 时,$P=0$,说明电容元件也不消耗功率,只是个储能元件。

根据能量守恒原理,无源单口网络吸收的总平均功率 P 应为各支路吸收的平均功率之和,而各支路只有电阻元件的平均功率不为零。因此,无源单口网络的平均功率是网络中各电阻元件吸收的平均功率之和,即

$$P = \sum_{k=1}^n P_k = \sum_{k=1}^n R_k I_k^2 = \sum_{k=1}^n \frac{U_k^2}{R_k} \tag{5.45}$$

式中:R_k 为网络中第 k 个电阻元件;U_k 和 I_k 为 R_k 上的有效值电压和电流。式(5.45)常用来计算已知无源单口网络的平均功率。

5.5.3　无功功率

在无源单口网络中,无功功率定义为

$$Q = UI\sin\varphi \tag{5.46}$$

它的量纲与平均功率相同。为区别起见,其单位为乏(var)及千乏(kvar)。为了与无功功率相对应,前述平均功率又称为有功功率。

当单口网络中只含有电阻元件时,有

$$Q = 0$$

当单口网络中只含有电感元件时,有

$$Q = UI = X_L I^2 = \frac{U^2}{X_L} > 0$$

当单口网络中只含有电容元件时,有

$$Q = UI = -X_C I^2 = -\frac{U^2}{X_C} < 0$$

可以推论,对于感性电路,$\varphi > 0$,$Q > 0$;对于容性电路,$\varphi < 0$,$Q < 0$。无功功率存在的原因是电路中存在储能元件,于是在电路与电源之间就产生能量交换,无功功率用来衡量此能量交换的规模。可以证明,无源单口网络的无功功率等于各储能元件无功功率的代数和,即

$$Q = \sum_{k=1}^{n} Q_k \tag{5.47}$$

式中:Q_k 为第 k 个储能元件中的无功功率。对于电感元件,Q_k 为正;对于电容元件,Q_k 为负。当单口网络中各元件参数已知时,式(5.47)经常被用来计算网络的无功功率。

5.5.4 视在功率和额定容量

在正弦交流电路中,把电压有效值与电流有效值之积称为视在功率,用字母 S 表示,即

$$S = UI \tag{5.48}$$

视在功率的单位为伏安(V·A)或千伏安(kV·A)。这样,有功功率和无功功率可分别表示为

$$P = UI\cos\varphi = S\cos\varphi \tag{5.49}$$

$$Q = UI\sin\varphi = S\sin\varphi \tag{5.50}$$

对于一般电气设备,如交流电动机、交流发电机、变压器等,都是按照额定电压 U_N 和额定电流 I_N 设计的,用 $S_N = U_N \times I_N$(即额定视在功率)来表示电气设备的额定容量。它说明了该设备长时间正常工作允许的最大平均功率。设备在工作中实际的有功功率还要由负载的功率因数而定(在 5.5.6 小节讨论)。

5.5.5 复功率

以上讨论了平均功率(有功功率)P、无功功率 Q、视在功率 S 和功率因数 $\cos\varphi$。为了便于记忆,并把它们之间的关系联系起来,引入复功率的概念。复功率定义如下:

$$\widetilde{S}=\dot{U}\dot{I}^{*}=U\angle\varphi_{\mathrm{u}}\times I\angle-\varphi_{\mathrm{i}}=UI\angle(\varphi_{\mathrm{u}}-\varphi_{\mathrm{i}})=UI\angle\varphi \qquad (5.51)$$

式中：$\varphi=\varphi_{\mathrm{u}}-\varphi_{\mathrm{i}}$，$\dot{I}^{*}$ 为电流相量的共轭。复功率的单位为伏安（V·A）。

根据式(5.51)，得到

$$\widetilde{S}=UI\angle\varphi=UI\cos\varphi+\mathrm{j}UI\sin\varphi=P+\mathrm{j}Q=S\angle\varphi \qquad (5.52)$$

其中：

$$S=\sqrt{P^{2}+Q^{2}}\ ,\quad \varphi=\arctan\frac{Q}{P} \qquad (5.53)$$

它们之间的关系用一个三角形来描述，即功率三角形，如图 5.35 所示。

【例 5.28】　对于一个无源 RLC 单口网络，端口电流、电压取
关联参考方向。已知电流 $\dot{I}=10\angle53°\mathrm{A}$，电压 $\dot{U}=220\angle120°\mathrm{V}$，求
该单口网络的复功率 $\widetilde{S}$、P、Q、S 和 $\cos\varphi$。

解：复功率为

$$\widetilde{S}=\dot{U}\dot{I}^{*}=220\angle120°\times10\angle-53°=2200\angle67°(\mathrm{V\cdot A})$$

得到视在功率为

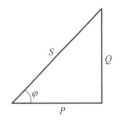

图 5.35　功率三角形

$$S=UI=220\times10=2200(\mathrm{V\cdot A})=2.2(\mathrm{kV\cdot A})$$

再求功率因数 $\cos\varphi$。因为功率因数角 $\varphi=\varphi_{\mathrm{u}}-\varphi_{\mathrm{i}}=120°-53°=67°$，所以

$$\cos\varphi=\cos67°=0.39$$

因此，有功功率为

$$P=S\cos\varphi=2200\times0.39=858(\mathrm{W})$$

无功功率为

$$Q=S\sin\varphi=2200\times\sin67°=2025.11(\mathrm{var})$$

【例 5.29】　在 RLC 串联电路中，已知 $R=10\Omega$，$L=300\mathrm{mH}$，$C=50\mu\mathrm{F}$，接在 220V、
50Hz 的交流电源上。求平均功率、无功功率和功率因数。

解：首先求电路阻抗，即

$$X_{\mathrm{L}}=2\pi fL=2\times3.14\times50\times300\times10^{-3}=94.2(\Omega)$$

$$X_{\mathrm{C}}=\frac{1}{2\pi fC}=\frac{1}{2\times3.14\times50\times50\times10^{-6}}=63.7(\Omega)$$

$$|Z|=\sqrt{R^{2}+(X_{\mathrm{L}}-X_{\mathrm{C}})^{2}}=\sqrt{10^{2}+(94.2-63.7)^{2}}=32.1(\Omega)$$

故电路中的电流为

$$I=\frac{U}{|Z|}=\frac{220}{32.1}=6.85(\mathrm{A})$$

阻抗角为

$$\varphi=\arctan\frac{X_{\mathrm{L}}-X_{\mathrm{C}}}{R}=\arctan\frac{94.2-63.7}{10}=71.85°$$

功率因数为

$$\cos\varphi=\cos71.85°=0.312$$

有功功率为

$$P = UI\cos\varphi = 220 \times 6.85 \times \cos71.85° = 470.18(\text{W})$$

无功功率为

$$Q = UI\sin71.85° = 220 \times 6.85 \times \sin71.85° = 1432(\text{var})$$

【例 5.30】 在图 5.36 所示电路中,已知 $R = 100\Omega, L = 0.4\text{H}, C = 5\mu\text{F}, \dot{U} = 220\angle0°\text{V}$,$\omega = 500\text{rad/s}$。求该网络的有功功率和无功功率。

解:方法一 根据电路内部元件进行计算。

因为

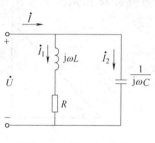

图5.36 例5.30 的图

$$Z_\text{C} = \frac{1}{j\omega C} = -j\frac{1}{500 \times 5 \times 10^{-6}} = -j400(\Omega)$$

$$Z_\text{L} = j\omega L = -j500 \times 0.4 = j200(\Omega)$$

$$Z_\text{RL} = R + Z_\text{L} = 100 + j200 = 223.6\angle63.43°(\Omega)$$

故

$$\dot{I}_1 = \frac{\dot{U}}{Z_\text{RL}} = \frac{220\angle0°}{223.6\angle63.43°} = 0.984\angle-63.43°(\text{A})$$

$$\dot{I}_2 = \frac{\dot{U}}{Z_\text{C}} = \frac{220\angle0°}{-j400} = 0.55\angle90°(\text{A})$$

所以

$$P = RI_1^2 = 100 \times 0.984^2 = 96.8(\text{W})$$

$$Q = Q_\text{L} + Q_\text{C} = X_\text{L}I_1{}^2 - X_\text{C}I_2{}^2 = 200 \times 0.984^2 - 400 \times 0.55^2 = 72.5(\text{var})$$

方法二 利用端口电压和电流计算。

因为

$$\dot{I} = \dot{I}_1 + \dot{I}_2 = 0.55\angle90° + 0.984\angle-63.43° = 0.55\angle-36.87°(\text{A})$$

而

$$\varphi = \varphi_\text{u} - \varphi_\text{i} = 0 - (-36.87°) = 36.87°$$

所以

$$P = UI\cos\varphi = 220 \times 0.55 \times \cos36.87° = 96.8(\text{W})$$

$$Q = UI\sin220 \times 0.55 \times \sin36.87° = 72.5(\text{var})$$

【例 5.31】 用三表法测量一个线圈的参数,如图 5.37 所示,得到下列数据:电压表的读数为 50V,电流表的读数为 1A,功率表的读数为 30W。试求该线圈的参数 R 和 L(电源的频率为 50Hz)。

解:选 u、i 为关联参考方向,如图 5.37 所示。根据 $P = I^2 R$,得

$$R = \frac{P}{I^2} = \frac{30}{1^2} = 30(\Omega)$$

线圈的阻抗为

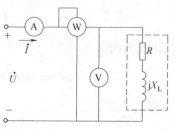

图 5.37 例 5.31 的图

$$|Z| = \frac{U}{I} = \frac{50}{1} = 50(\Omega)$$

由于

$$|Z| = \sqrt{R^2 + X_L{}^2}$$

所以

$$X_L = \sqrt{|Z|^2 - R^2} = \sqrt{50^2 - 30^2} = 40(\Omega)$$

则

$$L = \frac{X_L}{\omega} = \frac{40}{314} = 0.127(\text{H})$$

5.5.6　功率因数的提高

前面已经指出,电源在额定容量 S_N 下,究竟向负载提供多大的有功功率,要由负载的功率因数来决定。例如,容量为 1000kV · A 的发电机,当负载 $\cos\varphi = 1$ 时,发出 1000kW 的有功功率;当负载 $\cos\varphi = 0.85$ 时,发出 850kW 的有功功率。由此可见,对于同样的电源设备,负载的功率因数越低,它输出的有功功率越小,其容量就越不能被充分利用;同时,功率因数越低,输电线路上的功率损耗越大。因为当电源电压 U 和输送的平均功率 P 为一定值时,电源供给负载的电流为

$$I = \frac{P}{U\cos\varphi} \tag{5.54}$$

显然,$\cos\varphi$ 越低,电流 I 越大,线路损耗的电功率 $\Delta P = I^2 R$ 越大(R 为线路电阻),而且线路上的电压降越大。可见,为了提高电源设备的利用率和减少输电线路的损耗,有必要提高功率因数。电路中功率因数低,往往是由电路中的感性负载造成的。例如交流异步电动机,它的功率因数 $\cos\varphi = 0.3 \sim 0.85$。为了提高经济效益和保证负载正常工作,一般用电容(该电容称为补偿电容)与感性负载并联的办法来提高电路的功率因数。需要指出,并联电容后,负载两端的电压和取用的电流及功率都不变。

下面讨论感性负载并联电容后,电路中的功率因数是如何提高的。

在图 5.38(a)所示电路中,在未接电容之前,电路的入端电流 $\dot{I} = \dot{I}_1$,它滞后于电压 $\dot{U}$,其相位差为 φ_1,如图 5.38(b)所示。当并联电容后,电路的入端电流 $\dot{I} = \dot{I}_1 + \dot{I}_C$,因为 $\dot{I}_C$ 超前电压 $90°$,相量相加,结果 $I < I_1$,并使 $\dot{I}$ 与 $\dot{U}$ 的相位差减小到 φ。这就是说,整个电路的功率因数由 $\cos\varphi_1$ 提高到 $\cos\varphi$。

电路的入端电流减小的原因是:感性负载需要的无功功率,有一部分改为由电容器就地供给,而从电源输送来的无功功率减小了。对于图 5.38(a)所示的电路,在感性负载功率 P 和功率因数 $\cos\varphi_1$ 已知的条件下,计算将电路的功率因数提高到 $\cos\varphi$ 时,需并联多大的电容?

由于并联电容后,负载的平均功率不变,而电容的平均功率为零,故有

$$P = UI_1\cos\varphi_1 = UI\cos\varphi$$

所以

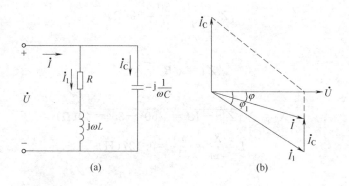

图 5.38 功率因数的提高

$$I_1 = \frac{P}{U\cos\varphi_1}, \quad I = \frac{P}{U\cos\varphi}$$

由图 5.38(b),得

$$I_C = I_1\sin\varphi_1 - I\sin\varphi$$

将 I_1、I 代入上式,有

$$I_C = \frac{P\sin\varphi_1}{U\cos\varphi_1} - \frac{P\sin\varphi}{U\cos\varphi} = \frac{P}{U}(\tan\varphi_1 - \tan\varphi)$$

又因为

$$I_C = \frac{U}{X_C} = 2\pi fCU$$

所以

$$2\pi fCU = \frac{P}{U}(\tan\varphi_1 - \tan\varphi)$$

即

$$C = \frac{P}{2\pi fU^2}(\tan\varphi_1 - \tan\varphi) \tag{5.55}$$

【例 5.32】 一台交流电动机的输入功率为 2kW,功率因数 $\cos\varphi_1 = 0.6$(感性),接在 220V,50Hz 的电源上。

(1) 求电源供给的电流和无功功率。

(2) 如果利用电容补偿,要求把功率因数提到 0.9(感性),问需要多大的电容? 这时电源供给的电流及无功功率又是多少?

解:(1) 当 $\cos\varphi_1 = 0.6$ 时,电源供给的电流为

$$I_1 = \frac{P}{U\cos\varphi_1} = \frac{2000}{220 \times 0.6} = 15.2(\text{A})$$

$$\varphi_1 = \arccos 0.6 = 53.1°$$

电源供给的无功功率为

$$Q_1 = UI_1\sin\varphi_1 = 220 \times 15.2 \times \sin 53.1° = 2675(\text{var})$$

(2) 利用补偿电容后,得

$$\varphi = \arccos 0.9 = 25.8°$$

故

$$C = \frac{p}{2\pi f U^2}(\tan\varphi_1 - \tan\varphi) = \frac{2000}{2\pi \times 50 \times 220^2}(\tan 53.1° - \tan 25.8°) = 111.6(\mu F)$$

补偿后，由电源供给的电流及无功功率分别为

$$I = \frac{P}{U\cos\varphi} = \frac{2000}{220 \times 0.9} = 10.1(A)$$

$$Q = UI\sin\varphi = 220 \times 10.1 \times \sin 25.8° = 967(var)$$

可见，补偿后，由电源提供的电流和无功功率均减少了。

*5.5.7　正弦交流电路中的最大功率传输

3.4 节讨论了电阻电路的最大功率传输定理，但在正弦交流电路中的最大功率传输问题要比电阻电路中复杂得多。

以图 5.39 所示的电路相量模型为例，分析在 U_S、Z_S 给定的条件下，负载 Z_L 获得最大功率的条件。

令

$$Z_S = R_S + jX_S, \quad Z_L = R_L + jX_L$$

由图 5.39 可知，电路中的电流相量为

$$\dot{I} = \frac{\dot{U}_S}{Z_S + Z_L} = \frac{\dot{U}_S}{(R_S + R_L) + j(X_S + X_L)} \quad (5.56)$$

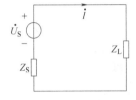

图 5.39　有内阻抗的交流电源

电流的有效值为

$$I = \frac{U_S}{\sqrt{(R_S + R_L)^2 + (X_S + X_L)^2}} \quad (5.57)$$

负载吸收的功率

$$P_L = I^2 R_L = \frac{U_S^2 R_L}{(R_S + R_L)^2 + (X_S + X_L)^2} \quad (5.58)$$

负载获得最大功率的条件与其调节参数的方式有关。下面分两种情况进行讨论。

1. 负载的电阻和电抗均可调节

从式(5.58)可见，若 R_L 保持不变，只改变 X_L，当 $X_S + X_L = 0$ 时，即 $X_L = -X_S$，P_L 可以获得最大值。这时，有

$$P_L = \frac{U_S^2 R_L}{(R_S + R_L)^2}$$

再改变 R_L，使 P_L 获得最大值的条件是

$$\frac{dP_L}{dR_L} = U_S^2 \frac{(R_S + R_L)^2 - 2R_L(R_S + R_L)}{(R_S + R_L)^4} = 0$$

由此可得

$$(R_S + R_L)^2 - 2R_L(R_S + R_L) = 0$$

解得 $R_L = R_S$。综合上述两种情况,负载获得最大功率的条件为

$$Z_L = Z_S^* = R_S - jX_S \tag{5.59}$$

即当负载的阻抗与电源的内阻抗为共轭复数时,称为共轭匹配(或最佳匹配)。此时,负载获得的最大功率为

$$P_{max} = \frac{U_S^2}{4R_S} \tag{5.60}$$

2. 负载为纯电阻

负载为纯电阻时,$Z_L = R_L$,R_L 可变化。这时,式(5.58)中的 $X_L = 0$,即

$$P_L = \frac{U_S^2}{(R_S + R_L)^2 + X_S^2} R_L \tag{5.61}$$

P_L 为最大值的条件是

$$\frac{dP_L}{dR_L} = 0$$

即

$$\frac{dP_L}{dR_L} = U_S^2 \frac{\left[(R_S + R_L)^2 + X_S^2\right] - 2(R_S + R_L)R_L}{\left[(R_S + R_L)^2 + X_S^2\right]^2} = 0$$

由此可得

$$(R_S + R_L)^2 + X_S^2 = 2(R_S + R_L)R_L$$

$$R_L^2 = R_S^2 + X_S^2$$

解得

$$R_L = \sqrt{R_S^2 + X_S^2} = |Z_S| \tag{5.62}$$

即当负载的阻抗等于电源的内阻抗的模时,称为阻抗模匹配。此时,负载获得的最大功率为

$$P_{Rmax} = I^2 R_L = \frac{U_S^2 R_L}{(R_S + R_L)^2 + X_S^2} = \frac{U_S^2 |Z_S|}{(R_S + |Z_S|)^2 + X_S^2} \tag{5.63}$$

一般而言,共轭匹配时,负载获得的最大功率要比阻抗模匹配负载获得的最大功率大。

【例 5.33】 在图 5.40 所示的正弦电路中,R 和 L 为损耗电阻和电感,均为电源内阻参数。已知 $u_S(t) = 10\sqrt{2}\sin 10^5 t$ (V),$R = 5\Omega$,$L = 50\mu H$。

(1) 当负载 $Z_L = 5\Omega$ 时,求负载的功率 P_L。

(2) 若改变负载 Z_L,求负载共轭匹配时获得的最大功率 P_{1max}。

(3) 若负载 $Z_L = R_L$,可变。求负载阻抗模匹配时获得的最大功率 P_{2max}。

解:电源内阻抗为

$$Z_S = R + jX_S = 5 + j10^5 \times 50 \times 10^{-6}$$

$$= 5 + j5 = 5\sqrt{2} \angle 45° (\Omega)$$

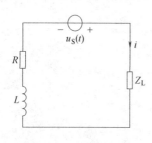

图 5.40　例 5.33 的图

设电压源的相量为 $\dot{U}_S = 10\angle 0°\,\mathrm{V}$,电路中的电流为

$$\dot{I} = \frac{\dot{U}_S}{Z_S + Z_L} = \frac{10\angle 0°}{5 + \mathrm{j}5 + 5} = \frac{10}{10 + \mathrm{j}5}$$

$$= \frac{10\angle 0°}{11.8\angle 26.6°} = 0.89\angle -26.6°\,(\mathrm{A})$$

(1) $Z_L = 5\,\Omega$ 时,负载获得的功率为

$$P_L = I^2 Z_L = 0.89^2 \times 5 = 4\,(\mathrm{W})$$

(2) $Z_L = Z_S^* = (5 - \mathrm{j}5)\,\Omega$(共轭匹配)时,负载获得的最大功率为

$$P_{1\max} = \frac{U_S^2}{4R} = \frac{10^2}{4 \times 5} = 5\,(\mathrm{W})$$

(3) $Z_L = \sqrt{R_S^2 + X_S^2} = |Z_S|$(阻抗模匹配)时,有

$$Z_L = \sqrt{5^2 + 5^2} = 7.07\,(\Omega)$$

$$\dot{I} = \frac{\dot{U}}{Z_S + Z_L} = \frac{10\angle 0°}{5 + \mathrm{j}5 + 7.07} = \frac{10\angle 0°}{12.7 + \mathrm{j}5}$$

$$= \frac{10\angle 0°}{13.06\angle 22.5°} = 0.766\angle -22.5°\,(\mathrm{A})$$

这时,负载获得的最大功率为

$$P_{2\max} = I^2 Z_L = (0.766)^2 \times 7.07 = 4.15\,(\mathrm{W})$$

由 $P_L = 4\,\mathrm{W}$、$P_{1\max} = 5\,\mathrm{W}$ 和 $P_{2\max} = 5.15\,\mathrm{W}$ 可见,当共轭匹配时,负载获得的功率最大。

5.6　正弦交流电路中的谐振

在含有电阻、电感和电容的二端网络中,在正弦量激励下,取端口电压与电流参考方向一致时,若端口电压与电流同相,即 $\varphi = \varphi_u - \varphi_i = 0$,就称电路发生了谐振。谐振时,电路中的感抗作用与容抗作用相互抵消,电路呈纯电阻性。谐振电路分两类:串联谐振和并联谐振。当含有 RLC 的单口网络的输入阻抗 Z 的虚部为零($X = 0$),即当 $Z = R + \mathrm{j}X = R$ 时,就称电路发生了串联谐振;当含有 RLC 的单口网络的输入导纳 Y 的虚部为零($B = 0$),即当 $Y = G + \mathrm{j}B = G$ 时,就称电路发生了并联谐振。

谐振现象是正弦交流电路的一种特殊情况,它在电子和通信工程中应用广泛,但在电力、控制等系统中如果发生谐振,将破坏系统正常工作,严重的还会损坏电气设备,必须避免。因此,我们要掌握谐振的一般规律。

5.6.1　串联谐振

1. 串联谐振的条件

在图 5.41(a)所示的 RLC 串联电路中,如果电源电压为正弦波,即 $u_S = \sqrt{2} \times U\sin\omega t$,

其电路复阻抗为

$$Z=R+\mathrm{j}\left(\omega L-\frac{1}{\omega C}\right)=R+\mathrm{j}(X_\mathrm{L}-X_\mathrm{C})=|Z|\angle\varphi$$

它的模和辐角分别为

$$|Z|=\sqrt{R^2+(X_\mathrm{L}-X_\mathrm{C})^2}$$

$$\varphi=\arctan\frac{X_\mathrm{L}-X_\mathrm{C}}{R}$$

当感抗 X_L 和容抗 X_C 相等 $\left(\text{即 }\omega L=\dfrac{1}{\omega C}\right)$ 时,电路复阻抗的辐角 $\varphi=0$。此时电路的电流和电压同相,电路呈电阻性,这种现象称为谐振。因为是在串联电路中发生的,故称串联谐振。所以,谐振条件为

$$X_\mathrm{L}=X_\mathrm{C} \quad \text{或} \quad \omega L=\frac{1}{\omega C}$$

串联谐振时的相量图如图 5.41(b)所示。根据谐振条件,可求得

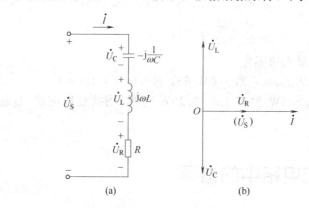

图 5.41　RLC 串联谐振

$$\omega_0=\omega=\frac{1}{\sqrt{LC}} \quad \text{或} \quad f_0=f=\frac{1}{2\pi\sqrt{LC}} \tag{5.64}$$

ω_0 和 f_0 分别称为电路的谐振角频率和谐振频率。

由式(5.64)可见,串联谐振可以用下述两种方法获得。

(1)当外加电源频率一定时,改变电路参数(L 或 C),使

$$L=\frac{1}{\omega_0^2 C},\quad C=\frac{1}{\omega_0^2 L} \tag{5.65}$$

这个过程称为调谐。例如,无线电收音机的接收回路就是采用改变电容 C 的办法,使之对某一电台发射的频率信号发生谐振,达到选择此电台的目的;电视机通常是通过调节电感 L 来达到选台的目的。

(2)当电路参数一定时,改变电源频率也可得到上述结果,但电源频率一定要满足式(5.64)。

【例 5.34】　某收音机的输入回路可简化为如图 5.42 所示的电路,$L=300\mu\mathrm{H}$。今欲接收频率范围为 $525\sim1605\mathrm{kHz}$ 的中波段信号,试选择 C 的变化范围。

解：根据收音机的接收频率范围，由式(5.65)可知

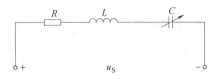

图 5.42　例 5.34 的图

$$C=\frac{1}{\omega^2 L}=\frac{1}{(2\pi f)^2 L}$$

当 $f=525\text{kHz}$ 时，电路谐振，则

$$C_1=\frac{1}{\omega^2 L}=\frac{1}{(2\pi f)^2 L}=\frac{10^6}{(2\pi\times 525\times 10^3)^2\times 300}=306(\text{pF})$$

当 $f=1605\text{kHz}$ 时，电路谐振，则

$$C_2=\frac{1}{\omega^2 L}=\frac{1}{(2\pi f)^2 L}=\frac{10^6}{(2\pi\times 1605\times 10^3)^2\times 300}=32.7(\text{pF})$$

所以，C 的变化范围是 $32.7\sim 306\text{pF}$。

2. 串联谐振的特点

(1) 复阻抗最小，且为纯电阻性。

在串联谐振时，$X=X_L-X_C=0$，所以复阻抗的模为

$$|Z|=\sqrt{R^2+\left(\omega L-\frac{1}{\omega C}\right)^2}=R$$

此时，电路的阻抗最小，复阻抗 $Z=R+\mathrm{j}X=R$，电路为纯电阻性的。

(2) 串联谐振电路的电流最大，端口电流与电压同相位。

由于谐振时，有

$$I=\frac{U_S}{|Z|}=\frac{U_S}{R}=I_0$$

此时 $|Z|$ 最小，故电流 I 最大，并记为 I_0。又因串联谐振电路的输入阻抗 Z 的虚部为零，则有

$$\varphi=\arctan\frac{X}{R}=\arctan\frac{0}{R}=0°$$

所以电流与电压同相位。

(3) 感抗与容抗相等，且等于电路的特性阻抗。

在 RLC 串联电路中，当电路发生串联谐振时，感抗和容抗相等，将此值称为谐振电路的特性阻抗，用 ρ 表示。即定义特性阻抗为

$$\rho=\omega_0 L=\frac{1}{\omega_0 C}=\frac{1}{\sqrt{LC}}\times L=\sqrt{\frac{L}{C}} \tag{5.66}$$

ρ 是一个仅与电路固有参数有关的量，单位为欧姆(Ω)。在通信工程中，常用谐振电路的特性阻抗与电路中的电阻之比来讨论谐振电路的性能，此比值用大写字母 Q 来表示(注意：这里的"Q"不是无功功率，要根据上下文来区分)，称为电路的品质因数，即

$$Q=\frac{\rho}{R}=\frac{\omega_0 L}{R}=\frac{1}{\omega_0 RC}=\frac{1}{R}\sqrt{\frac{L}{C}} \tag{5.67}$$

它是一个无量纲的量，工程上简称 Q 值。

(4) 电感电压与电容电压远远大于电源电压。

在串联谐振电路中，电阻电压等于电源电压，即

$$U_R = I_0 R = I_0 \mid Z \mid = U_S$$

而电感电压与电容电压分别为 $U_L = I_0 X_L$，$U_C = I_0 X_C$；因为 $Z_L = X_C$，所以有 $U_L = U_C$。一般地，$Z_L($ 或 $X_C) \gg R$，因此 U_L、U_C 要比 U_S 大得多，所以串联谐振也称为电压谐振。在串联谐振电路中，有

$$Q = \frac{\omega_0 L}{R} \times \frac{I_0}{I_0} = \frac{U_L}{U_S} = \frac{U_C}{U_S}$$

式中：U_S 为激励于电路的电压有效值，I_0 为电路发生谐振时的电流。由上式得到

$$U_L = U_C = QU_S \tag{5.68}$$

例如，当电源电压有效值 $U = 10\text{mV}$，电路的 $Q = 100$ 时，$U_L = U_C = 1000\text{mV}$。在工程中，$Q$ 值还有更大的。说明当有一个小激励电压时，在电感或电容上可获得一个大的电压响应。因此，串联谐振电路在通信工程中获得广泛的应用。

(5) 串联谐振电路的能量交换特点简述如下。

因为电源电压为

$$u = \sqrt{2} \times U \sin\omega t$$

又因为谐振电路的电流与电压同相位，所以谐振电路的电流为

$$i = \sqrt{2} \times I \sin\omega t$$

将 $I_m = \sqrt{2}I = \omega_0 C U_{Cm}$，$\omega_0 = 1/\sqrt{LC}$ 代入上式，得

$$i = \sqrt{\frac{C}{L}} U_{Cm} \sin\omega_0 t$$

电容电压为

$$u_C = U_{Cm} \sin(\omega_0 t - 90°) = U_{Cm} \cos\omega_0 t$$

谐振电路的能量总和为

$$W = W_C + W_L = \frac{1}{2} C u_C^2 + \frac{1}{2} L i_L^2$$

$$= \frac{1}{2} C (U_{Cm}\cos\omega_0 t)^2 + \frac{1}{2} L \left(\sqrt{\frac{C}{L}} U_{Cm} \sin\omega_0 t \right)^2 = \frac{1}{2} C U_{Cm}^2$$

同理，得到

$$W = \frac{1}{2} L I_{Lm}^2$$

由上述分析可见：谐振电路的电场能量与磁场能量之和 W 是不随时间变化的常量，说明谐振电路不从外部吸收无功功率，电源仅供给电阻消耗的能量，而电感与电容之间以恒定的总能量进行磁能与电能的转换。

【例 5.35】 有一个电感线圈，$L = 4\text{mH}$，$R = 50\Omega$ 和 $C = 160\text{pF}$ 的电容串联，接在电压为 10V，且频率可调的交流电源上。试求：①电路的谐振频率；②求电路的品质因数 Q；③求特性阻抗 ρ；④求谐振时 U_R、U_L 和 U_C 的值。

解：(1) 谐振频率为

$$f_0 = \frac{1}{2\pi \sqrt{LC}} = \frac{1}{2\pi \sqrt{4 \times 10^{-3} \times 160 \times 10^{-12}}} = 199(\text{kHz})$$

（2）品质因数为

$$Q = \frac{1}{R}\sqrt{\frac{L}{C}} = \frac{1}{50}\sqrt{\frac{4 \times 10^{-3}}{150 \times 10^{-12}}} = 100$$

（3）特性阻抗为

$$\rho = \omega_0 L = \frac{1}{\omega_0 C} = \sqrt{\frac{L}{C}} = \sqrt{\frac{4 \times 10^{-3}}{160 \times 10^{-12}}} = 5000(\Omega)$$

由式（5.66）也可以计算特性阻抗，即

$$\rho = QR = 100 \times 50 = 5000(\Omega)$$

（4）当电路发生谐振时，

$$X_L = 2\pi f_0 L = 2\pi \times 199 \times 10^3 \times 4 \times 10^{-3} = 5000(\Omega) = QR$$

$$X_C = \frac{1}{2\pi f_0 C} = \frac{1}{2\pi \times 199 \times 10^3 \times 160 \times 10^{-12}} = 5000(\Omega) = QR$$

故

$$I_0 = \frac{U_S}{R} = \frac{10}{50} = 0.2(A)$$

$$U_R = RI_0 = 50 \times 0.2 = 10(V) = U_S$$

$$U_L = X_L I_0 = 5000 \times 0.2 = 1000(V) = QU_S$$

$$U_C = X_C I_0 = 5000 \times 0.2 = 1000(V) = QU_S$$

可见，当电路发生串联谐振时，U_L 和 U_C 的值可以达到电源电压的 100 倍（Q 倍），甚至更高。

3. 串联电路的幅频曲线及通频带

1）电流幅频特性

电流与角频率的关系曲线称为电流频率特性（或称为电流谐振曲线），其关系式为

$$I = \frac{U_S}{|Z|} = \frac{U_S}{\sqrt{R^2 + (X_L - X_C)^2}} = \frac{U_S}{\sqrt{R^2 + \left(\omega L - \frac{1}{\omega C}\right)^2}} \tag{5.69}$$

由式（5.69）作出如图 5.43 所示的曲线。在谐振时（$\omega = \omega_0$），电流最大。在一些电子电路中要经常利用这一特性。例如在无线电接收设备中，就是利用串联谐振来选择电台，电路选频特性的好坏由电流谐振曲线的尖锐程度决定。那么，影响电流谐振曲线的尖锐程度是什么呢？下面讨论这个问题。

RLC 串联电路对不同频率的信号产生不同的电流值。对于 ω_0 附近的信号，在回路中可激起较大的电流；偏离 ω_0 越远的信号，在回路中产生的电流越小。也就是说，该电路对远离 ω_0 的信号具有抑制和削弱作用。这种性能称为选择性。

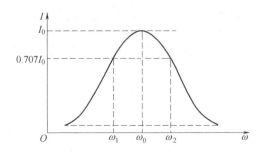

图 5.43 电流幅频特性

在收音机调台过程中，就是将其输入回路调谐于所选电台的中心频率，使该频率的信号

在回路中发生谐振。此时,该信号便可在电路中激起较大电流而被选中,其他电台信号频率由于远离谐振频率而被有效地抑制。显然,电路的选择性好坏与电流谐振曲线的形状有关。曲线形状越尖锐,选择性越好。为了使不同电路的谐振曲线可以互相比较,用相对值表示电流谐振曲线。因为

$$I = \frac{U_S}{\sqrt{R^2 + \left(\omega L - \dfrac{1}{\omega C}\right)^2}}, \quad I_0 = \frac{U_S}{R}$$

故有

$$\frac{I}{I_0} = \frac{R}{\sqrt{R^2 + \left(\omega L - \dfrac{1}{\omega C}\right)^2}} = \frac{1}{\sqrt{1 + \left(\dfrac{\omega L}{R} - \dfrac{1}{\omega C R}\right)^2}} \tag{5.70}$$

又因为

$$\frac{\omega L}{R} = \frac{\omega_0 L}{R} \times \frac{\omega}{\omega_0} = Q\frac{\omega}{\omega_0}$$

$$\frac{1}{\omega C R} = \frac{1}{\omega_0 C R} \times \frac{\omega}{\omega_0} = Q\frac{\omega}{\omega_0}$$

所以式(5.70)改写为

$$\frac{I}{I_0} = \frac{1}{\sqrt{1 + Q^2 \left(\dfrac{\omega}{\omega_0} - \dfrac{\omega_0}{\omega}\right)^2}} \tag{5.71}$$

根据式(5.71),绘出不同 Q 值的电流谐振曲线如图 5.44 所示。此曲线的横坐标与纵坐标都是相对量,所以该曲线适应一切串联谐振电路,因而称为串联电路通用电流谐振曲线。

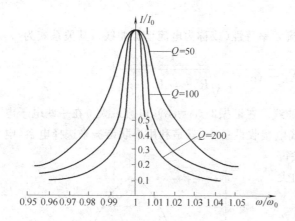

图 5.44 串联电路通用电流谐振曲线

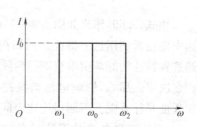

图 5.45 理想电流谐振曲线

令 $\eta = \dfrac{\omega}{\omega_0}$,将式(5.71)改写为

$$\frac{I(\eta)}{I_0} = \frac{1}{\sqrt{1 + Q^2 \left(\eta - \dfrac{1}{\eta}\right)^2}} \tag{5.72}$$

式中:η 称为相对角频率,表示 ω 偏离 ω_0 的程度;$I(\eta)/I_0$ 称为相对抑制比,表示电路对非谐

振电流的抑制能力。由图 5.44 可以看出：随着 Q 值增大，曲线越尖锐，电路的选择性越好。

2）串联谐振电路的通频带

在广播通信中传输的信号往往不是单一频率的，而是占有一定的频率范围，称为频带。为了保证这一频带内的信号通过输入回路后均不失真，即各频率的电压在电路中产生的电流幅值要保持原来的电压比例，要求电路对信号中的各个频率成分同时放大或衰减相同的倍数。其理想化的电流谐振曲线如图 5.45 所示。若信号的频带全部落入 $\omega_1 \sim \omega_2$ 范围内，则达到绝对无幅度失真状态，但在实际工程中，矩形谐振曲线无法得到，于是规定了一个允许失真的最大范围——通频带。实际电流谐振曲线如图 5.43 所示，由电流的幅值下降到 $I = \dfrac{I_0}{\sqrt{2}} = 0.707 I_0$ 处，定义为谐振电路的通频带，即

$$B_W = \omega_2 - \omega_1 \tag{5.73}$$

式中：ω_1 为通频带的下限截止角频率；ω_2 为通频带的上限截止角频率。下面计算 ω_1、ω_2 的值。由式（5.69），有

$$I = \frac{I_0}{\sqrt{1 + \dfrac{1}{R^2}\left(\omega L - \dfrac{1}{\omega C}\right)^2}}$$

令

$$I = \frac{I_0}{\sqrt{1 + \dfrac{1}{R^2}\left(\omega L - \dfrac{1}{\omega C}\right)^2}} = \frac{I_0}{\sqrt{2}}$$

可得

$$\omega^2 \mp \frac{R}{L}\omega - \frac{1}{LC} = 0 \quad 或 \quad \omega L - \frac{1}{\omega C} = \pm R$$

由上式解出

$$\omega = \pm \frac{R}{2L} \pm \sqrt{\left(\frac{R}{2L}\right)^2 + \frac{1}{LC}}$$

由于 ω 必须为正值，因此

$$\omega_1 = -\frac{R}{2L} + \sqrt{\left(\frac{R}{2L}\right)^2 + \frac{1}{LC}}$$

$$\omega_2 = \frac{R}{2L} + \sqrt{\left(\frac{R}{2L}\right)^2 + \frac{1}{LC}}$$

通频带为

$$B_W = \omega_2 - \omega_1 = \frac{R}{L} = \frac{\omega_0}{\dfrac{L}{R}\omega_0} = \frac{\omega_0}{\dfrac{\sqrt{L/C}}{R}} = \frac{\omega_0}{Q} \tag{5.74}$$

3）串联谐振电路的应用举例

为了提高电视机中的高频头对中频干扰的抑制能力，往往在输入回路接一个中频抑制电路，如图 5.46 所示。该串联谐振电路与电视机输入回路并联。若将谐振回路调谐于中频 37MHz，它将对该干扰信号呈现出很小的阻抗（线圈内阻），而相对来说，电视机

对其呈现的阻抗很大,故该干扰信号被串联回路吸收而无法进入电视机。

Q 表(品质因数表)的原理如图 5.47 所示。高频信号发生器可以发出不同频率、不同大小的正弦电压。按规定选择电压 u_S 作用于 RLC 串联电路后,在电容两端产生电压 u_C。调整 C 值,使 U_C 值最大(当 $Q \geqslant 10$ 时,就认为 U_C 的最大值出现在 ω_0 处),说明此时电路对 u_S 发生谐振,这时 $U_C = QU_S$,若把测量 U_C 的电压刻度直接对应成 Q 值刻度,便可直接读出被测线圈的 Q 值。若用电流表测出此时回路电流 I_0 值,还可根据如下公式求出被测线圈参数 R 和 L:

$$R = \frac{U_S}{I_0}, \qquad L = \frac{\rho}{\omega_0} = \frac{QR}{\omega_0} = \frac{QR}{2\pi f_0}$$

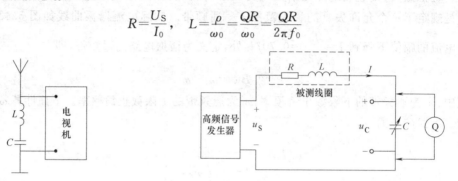

图 5.46　中频干扰抑制电路　　　　　　图 5.47　Q 表原理图

5.6.2　并联谐振

串联谐振电路通常适用于电源低阻的情况。若电源内阻太大,会严重降低电路的品质因数,使选择性变坏,故内阻较大的电源宜采用并联谐振电路做负载。因此,在分析并联谐振电路时,通常以电流源模型作为激励。在某些无线电接收设备中,常利用并联谐振电路选取有用信号和消除无用杂波。

1. 并联谐振条件

在感性负载与电容并联的电路中,在关联方向下,如果电路的总电流与端电压同相,这时发生并联谐振。在工程上广泛应用电感线圈和电容器组成并联谐振电路。其中,电感线圈可用电感与其内阻相串联表示;而电容器的损耗较小,可略去不计,如图 5.48(a)所示。

在图 5.48(a)所示电路中,两条支路的电流分别为

$$\dot{I}_L = \frac{\dot{U}}{R_L + j\omega L} = \left[\frac{R_L}{R_L^2 + (\omega L)^2} - j\frac{\omega L}{R_L^2 + (\omega L)^2} \right] \dot{U}$$

$$\dot{I}_C = \frac{\dot{U}}{\dfrac{1}{j\omega C}} = j\omega C \dot{U}$$

总电流为

$$\dot{I}_S = \dot{I}_L + \dot{I}_C = \left[\frac{R_L}{R_L^2 + (\omega L)^2} - j\left(\frac{\omega L}{R_L^2 + (\omega L)^2} - \omega C \right) \right] \dot{U} = Y\dot{U} \qquad (5.75)$$

式中:

$$Y=\frac{R_{\mathrm{L}}}{R_{\mathrm{L}}^{2}+(\omega L)^{2}}-\mathrm{j}\left[\frac{\omega L}{R_{\mathrm{L}}^{2}+(\omega L)^{2}}-\omega C\right] \tag{5.76}$$

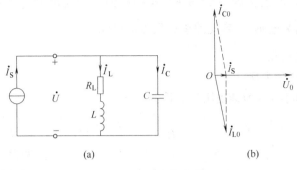

(a)　　　　　　　　　　(b)

图 5.48　RLC 并联谐振

当式(5.76)中的虚部为零时,即

$$\frac{\omega L}{R_{\mathrm{L}}^{2}+(\omega L)^{2}}-\omega C=0 \tag{5.77}$$

电路呈电阻性,电路的总电流 $\dot{I}_{\mathrm{S}}$ 与电路的端电压 $\dot{U}$ 同相。这种现象称为并联谐振,式(5.77)称为并联谐振条件。并联谐振可以用下述几种方法获得。

(1) 当 R、L、ω 一定,C 可调时,并联谐振条件为

$$C=\frac{L}{R^{2}+(\omega L)^{2}}$$

(2) 当 R、C、ω 一定,L 可调时,并联谐振条件为

$$L=\frac{1\pm\sqrt{1-4\omega^{2}R^{2}C^{2}}}{2\omega^{2}C}$$

显然,调整 L 时会出现下列三种情况。

① 当 $4\omega^{2}R^{2}C^{2}<1$ 时,有两个 L 值可使电路达到谐振。

② 当 $4\omega^{2}R^{2}C^{2}=1$ 时,有一个 L 值可使电路达到谐振。

③ 当 $4\omega^{2}R^{2}C^{2}>1$ 时,任何 L 值均无法使电路达到谐振。

(3) 当 R、L、C 一定,ω 可调时,并联谐振条件为

$$\omega=\sqrt{\frac{1}{LC}-\frac{R^{2}}{L^{2}}}$$

从式(5.77)解出

$$\omega=\omega_{0}=\frac{1}{\sqrt{LC}}\sqrt{1-\frac{CR^{2}}{L}} \tag{5.78}$$

若将 RLC 串联回路的品质因数 $Q=\dfrac{1}{R}\sqrt{\dfrac{L}{C}}$ 代入上式,得

$$\omega_{0}=\frac{1}{\sqrt{LC}}\sqrt{1-\frac{1}{Q^{2}}} \tag{5.79}$$

当 $Q\gg1$,或电感线圈 $R_{\mathrm{L}}\ll\omega L$,且 $\dfrac{1}{\omega L}-\omega C\approx0$ 时,式(5.79)变为

$$\omega_0 \approx \frac{1}{\sqrt{LC}} \quad 或 \quad f_0 \approx \frac{1}{2\pi\sqrt{LC}} \tag{5.80}$$

式(5.80)与串联谐振的谐振频率式(5.64)是一样的。并联谐振的相量如图 5.48(b)所示,图中 $\dot{I}_{L0}$、$\dot{I}_{C0}$ 分别为电感、电容支路中谐振点的电流。

2. 并联谐振的特征

并联谐振的特征如下所述。

(1) 回路阻抗最大,且为纯电阻性。因为

$$|Z_0| = \frac{1}{|Y_0|} = \frac{R^2 + (\omega_0 L)^2}{R} \approx \frac{\rho^2}{R} = Q\rho = Q^2 R = \frac{L}{CR}$$

通常 R 很小,相比之下 $|Z_0|$ 很大。理想状态下,当 $R=0$ 时,回路阻抗为无穷大。这点与串联谐振不同。由式(5.76)可知,当电路谐振时,由于导纳 Y 的虚部为零,这时 Y 最小,因此阻抗 Z 最大。

(2) 并联电路端电压最大,且与电流同相。

由于并联谐振电路的输入导纳的虚部为零,是一个电阻性电路,所以电流与电压同相位。因为

$$U_0 = I_S|Z| = I_S \times Q^2 R = I_S \frac{L}{CR}$$

所以当电路总电流(电流源)保持不变时,由于并联谐振电路的输入阻抗最大,故电压最大。

(3) 电感支路电流与电容支路电流近似相等,且为总电流的 Q 倍。

在图 5.48(a)所示的电路中,有

$$\dot{I}_{L0} = \dot{U}Y_1 = \dot{I}_S Z_0 \times \frac{1}{R + j\omega_0 L} \approx -j\dot{I}_S Q\rho \frac{1}{\rho} = -jQ\dot{I}_S$$

$$\dot{I}_{C0} = \dot{U}Y_2 = \dot{I}_S Z_0 \times j\omega_0 C = j\dot{I}_S Q\rho \frac{1}{\rho} = jQ\dot{I}_S$$

于是

$$I_{L0} = I_{C0} = QI_S$$

由于在并联谐振时,电感和电容的电流都要比总电流大得多(Q 倍),所以并联谐振也称为电流谐振。

(4) 电路内部能量交换的特点如下所述:由于并联谐振电路是一个电阻性电路,说明谐振电路不从外部吸收无功功率,能量交换在电路内部的电容与电感之间进行。即谐振时,在并联的电容与电感之间发生电磁能量转换,而电源与振荡电路之间并不发生能量转换,只是补充电路中电阻在振荡时的损耗。

【例 5.36】 电路如图 5.48(a)所示。$R=10\Omega$,$L=100\mu H$ 的线圈和 $C=100pF$ 的电容器并联组成谐振电路。信号源为正弦电流源 i_S,有效值为 $1\mu A$。试求谐振时的角频率及阻抗、端口电压、线圈电流和电容器电流,以及谐振时回路吸收的功率。

解:谐振角频率为

$$\omega_0 = \sqrt{\frac{1}{LC} - \frac{R^2}{L^2}} = \sqrt{\frac{1}{100 \times 10^{-6} \times 100 \times 10^{-12}} - \frac{10^2}{(100 \times 10^{-6})^2}}$$

$$= \sqrt{10^{14} - 10^{10}} \approx \sqrt{10^{14}} = 10^7 (\text{rad/s})$$

谐振时的阻抗为

$$Z_0 = \frac{L}{RC} = \frac{100 \times 10^{-6}}{10 \times 100 \times 10^{-12}} = 10^5(\Omega)$$

谐振时,端口电压为

$$U = Z_0 I_S = 10^5 \times 10^{-6} = 0.1(V)$$

线圈的品质因数为

$$Q_L = \frac{\omega_0 L}{R} = \frac{10^7 \times 100 \times 10^6}{10} = 100$$

谐振时,线圈和电容器的电流为

$$I_L \approx I_C = Q_L I_S = 100 \times 10^{-6} = 100(\mu A)$$

回路吸收的功率为

$$P = I_L^2 R = (10^{-4})^2 \times 10 = 10^{-7}(W) = 0.1(\mu W)$$

或者

$$P = I_S^2 |Z_0| = (10^{-6})^2 \times 10^5 = 10^{-7}(W) = 0.1(\mu W)$$

5.7　非正弦周期电流电路

前面研究了正弦电流电路的分析计算方法,在工程实际中大量应用的还有非正弦周期电压和电流。

在什么情况下,电路中会出现非正弦周期电压和电流呢?

在线性电路中,有一个正弦电源作用或多个同频率正弦电源共同作用时,电路各部分的稳态电压、电流都是同频率的正弦量。

在线性电路中,有几个不同频率的正弦激励时,稳态响应一般是非正弦的。

更普遍的情形,也是本节重点研究的情况,是在线性电路中,当激励是非正弦周期函数时,各部分的稳态响应将是非正弦周期电压和电流。例如在电力工程中,发电机产生的电压尽管力求按正弦规律变化,但由于制造方面的原因,其电压波形是周期的,但与正弦波形或多或少会有差别。在自动控制、电子计算机等技术领域中大量应用的脉冲信号也都是非正弦周期信号,如图 5.49(a)所示周期脉冲电流、图 5.49(b)所示的方波电压,以及图 5.49(c)所示实验室常用的电子示波器扫描电压的锯齿波。在通信工程方面传输的信号,如收音机、电视机收到的信号的电压和电流,它们也都是非正弦的周期信号。

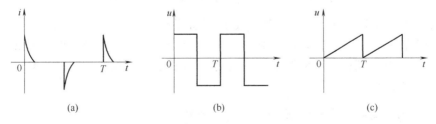

图 5.49　几种常见的非正弦周期波

此外,在含有非线性元件的电路中,即使是在一个正弦激励作用下,电路中也会出现非正弦电流,如正弦电流通过非线性元件二极管整流得到的半波波形,就是非正弦周期电流。

5.7.1 非正弦周期信号及其分解

1. 非正弦周期电流电路的基本概念

非正弦周期电压和电流都是随时间周期性变化的非正弦函数;和正弦函数相比,都有变化的周期 T 和频率 f,不同的仅是波形而已。

周期函数的一般定义是:设有一个时间函数 $f(t)$,若满足

$$f(t) = f(t + kT) \quad (k = 0, 1, 2, 3, \cdots)$$

则称 $f(t)$ 为周期函数。其中,T 为常数,称为 $f(t)$ 的重复周期,简称周期。$f = \dfrac{1}{T}$ 称为周期函数的频率。

怎样分析在非正弦周期电压和电流的激励下,线性电路的稳态响应呢?

首先,应用数学中的傅里叶级数展开方法,将非正弦周期电压和电流激励分解为一系列不同频率的正弦量之和;其次,根据线性电路的叠加定理,分别计算在各个正弦量单独作用下,在线性电路中产生的同频正弦电流分量和电压分量;最后,把所得的分量按瞬时值叠加,得到电路中实际的稳态电流和电压。

上述方法称为非正弦周期电流的谐波分析法,其本质就是把非正弦周期电流电路的计算转化为一系列正弦电流电路的计算,以便充分利用正弦电流电路的相量法这个有效的工具。

2. 非正弦周期信号的谐波分析

在介绍非正弦周期信号的分解之前,先讨论几个不同频率的正弦波的合成。设有一个正弦电压 $u_1 = U_{1m} \sin\omega t$,其波形如图 5.50(a)所示。

显然,这一波形与同频率矩形波相差甚远。如果在此波形上加第二个正弦电压波形,其频率是 u_1 的 3 倍,而振幅为 u_1 的 1/3,则其表达式为

$$u_2 = U_{1m} \sin\omega t + \frac{1}{3} U_{1m} \sin3\omega t$$

波形如图 5.50(b)所示。

如果再加第三个正弦电压波形,其频率为 u_1 的 5 倍,振幅为 u_1 的 1/5,其表达式为

$$u_3 = U_{1m} \sin\omega t + \frac{1}{3} U_{1m} \sin3\omega t + \frac{1}{5} U_{1m} \sin5\omega t$$

波形如图 5.50(c)所示。照这样继续下去,如果叠加的正弦项是无穷多个,它们的合成波形就会与图 5.50(d)所示的矩形波一样。由此看出,几个不同频率的正弦波可以合成一个非正弦的周期波,称为谐波合成;反之,一个非正弦的周期波可以分解成许多不同频率的正弦波之和。

3. 非正弦周期信号的分解——傅里叶级数

电工技术中的非正弦周期信号都可以分解为傅里叶级数。对于周期为 T 的周期函

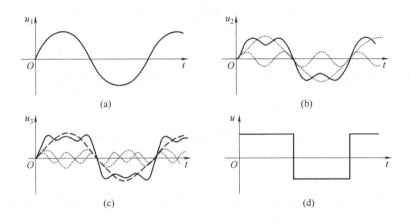

图 5.50　谐波合成示意图

数 $f(t)$，分解成傅里叶级数是

$$f(t) = a_0 + \sum_{k=1}^{\infty} \left[a_k \cos(k\omega t) + b_k \sin(k\omega t) \right] \tag{5.81}$$

式中：$\omega = \dfrac{2\pi}{T}$，T 为原周期函数的周期。a_0、a_k 和 b_k 为傅里叶系数，它们的计算公式如下：

$$a_0 = \frac{1}{T} \int_0^T f(t) \, \mathrm{d}t$$

$$a_k = \frac{2}{T} \int_0^T f(t) \cos(k\omega t) \, \mathrm{d}t = \frac{1}{\pi} \int_0^{2\pi} f(t) \cos(k\omega t) \, \mathrm{d}(\omega t) \tag{5.82}$$

$$b_k = \frac{2}{T} \int_0^T f(t) \sin(k\omega t) \, \mathrm{d}t = \frac{1}{\pi} \int_0^{2\pi} f(t) \sin(k\omega t) \, \mathrm{d}(\omega t)$$

上式的推导在数学中介绍，这里不再赘述；但其推导过程中应用的三角函数的正交性，即三角函数积分的如下性质，对理解上述公式以及下面将介绍的有效值和平均功率的概念都很有帮助，所以将三角函数正交性公式分列如下。

正弦函数和余弦函数在一个周期上的定积分为 0，即

$$\int_0^{2\pi} \sin(mx) \, \mathrm{d}x = 0, \quad \int_0^{2\pi} \cos(mx) \, \mathrm{d}x = 0$$

正弦函数与余弦函数的乘积，不同频的正弦函数与正弦函数、余弦函数与余弦函数的乘积，在一个周期上的定积分为 0，即

$$\int_0^{2\pi} \sin(mx) \cos(nx) \, \mathrm{d}x = 0$$

$$\int_0^{2\pi} \sin(mx) \sin(nx) \, \mathrm{d}x = 0 \quad (m \neq n)$$

$$\int_0^{2\pi} \cos(mx) \cos(nx) \, \mathrm{d}x = 0 \quad (m \neq n)$$

同频的正弦函数与正弦函数、余弦函数与余弦函数的乘积，在一个周期上的积分等于 π，即

$$\int_0^{2\pi} \sin(mx)\sin(mx)\,\mathrm{d}x = \int_0^{2\pi} \frac{1-\cos(2mx)}{2}\,\mathrm{d}x = \pi$$

$$\int_0^{2\pi} \cos(mx)\cos(mx)\,\mathrm{d}x = \int_0^{2\pi} \frac{1+\cos(2mx)}{2}\,\mathrm{d}x = \pi$$

若把式(5.81)中的系数 a_k 和 b_k 作为一个直角三角形的两条直角边,有

$$A_k = \sqrt{a_k^2 + b_k^2}, \qquad \varphi_k = \arctan\frac{a_k}{b_k} \tag{5.83}$$

再令式(5.81)中,$a_0 = A_0$,则式(5.81)可以写成另一种常用的形式:

$$f(t) = A_0 + \sum_{k=1}^{\infty} A_k \sin(k\omega t + \varphi_k) \tag{5.84}$$

式中:A_0 项为常数项,是非正弦周期函数一个周期内的平均值,与时间无关,称为直流分量。当 $k=1$ 时,该项表达式为 $A_1\sin(\omega t + \varphi_1)$,此项的频率与原非正弦周期函数 $f(t)$ 的频率相同,称为原非正弦周期函数 $f(t)$ 的基波分量,A_1 为基波分量的振幅,φ_1 为基波分量的初相位。$k \geqslant 2$ 的各项统称为谐波分量,并根据谐波分量的频率是基波分量频率的 k 倍,称为第 k 次谐波,如 2 次谐波、3 次谐波、……。A_k 及 φ_k 为 k 次谐波分量的振幅及初相位。

将非正弦周期函数 $f(t)$ 分解为直流分量、基波分量和一系列不同频率的各次谐波分量之和,称为非正弦周期函数的谐波分解。它是谐波分析法的第一步。谐波分析的意义在于:傅里叶级数是一个收敛级数,当 k 取到无限多项时,就可以准确地表示原非正弦周期函数,但在实际工程计算中,只能取有限的几项。取多少项,依据工程所需的精度而定。

为了形象、直观地表示谐波分析的结果,即表示包含哪些频率的分量及各分量幅值的大小,可画出 $f(t)$ 的幅度频谱:用横坐标表示各次谐波的角频率,它们分别是基波角频率 ω 的整倍数;用纵坐标方向的线段长度表示各次谐波幅值的大小。当然,用同样的方法可以画出 $f(t)$ 的相位频谱。

【**例 5.37**】 图 5.51(a)给出了矩形脉冲电压的波形,它是无线电技术中一种很重要的信号。其中,脉冲幅度为 U_m,脉冲的持续时间为 τ,脉冲的周期为 T。试求傅里叶级数,并画出其幅度频谱图。

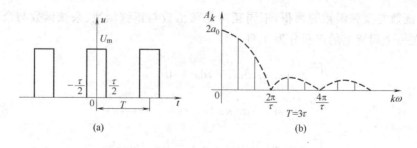

图 5.51　例 5.37 的图

解:该信号在一个周期的数学表达式为

$$u(t) = \begin{cases} U_m, & -\dfrac{\tau}{2} \leqslant t \leqslant \dfrac{\tau}{2} \\ 0, & -\dfrac{T}{2} \leqslant t \leqslant -\dfrac{\tau}{2}, \dfrac{\tau}{2} \leqslant t \leqslant \dfrac{T}{2} \end{cases}$$

由于此信号对称于纵轴,因此 $b_k = 0$,傅里叶级数不含正弦分量,只含直流分量和余弦分量。

$$a_0 = \frac{1}{T} \int_{-\frac{T}{2}}^{\frac{T}{2}} u(t) \mathrm{d}t = \frac{1}{T} \int_{-\frac{\tau}{2}}^{\frac{\tau}{2}} U_m \mathrm{d}t = \frac{U_m}{T} \cdot \tau$$

$$a_k = \frac{2}{T} \int_{-\frac{T}{2}}^{\frac{T}{2}} u(t) \cos k\omega t \, \mathrm{d}t = \frac{2}{T} \int_{-\frac{\tau}{2}}^{\frac{\tau}{2}} U_m \cos k\omega t \, \mathrm{d}t$$

$$= \frac{2U_m}{k\omega t} \left[\sin k\omega t \right]_{-\frac{\tau}{2}}^{\frac{\tau}{2}} = \frac{2U_m}{k\omega T} \sin \left(k\omega \frac{\tau}{2} \right)$$

$$= \frac{2U_m}{T} \left[\frac{\sin \left(k\omega \dfrac{\tau}{2} \right)}{k\omega \dfrac{\tau}{2}} \right]$$

矩形脉冲的傅里叶级数展开式为

$$u(t) = a_0 + \sum_{k=1}^{\infty} a_k \cos k\omega t = \frac{U_m}{T} \left[\tau + 2\tau \sum_{k=1}^{\infty} \frac{\sin k\omega \dfrac{\tau}{2}}{k\omega \dfrac{\tau}{2}} \cos k\omega t \right]$$

若令 $T = 3\tau$,则其幅度频谱如图 5.51(b)所示。

【例 5.38】 图 5.52(a)所示为电视机和示波器扫描电路中常用的锯齿波,试画出其幅度频谱图。

解:利用式(5.82)、式(5.83)和式(5.84),求得锯齿波电压的傅里叶级数展开式为

$$u(t) = \frac{U_m}{2} - \frac{U_m}{\pi} \left(\sin \omega t + \frac{1}{2} \sin 2\omega t + \frac{1}{3} \sin 3\omega t + \cdots \right)$$

根据上式,画出其幅度频谱图如图 5.52(b)所示。

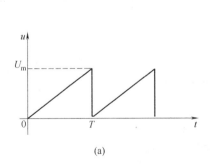

(a)

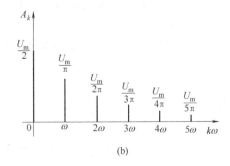

(b)

图 5.52 例 5.38 的图

从图 5.51(b)和图 5.52(b)所示幅度频谱,总结出周期信号的频谱具有下列几个特性。

1) 离散性

如图 5.51(b)和图 5.52(b)所示,周期信号的频谱都是由以基频 ω 为间隔的若干离散谱线组成,其分布情况取决于信号的波形,这样的频谱称为离散频谱。图 5.51(b)中过各条谱线端点的连线,称作频谱包络线(虚线所示)。

2) 谐波性

周期信号的两条谱线间的距离正好是基波角频率 ω,在任何两条相邻谱线中间不可能出现非整倍数 ω 分量。信号频谱的疏密程度与信号基波周期(或基波角频率)有关。信号基波周期越长(ω 越小),谱线越密;反之,越疏。当信号基波周期趋向无穷大时,频谱间隔趋向无穷小;当信号成为非周期信号时,其频谱就成为连续频谱了。这里不再进一步讨论。

3) 收敛性

频谱中,谱线的高度随谐波次数的增大而逐渐减小。当谐波次数无限增大时,谐波分量的幅值无限减小。

上述周期信号频谱的三个特点,虽然是通过具体信号导出的,但许多周期信号频谱都具有这些特点。在实际工程中,信号的幅值频谱可用频谱分析仪直接测量得到。

5.7.2 有效值、平均值和平均功率

1. 有效值

在 5.1.2 小节中已指出,工程上将周期电流或电压在一个周期内产生的平均效应换算为在效应上与小之相等的直流量,即

$$I^2RT = \int_0^T i^2 R\mathrm{d}t$$

得到任一周期电流 i 的有效值 I 的定义式

$$I = \sqrt{\frac{1}{T}\int_0^T i^2\,\mathrm{d}t} \tag{5.85}$$

所以,一个非正弦周期电流也可以直接根据上述定义的积分求有效值,获得它的有效值与各次谐波有效值的关系。

假设非正弦周期电流 i 可以分解为傅里叶级数

$$i = I_0 + \sum_{k=1}^{\infty} I_{km}\sin(k\omega t + \varphi_k)$$

将其代入式(5.85),得此电流 i 的有效值为

$$I = \sqrt{\frac{1}{T}\int_0^T \Big[I_0 + \sum_{k=1}^{\infty} I_{km}\sin(k\omega t + \varphi_k)\Big]^2 \mathrm{d}t}$$

为了计算上式右边根号内的积分,先将被积函数的平方项展开。展开后,各项有两种类型,一种类型是直流分量与各次谐波分量自身的平方。直流分量有效值的平方为

$$\frac{1}{T}\int_0^T I_0^2\,\mathrm{d}t = I_0^2$$

第 k 次谐波分量有效值的平方为

$$I_k^2 = \frac{1}{T}\int_0^T I_{km}^2 \sin^2(k\omega t + \varphi_k)\,\mathrm{d}t$$

$$= \frac{I_{km}^2}{T}\int_0^T \frac{1 - 2\cos 2(k\omega t + \varphi_k)}{2}\,\mathrm{d}t = \frac{I_{km}^2}{2} = \left(\frac{I_{km}}{\sqrt{2}}\right)^2$$

另一种类型是直流分量与各次谐波分量乘积的 2 倍，或者是两个不同次谐波分量乘积的 2 倍，根据在 5.8.1 小节中复习的三角函数正交性的公式，它们在一个周期内的积分都等于零。这样，求得 i 的有效值为

$$I = \sqrt{I_0^2 + I_1^2 + I_2^2 + \cdots} = \sqrt{I_0^2 + \sum_{k=1}^{\infty} I_k^2} \tag{5.86}$$

即非正弦周期电流的有效值等于它的直流分量和各次谐波分量有效值的平方和的平方根。

对于非正弦周期电压的有效值，也存在同样的计算式，即

$$U = \sqrt{U_0^2 + U_1^2 + U_2^2 + \cdots} = \sqrt{U_0^2 + \sum_{k=1}^{\infty} U_k^2} \tag{5.87}$$

周期量的有效值与各次谐波的初相无关，周期量的有效值不是等于而是小于它的各次谐波有效值的和。两个同频正弦量的和的有效值与两个同频正弦分量的初相有关，当两个分量的初相同相或反相时，两个同频正弦量的和的有效值等于两个分量有效值的和或差；当它们的初相位为其他关系时，都必须先用相量法求出分量的和的相量，才能求出和的有效值。

【例 5.39】　图 5.53 所示电路中，各电源的电压分别为

$$U_0 = 60\text{V}$$

$$u_1 = 100\sqrt{2}\sin\omega t + 20\sqrt{2}\sin5\omega t\ (\text{V})$$

$$u_2 = 50\sqrt{2}\sin3\omega t\ (\text{V})$$

$$u_3 = 30\sqrt{2}\sin\omega t + 20\sqrt{2}\sin3\omega t\ (\text{V})$$

$$u_4 = 80\sqrt{2}\sin\omega t + 10\sqrt{2}\sin5\omega t\ (\text{V})$$

$$u_5 = 10\sqrt{2}\cos\omega t\ (\text{V})$$

试求电压有效值 U_{ab}、U_{ac}、U_{ae} 和 U_{eg}。

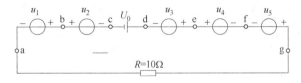

图 5.53　例 5.39 的图

解：注意，本电路的电源中含有直流分量和 3 个奇次谐波分量（ω、3ω 和 5ω）。在求两点间电压的有效值时，首先要注意两点间的电压与分电压之间参考方向的关系，再看各电压分量中是否有同频同相或反相的分量，对这样的分量要直接求和、求差，其余的分

量（此题只有正交的分量）用平方和的平方根的关系来求。

$$u_{ab} = -u_1, \quad U_{ab} = \sqrt{100^2 + 20^2} = 101.98(\text{V})$$

$$u_{ac} = u_2 - u_1, \quad U_{ac} = \sqrt{100^2 + 50^2 + 20^2} = 113.58(\text{V})$$

$$u_{ae} = -u_1 + u_2 - u_3 - U_0$$

两个基波分量为同相分量，两个三次谐波分量是为反相分量，故有

$$U_{ae} = \sqrt{60^2 + (100+30)^2 + (50-20)^2 + 20^2} = 147.65(\text{V})$$

$$u_{eg} = u_4 - u_5$$

因为 $u_5 = 10\sqrt{2}\cos\omega t = 10\sqrt{2}\sin(\omega t + 90°)$，所以它与 u_4 的基波分量为正交关系（相位相差 90°），仍可应用平方和的平方根关系求得，即

$$U_{eg} = \sqrt{80^2 + 10^2 + 10^2} = 81.24(\text{V})$$

2. 平均值

周期量 $f(t)$ 在一个周期内的平均值定义为

$$F_{av} = \frac{1}{T}\int_0^T f(t)\mathrm{d}t \tag{5.88}$$

若该周期量在横轴上、下方的面积相等，如正弦量，其平均值为 0；若该周期量在横轴上、下方的面积不相等，如横轴上方的矩形波，其平均值等于该周期量傅里叶级数展开式中的直流分量或平均分量。

为了对那些横轴上、下方面积相等或接近相等，平均值为 0 或很小的周期量进行测量和分析（如整流效果），常把周期量的绝对值在一个周期内的平均值定义为整流平均值。它相当于将周期量经全波整流后的平均值。例如，正弦电压整流后的波形如图 5.54 所示，这是因为取电压的绝对值，相当于把负半周的值变为对应的正值，其整流平均值为

$$U_{av} = \frac{1}{T}\int_0^T |u|\,\mathrm{d}t \tag{5.89}$$

【例 5.40】 矩形波形如图 5.55 所示，计算矩形波的整流平均值。

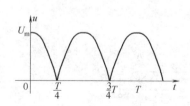

图 5.54　正弦电流的平均值

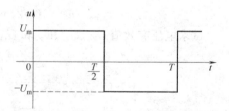

图 5.55　例 5.40 的图

解：矩形波整流后，相当于直流信号。又因为整流后，矩形波的前、后半周期相同，所以矩形波的整流平均值为

$$U_{av} = \frac{2}{T}\int_0^{\frac{T}{2}} U_m\mathrm{d}t = \frac{2}{T}\cdot U_m \cdot \frac{T}{2} = U_m$$

3. 平均功率

设任意一个二端网络如图 5.56 所示,其电压、电流为非正弦周期函数,并可展开为傅里叶级数。

$$i = I_0 + \sum_{k=1}^{\infty} I_{km}\sin(k\omega t + \varphi_{ik})$$

$$u = U_0 + \sum_{k=1}^{\infty} U_{km}\sin(k\omega t + \varphi_{uk})$$

则该支路或二端网络吸收的瞬时功率为

$$p = ui$$

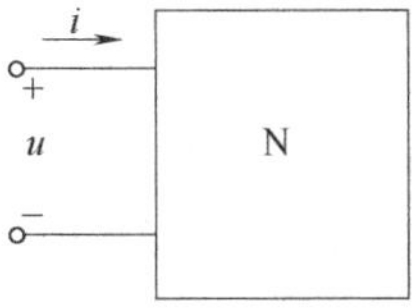

图 5.56　任意二端网络

平均功率为瞬时功率在一个周期内的平均值,代入平均功率的定义式,得

$$P = \frac{1}{T}\int_0^T p\,\mathrm{d}t = \frac{1}{T}\int_0^T u\,i\,\mathrm{d}t$$

$$= \frac{1}{T}\int_0^T \left[U_0 + \sum_{k=1}^{\infty} U_{km}\sin(k\omega t + \varphi_{uk})\right]\left[I_0 + \sum_{k=1}^{\infty} I_{km}\sin(k\omega t + \varphi_{ik})\right]\mathrm{d}t$$

为了计算上式右边的积分,先将被积函数的两个因式的乘积展开。展开后的各项有两种类型:一种类型是同次谐波电压和电流的乘积,其积分平均值为

$$P_0 = \frac{1}{T}\int_0^T U_0 I_0\,\mathrm{d}t = U_0 I_0$$

$$P_k = \frac{1}{T}\int_0^T U_{km}\sin(k\omega t + \varphi_{uk})I_{km}\sin(k\omega t + \varphi_{ik})\,\mathrm{d}t$$

$$= \frac{1}{2}U_{km}I_{km}\cos(\varphi_{uk} - \varphi_{ik}) = U_k I_k \cos\varphi_k$$

式中:U_k、I_k 分别为 k 次谐波电压、电流的有效值,φ_k 为 k 次谐波电压超电流前的相位差。

另一种类型是不同次谐波电压和电流的乘积。根据三角函数的正交性,其平均值为零。于是可得

$$P = U_0 I_0 + \sum_{k=1}^{\infty} U_k I_k \cos\varphi_k = P_0 + \sum_{k=1}^{\infty} P_k \tag{5.90}$$

综上所述,非正弦周期电流电路的功率等于各次谐波功率(包括直流分量,其功率为 $U_0 I_0$)的和。各次谐波的功率等于各次谐波电压、电流的有效值与各次谐波功率因数的乘积。

在非正弦周期电流电路中,把总的电压、电流的有效值的乘积定义为视在功率,即 $S = UI$;并将总的有功功率 P 与总的视在功率的比值定义为非正弦周期电流电路的等效功率因数,即

$$\lambda = \cos\varphi = \frac{P}{S} = \frac{P}{UI} = \frac{P_0 + \sum\limits_{k=1}^{\infty} P_k}{\sqrt{U_0^2 + \sum\limits_{k=1}^{\infty} U_k^2} \cdot \sqrt{I_0^2 + \sum\limits_{k=1}^{\infty} I_k^2}} \tag{5.91}$$

【例 5.41】　设加在二端网络的电压为 $u = 40 + 180\sin\omega t + 60\sin(3\omega t + 45°) +$

$20\sin(5\omega t+18°)(V)$,产生的电流为 $i=1.43\sin(\omega t+85.3°)+6\sin(3\omega t+45°)+0.78\sin(5\omega t-60°)(A)$。试求二端网络的平均功率及其等效功率因数。

解：各次谐波的平均功率为

$$P_0=U_0 I_0=0$$

$$P_1=U_1 I_1\cos\varphi_1=\frac{180}{\sqrt{2}}\times\frac{1.43}{\sqrt{2}}\cos(0°-85.3°)=10.6(W)$$

$$P_3=U_3 I_3\cos\varphi_3=\frac{60}{\sqrt{2}}\times\frac{6}{\sqrt{2}}\cos(45°-45°)=180(W)$$

$$P_5=U_5 I_5\cos\varphi_5=\frac{20}{\sqrt{2}}\times\frac{0.78}{\sqrt{2}}\cos(18°+60°)=1.62(W)$$

二端网络的平均功率为

$$P=10.6+180+1.62=192(W)$$

电压有效值为

$$U=\sqrt{U_0^2+U_3^2+U_5^2}$$

$$=\sqrt{40^2+\left(\frac{180}{\sqrt{2}}\right)^2+\left(\frac{60}{\sqrt{2}}\right)^2+\left(\frac{20}{\sqrt{2}}\right)^2}=141(V)$$

电流有效值为

$$I=\sqrt{I_0^2+I_1^2+I_3^2+I_5^2}$$

$$=\sqrt{0^2+\left(\frac{1.43}{\sqrt{2}}\right)^2+\left(\frac{6}{\sqrt{2}}\right)^2+\left(\frac{0.78}{\sqrt{2}}\right)^2}=4.4(A)$$

视在功率为

$$S=UI=141\times4.4=620(V\cdot A)$$

等效功率因数为

$$\cos\varphi=\frac{P}{S}=\frac{192}{620}=0.31$$

5.7.3 非正弦周期电流电路的计算

5.8.1 小节介绍了谐波分析法的概念,它是非正弦周期电流电路计算的基本方法。其具体计算步骤及应注意的关键点详述如下。

(1) 把给定激励的非正弦周期电压或电流分解为傅里叶级数。高次谐波取到哪一项为止,要根据计算所需的精度要求而定。

(2) 分别求出电源电压或电流的恒定分量及各次谐波分量单独作用时的响应。对于恒定分量,把电感元件看作短路,电容元件看作开路,电路成为直流电阻电路。对于各次谐波,电路成为正弦电流电路,可以用相量法求解。应注意的是,电感元件、电容元件对不同频率谐波的感抗、容抗不同。如基波的角频率为 ω,k 次谐波的角频率为 $k\omega$,那么,电感 L 对基波的复阻抗为 $Z_{L(1)}=j\omega L$,对第 k 次谐波的复阻抗为 $Z_{L(k)}=jk\omega L=kZ_{L(1)}$。电

容 C 对基波的复阻抗为 $Z_{C(1)} = \dfrac{1}{\mathrm{j}\omega C}$，电容 C 对第 k 次谐波的复阻抗为 $Z_{C(k)} = \dfrac{1}{\mathrm{j}k\omega C}$。千万不可对各次谐波使用同一个基波的复阻抗。

（3）应用线性电路的叠加定理，把步骤（2）计算出的结果，属于同一支路响应电压或电流的各分量的瞬时值表达式进行叠加。应当注意的是：由于这些分量的频率不同，千万不能将它们的相量直接相加减。这是极易产生的一个错误，必须先将它们的相量转换成各自的瞬时值表达式，才可求其代数和。最后求得的响应是一个时间函数，电压、电流应记作 $u(t)$、$i(t)$，简记为 u、i。

【例 5.42】　电路如图 5.57(a)所示电路，外加电压为矩形脉冲波形，如图 5.57(b)所示。已知 $R = 100\,\Omega$，$L = 1\mathrm{H}$。若外加电压为 $50\mathrm{Hz}$ 矩形脉冲波，峰值为 $100\mathrm{V}$，脉冲持续时间为 $T/2$，求电阻上的电压 u_R 及电路消耗的功率。

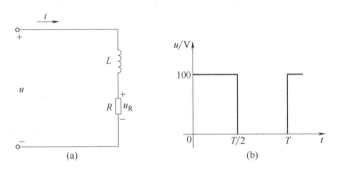

图 5.57　例 5.42 的图

解：（1）求出该矩形波的傅里叶级数展开式为

$$u = \frac{1}{2}U_\mathrm{m} + \frac{2U_\mathrm{m}}{\pi}\left(\sin\omega t + \frac{1}{3}\sin3\omega t + \frac{1}{5}\sin5\omega t + \cdots\right)$$

代入数据，$U_\mathrm{m} = 100\mathrm{V}$，并取到 5 次谐波，可得

$$u = 50 + 63.7\sin\omega t + 21\sin3\omega t + 12.7\sin5\omega t\,(\mathrm{V})$$

（2）U_0 单独作用时，电感相当于短路，有

$$I_0 = \frac{U_0}{R} = \frac{50}{100} = 0.5(\mathrm{A})$$

$$P_0 = U_0 I_0 = 50 \times 0.5 = 25(\mathrm{W})$$

（3）u_1 单独作用时，有

$$Z_{(1)} = 100 + \mathrm{j}314 = 330\angle72.3°(\Omega)$$

$$\dot{U}_{(1)} = \frac{63.7}{\sqrt{2}}\angle0° = 45\angle0°(\mathrm{V})$$

$$\dot{I}_{(1)} = \frac{\dot{U}_1}{Z_1} = \frac{45\angle0°}{330\angle72.3°} = 0.136\angle-72.3°(\mathrm{A})$$

$$i_{(1)} = 0.136\sqrt{2}\sin(\omega t - 72.3°)(\mathrm{A})$$

$$P_{(1)} = U_1 I_1 \cos\varphi_1 = 45 \times 0.136 \times \cos72.3° = 1.87(\mathrm{W})$$

（4）u_3 单独作用时,有

$$Z_{(3)} = R + j3\omega L = 100 + j942 = 947\angle 83.9°(\Omega)$$

$$\dot{U}_{(3)} = \frac{21.2}{\sqrt{2}}\angle 0° = 15\angle 0°(V)$$

$$\dot{I}_{(3)} = \frac{\dot{U}_{(3)}}{Z_{(3)}} = \frac{15\angle 0°}{947\angle 83.9°} = 0.0158\angle -83.9°(A)$$

$$i_{(3)} = 0.0158\sqrt{2}\sin(\omega t - 83.9°)(A)$$

$$P_{(3)} = U_{(3)}I_{(3)}\cos\varphi_{(3)} = 15\times 0.0158\times\cos 83.9° = 0.025(W)$$

（5）u_5 单独作用时,有

$$Z_{(5)} = R + j5\omega L = 100 + j1570 = 1573\angle 86.4°(\Omega)$$

由于 $U_{(5)}$ 只有 $U_{(1)}$ 的 $1/5$,$Z_{(5)}$ 约为 $Z_{(1)}$ 的 5 倍,则 $I_{(5)}$ 约为 $I_{(1)}$ 的 $1/25$,可以忽略不计,即电压只截取到三次谐波已够准确。

由此可得

$$i = I_0 + i_{(1)} + i_{(3)}$$
$$= 0.5 + 0.136\sqrt{2}\sin(\omega t - 72.3°) + 0.0158\sqrt{2}\sin(3\omega t - 83.9°)(A)$$
$$u_R = iR = (I_0 + i_{(1)} + i_{(2)})R$$
$$= 50 + 13.6\sqrt{2}\sin(\omega t - 72.3°) + 1.58\sqrt{2}\sin(3\omega t - 83.9°)(V)$$
$$P = P_0 + P_1 + P_2$$
$$= 25 + 1.87 + 0.025 = 26.9(W)$$

由此题可知,对于电阻电感串联的电路,因为电感的感抗与频率成正比,所以电路的电流及电阻电压的三次谐波成分被大大削弱,五次以上谐波可以忽略不计;反之,电感对直流成分相当于短路。因电感元件这种对高频电流的抑制作用,在电路中称为扼流线圈。

【例5.43】 为了减小整流器输出电压的纹波,使其更接近直流。常在整流的输出端与负载电阻 R 间接有 LC 滤波器,其电路如图 5.58(a)所示。若已知 $R = 1k\Omega$,$L = 5H$,$C = 30\mu F$,输入电压 u 的波形如图 5.58(b)所示,其中振幅 $U_m = 157V$,基波角频率 $\omega = 314rad/s$,求输出电压 u_R。

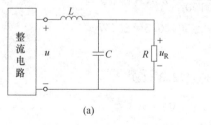
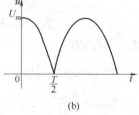

图 5.58 例 5.43 的图

解：（1）将给定的电源电压 u 分解为傅里叶级数,得

$$u = \frac{4}{\pi}U_m\left(\frac{1}{2} + \frac{1}{3}\cos 2\omega t - \frac{1}{15}\cos 4\omega t + \cdots\right)$$
$$= 100 + 66.7\cos 2\omega t - 13.33\cos 4\omega t + \cdots$$

（2）对于直流分量来说，电感相当于短路，电容相当于开路，电压的直流分量全部加在负载两端，则有

$$U_0 = 100 \text{V}$$

（3）对于二次谐波来说，有

$$\dot{U}_{(2)} = \frac{66.7}{\sqrt{2}} \angle 0° = 47.2 \angle 0° (\text{V})$$

$$\dot{Z}_{L(2)} = \text{j}2\omega L = \text{j}2 \times 314 \times 5 = 3140 \angle 90° (\Omega)$$

$$Z_{C(2)} = \frac{R\left(\dfrac{1}{\text{j}2\omega C}\right)}{R + \dfrac{1}{\text{j}2\omega C}} = \frac{2000 \times \dfrac{1}{\text{j}2 \times 314 \times 10 \times 10^{-6}}}{2000 + \dfrac{1}{\text{j}2 \times 314 \times 10 \times 10^{-6}}}$$

$$= 158 \angle -85.4° (\Omega)$$

$$Z_{L(2)} + Z_{C(2)} = 3140 \angle 90° + 158 \angle -85.4° = 2983 \angle 89.8° (\Omega)$$

所以，二次谐波分量在负载上的电压有效值和幅值为

$$U_{R(2)} = \frac{47.2}{2983} \times 158 = 2.5 (\text{V})$$

$$U_{R(2)m} = 2.5\sqrt{2}\text{V} = 3.5\text{V}$$

可见，经滤波后，负载上尚有幅值为直流分量约 3.5% 的二次谐波。

（4）对四次谐波来说，仍按步骤（3）的方法，求得

$$\dot{U}_{(4)} = 9.4 \angle 0° \text{V}$$

$$Z_{L(4)} = 6280 \angle 90° \Omega$$

$$Z_{C(4)} = 79.5 \angle -87.7° \Omega$$

$$Z_{L(4)} + Z_{C(4)} = 6200 \angle 89.8° (\Omega)$$

$$U_{R(4)} = \frac{9.4}{6200} \times 79.5 = 0.12\text{V}$$

$$U_{R(4)m} = 0.12\sqrt{2}\text{V} = 0.17\text{V}$$

可见，滤波后，负载上只有约 0.17% 的四次谐波。

从上例可以看到，加在滤波器两端的电压是从全波整流器获得的波动很大的单向电压（二次谐波分量的幅值占直流分量 66.7%），经过滤波电路后，负载上获得波动很小、接近平直的直流电源电压（二次谐波分量的幅值占直流分量仅 3.4%）。可见，用谐波分析的方法很好地解释了这种滤波器的工作原理。

综上所述，电感元件的感抗与频率成正比，对高次谐波有抑制作用，即使高次谐波分量产生较小的电流分量，且电感上高次谐波分量的分压较大。电容元件的容抗与频率成反比，高次谐波电流容易通过，即使高次谐波分量产生较大的电流分量，且电容上高次谐波分量的分压较小。在电工技术中，当电源电压为非正弦周期函数，而在负载上希望只含有某一些谐波成分，或者某一些范围内的频率成分时，常常利用上述性质，设计由电感和电容组成的无源网络，将其接在电源和负载之间，使某些谐波分量有很大的衰减，或者说滤去某些谐波分量。这样的电感电容网络称为滤波器。按照滤波器的功用，分为低通

滤波器、高通滤波器、带通滤波器和带阻滤波器。毫无疑问,谐波分析法就是这些滤波器分析与设计的重要工具。

本章小结

(1) 正弦电压和正弦电流的大小和方向都随时间按正弦规律变化,它们的三角函数表述式为

$$u = U_m \sin(\omega t + \varphi_u)$$

$$i = I_m \sin(\omega t + \varphi_i)$$

最大值(有效值)、角频率(频率)、初相位是确定正弦量的三要素,并且

$$U_m = \sqrt{2}U, \quad I_m = \sqrt{2}I, \quad \omega = 2\pi f = \frac{2\pi}{T}$$

(2) 初相位是正弦量在计时起点的相位,其大小与所选取的计时起点有关。相位差用于表示两个同频率正弦量的相位关系,其值等于它们的初相位之差。

(3) 在正弦交流电路中,各处电压和电流都是同频率的正弦量,故计算正弦交流电路中的电压和电流,可归纳为计算它们的幅值(或有效值)和初相位。因此,可以用复数表示正弦量。表示正弦量的复数称为相量。相量与正弦量具有一一对应关系,即

$$\dot{U} \leftrightarrow u(t) = \sqrt{2}U\sin(\omega t + \varphi_u)$$

$$\dot{I} \leftrightarrow i(t) = \sqrt{2}I\sin(\omega t + \varphi_i)$$

在复坐标平面上,用有向线段表示相量的图形,称为相量图。在相量图上能够清晰地看出各正弦量的大小和相位关系。

(4) 分析正弦交流电路的基本依据仍然是两类约束。在 u、i 为关联参考方向的情况下,电路元件伏安关系的相量形式为

电阻元件:
$$\dot{U} = R\dot{I}$$

电感元件:
$$\dot{U} = j\omega L\dot{I} = jX_L\dot{I}$$

电容元件:
$$\dot{U} = -j\frac{1}{\omega C} = -jX_C\dot{I}$$

基尔霍夫定律的相量形式为

KCL:
$$\sum_{k=1}^{n} \dot{I}_k = 0$$

KVL:
$$\sum_{k=1}^{m} \dot{U}_k = 0$$

(5) 复阻抗为

$$Z = \frac{\dot{U}}{\dot{I}} = |Z| \angle \varphi$$

对于 RLC 串联电路,复阻抗为

$$Z = R + j\left(\omega L - \frac{1}{\omega C}\right) = R + j(X_L - X_C) = R + jX$$

复阻抗不仅表示了对应端钮上电压与电流有效值之间的关系,也指出了两者之间的相位关系。复阻抗在正弦交流电路的计算中是一个十分重要的概念。

(6) 用相量法计算正弦交流电路时,一般有三个步骤。

① 将正弦量用相量表示。

② 画出原电路的相量模型。在相量模型中,电压和电流用相量表示;电阻仍用 R 表示;电感和电容分别用 $j\omega L$ 和 $-j\dfrac{1}{\omega C}$ 表示,即用复阻抗表示。

③ 根据相量模型列出电路方程并求解。最后根据求出的相量写出对应的正弦量。

用相量法分析正弦交流电路时,原则上可套用直流电路的分析方法,只要把直流电阻电路中的电压和电流换成电压相量与电流相量,把电阻换成复阻抗就可以了。

(7) 交流电路中的功率计算公式为

$$P = UI\cos\varphi, \quad Q = UI\sin\varphi, \quad S = UI$$

平均功率是电阻消耗的功率,故其计算公式还可写为

$$P = \sum_{k=1}^{n} P_k$$

式中: P_k 是电路中第 k 个电阻元件的平均功率。无功功率的计算公式亦可写为

$$Q = \sum_{k=1}^{n} Q_k$$

式中: Q_k 是电路中电感元件和电容元件的无功功率。对于电感元件来说, Q_k 前为" ＋ ",对于电容元件来说, Q_k 前为"一"。视在功率的计算公式为

$$S = \sqrt{P^2 + Q^2}$$

复功率为

$$\overline{P} = P + jQ$$

(8) 提高功率因数 $\cos\varphi$,能提高电源设备利用率,并能减少线路的功率损耗,是节能措施之一。感性负载过多而造成电路功率因数较低时,可通过与感性负载并联电容来提高。

(9) 在 RLC 电路中,当电路的电流和电压同相时,电路发生谐振,此时电路呈电阻性。

RLC 串联电路中发生的谐振称为串联谐振,谐振频率 $f_0 = \dfrac{1}{2\pi\sqrt{LC}}$。此时,电路阻抗为最小值,电流达到最大值,电阻上的电压等于电源电压,电容和电感两端的电压有可能大大超过电源电压,故串联谐振又称为电压谐振。

RLC 并联电路中发生的谐振称为并联谐振。此时,电路呈高阻抗,总电流很小,电感和电容中的电流比总电流有可能大许多倍,故并联谐振又称为电流谐振。

(10) 非正弦周期电流、电压可以利用傅里叶级数展开式分解为直流分量和各次谐波

分量之和,即

$$i_{(t)} = I_0 + \sum_{k=1}^{\infty} I_{km}\sin(k\omega t + \varphi_{ik})$$

$$u_{(t)} = U_0 + \sum_{k=1}^{\infty} U_{km}\sin(k\omega t + \varphi_{uk})$$

(11) 可以用傅里叶级数的系数公式,或者用查表的方法,确定非正弦周期电流、电压的直流分量和各次谐波。

(12) 应用线性电路的叠加原理,分别求直流分量与各次谐波的电路响应分量,然后将这些响应分量的瞬时表达式叠加为电路总的响应。各次谐波分量的计算可应用相量法。

(13) 非正弦周期电流、电压的有效值等于直流分量与各次谐波分量有效值的平方和的平方根,即

$$I = \sqrt{I_0^2 + \sum_{k=1}^{\infty} I_k^2}$$

$$U = \sqrt{U_0^2 + \sum_{k=1}^{\infty} U_k^2}$$

非正弦周期电流、电压的平均值(一般指整流平均值)等于它们的绝对值在一个周期上的平均值,即

$$I_{av} = \frac{1}{T}\int_0^T |i|\,dt$$

$$U_{av} = \frac{1}{T}\int_0^T |u|\,dt$$

非正弦周期电流、电压构成的平均功率等于其直流分量和各次谐波分量的平均功率之和,即

$$P = P_0 + \sum_{k=1}^{\infty} P_k$$

习题五

5.1 已知 $i_1 = 5\sin(314t - 60°)(A)$,$i_2 = 6\sin(315t - 60°)(A)$。两者的相位差为零,对不对? 为什么?

5.2 用交流电压表测得某正弦交流电压是 220V,它的幅值为多少? 若通过某电动机的电流 $i = 10\sin(100t - 60°)(A)$,它的有效值为多少?

5.3 根据本书规定的符号,若写成 $U = 100\sin(314t + 10°)(V)$,$i = I\sin(\omega t + \varphi_i)(A)$,对不对?

5.4 分别写出图 5.59 中电流 i_1、i_2 的相位差,并说明 i_1 与 i_2 的相位关系。

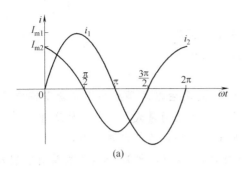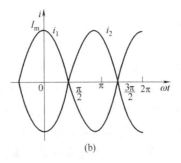

图 5.59　题 5.4 的图

5.5　设 $\dot{U}$ 和 $\dot{I}$ 分别为正弦电压 u 和正弦电流 i 的相量,则有 $\dot{U}=u$,$\dot{I}=i$,对吗? 为什么?

5.6　写出下列正弦量的有效值相量,并画出它们的相量图。

(1) $u_1=10\sqrt{2}\sin\left(\omega t+\dfrac{\pi}{2}\right)(A)$

(2) $i_1=5\sqrt{2}\cos\left(\omega t+\dfrac{\pi}{2}\right)(A)$

(3) $i_2=-6\sqrt{2}\sin\left(\omega t+\dfrac{\pi}{2}\right)(A)$

5.7　指出下列各式的错误。

(1) $u_1=5\sin(\omega t-30°)=5e^{-j30}(V)$

(2) $u_2=5\cos(\omega t-30°)(V)$,则 $U_{2m}=5\angle-30°V$

(3) $i_1=10\angle60°A$

(4) $\dot{I}=5\angle60°A=5\sqrt{2}\sin(\omega t+60°)(A)$

(5) $u_L=I(j\omega L)$

5.8　指出下列各式的错误。

(1) $u=\omega LI$　(2) $u=Li$　(3) $u=j\omega LI$　(4) $\dot{U}=\omega LI$　(5) $X_L=\dfrac{u}{i}$

5.9　KCL 和 KVL 能否分别写成 $\displaystyle\sum_{k=1}^{n}I_k=0$ 和 $\displaystyle\sum_{k=1}^{m}U_k=0$ 的形式? 式中,I_k 和 U_k 分别为电流、电压的有效值。为什么?

5.10　图 5.60 所示为 RC 滤波电路。u_1 含有直流和交流成分时,输出电压 u_2 的交流成分将减少。试定性说明此电路的滤波原理。

5.11　在 RLC 串联电路中,总电压有效值等于各元件电压有效值之和,即 $U=U_R+U_L+U_C$ 吗? 在 RLC 并联电路中,总电流有效值等于各元件上电流有效值之和,即 $I=I_R+I_L+I_C$ 吗?

5.12　在已知频率情况下,计算出下列各电路

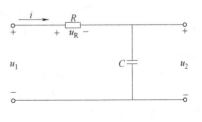

图 5.60　题 5.10 的图

阻抗为

RC 电路:$Z=(5+j2)\Omega$;RL 电路:$Z=(5-j8)\Omega$

RLC 电路:$Z=(5-j10)\Omega$;RC 电路:$Z=(3+j3)\Omega$

这些结果都正确吗?为什么?

5.13   对于 RL 串联电路,当并入电容后,发现由电源供给的无功功率减少了;将另一个电容也并入电路,发现由电源供给的无功功率反而增大了。试说明道理。

5.14   为了提高功率因数,是否可以将电容与感性负载串联?为什么?

5.15   某一正弦交流电源向负载 Z_1(感性)和 Z_2(容性)供电,各负载有功功率分别为 P_1 和 P_2,无功功率分别为 Q_1 和 Q_2,则电源供给负载的总有功功率 $P=P_1+P_2$,总无功功率 $Q=Q_1+Q_2$,视在功率 $S=P+Q$。这些结果对吗?

5.16   对于按图 5.61 所示选取的电流参考方向,$i=100\sin\left(\omega t+\dfrac{\pi}{3}\right)$(A)。若将参考方向取反,$i$ 的表达式如何?

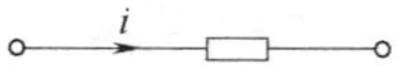

图 5.61   题 5.16 的图

5.17   将 10A 的直流电流和最大值等于 10A 的交流电流分别通入阻值相同的电阻。试问在交流电流的一个周期内,哪种情况的电阻发热较大?

5.18   有一个电容器,额定电压为 200V,问能否接在交流电压为 200V 的交流电源上?

5.19   已知某元件 N 的端电压为 $u=10\sqrt{2}\sin(314t+30°)$(V),求流过它的电流。元件 N 分别为:①电阻,$R=10k\Omega$;②电感,$L=100mH$;③电容,$C=5\mu F$。

5.20   有一个绝缘良好的电容器,$C_1=10\mu F$,接到 $u=220\sqrt{2}\sin314t$(V)交流电源上。求该电容的容抗和流过它的电流,并画出相量图。另将一只 $C_2=5\mu F$ 的电容器接在同一个电源上,试比较它们的容抗和电流的大小。

5.21   若电阻、电感和电容的 R、X_L 和 X_C 值都是 10Ω,分别对它们加电压 $u=220\sqrt{2}\sin\omega t$(V)。

(1) 试分别写出它们的电流瞬时表达式。

(2) 画出它们的相量图。

5.22   某一线圈接到 100V 的直流电源上,消耗功率 2500W。当该线圈接到 100V 的交流电源上时,消耗功率 1600W,交流电源的 ω 为 314rad/s。试求线圈 R、L 及 X_L。

5.23   图 5.62 所示是一个移相电路,改变 C 或 R 的数值都能达到移相的目的。现已知 $R=300\Omega$,输入信号的频率为 400Hz,要求输出电压 u_o 和输入信号 u_i 相位差 45°,求电容值。

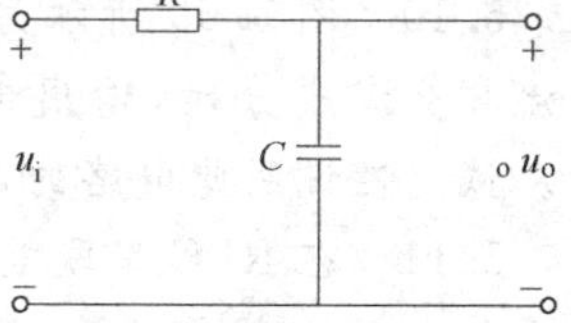

图 5.62   题 5.23 的图

5.24   在 RLC 串联电路中,已知 $R=500\Omega$,$L=500mH$,$C=0.5\mu F$。在下列情况下求 $|Z|$:①$\omega=100rad/s$;②$\omega=3000rad/s$。

5.25   由电阻 R、电感 L 和电容 C 串联而成的电路接到频率为 100Hz,电压有效值为 100V 的正弦电压上。已知 $R=3\Omega$,$X_L=2\Omega$,$X_C=6\Omega$。求电流的有效值及与电压的相位差。如果频率提高到 200Hz，但电压有效值不变，则电流和相位差各为多少？

5.26　在图 5.63 所示的各电路图中，除电流表 PA 和电压表 PV 外，其余电流表和电压表的读数在图上均已标出（均是正弦量的有效值），求 PA 或 PV 的读数。

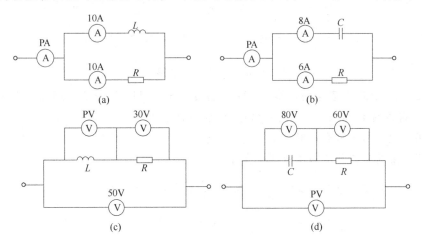

图 5.63　题 5.26 的图

5.27　将感性负载接到 50Hz 的电源上。已知电源电压 $U=100V$，电流 $I=10A$，负载消耗的平均功率为 600W。求：①电路的功率因数 $\cos\varphi$；②负载的电阻值及感抗值。

5.28　把一只日光灯（感性负载）接到 220V、50Hz 的电源上。已知电流有效值为 0.366A，功率因数为 0.5，现欲将功率因数提高到 0.9，问应当并联多大的电容？

5.29　在图 5.64 所示电路中，$u=220\sqrt{2}\sin(314t-143.1°)(V)$，电流 $i=22\sqrt{2}\sin314t(A)$，试确定：①负载阻抗 Z，并说明性质；②负载的功率因数、有功功率及无功功率。

5.30　电路如图 5.65 所示，$u_S=40\sqrt{2}\sin3000t(V)$，求 i、i_C 和 i_L。

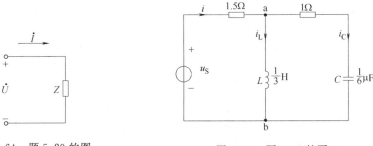

图 5.64　题 5.29 的图　　　　　　图 5.65　题 5.30 的图

5.31　在 RLC 串联电路中，当电源角频率 $\omega<\omega_0$（谐振频率）和 $\omega>\omega_0$ 时，电路各是什么性质？

5.32　串联电路通用谐振曲线与品质因数 Q 有什么关系？电路的选择性与 Q 值又有什么关系？

5.33　在 RLC 并联电路中，当电源角频率 $\omega<\omega_0$（谐振频率）和 $\omega>\omega_0$ 时，电路各是什么性质？

5.34　各电路如图 5.66 所示，分别求其谐振频率。

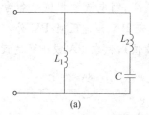 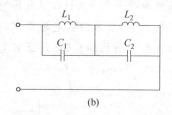

$$(a) \qquad\qquad\qquad (b)$$

图 5.66　题 5.34 的图

5.35　在 RLC 串联谐振电路中，$R=50\Omega,L=400\text{mH},C=0.254\mu\text{F}$ ，电源电压 $U=10\text{V}$。求：谐振频率；谐振时，电路中的电流；各元件上的电压。

5.36　试述周期信号的频谱具有哪些特性。

5.37　某周期信号的傅里叶级数如下所示，试绘出其幅度频谱。

$$f(t)=\frac{\pi}{4}+\cos\omega t-\frac{1}{3}\cos3\omega t+\frac{1}{5}\cos5\omega t-\frac{1}{7}\cos7\omega t+\cdots$$

$$=\frac{\pi}{4}+\sin\left(\omega t+\frac{\pi}{2}\right)+\frac{1}{3}\sin\left(3\omega t-\frac{\pi}{2}\right)+\frac{1}{5}\sin\left(5\omega t+\frac{\pi}{2}\right)$$

$$+\frac{1}{7}\sin\left(7\omega t-\frac{\pi}{2}\right)+\cdots$$

5.38　在非正弦周期量中，各次谐波的有效值与最大值之间有 $I_{km}=\sqrt{2}I_k$ 的关系。整个非正弦周期量的有效值与峰值之间是否仍然存在 $I_m=\sqrt{2}I$ 的关系？为什么？

5.39　交流电流的有效值、平均值、整流平均值的概念有什么区别？试分别写出其定义式。

5.40　电感线圈与电容串联，已知外加电压 $u=300\sin\omega t+150\sin3\omega t(\text{V})$，电感线圈的基波阻抗 $Z_{L(1)}=(5+j12)\Omega$，电容基波容抗 $X_{C(1)}=30\Omega$。求电路的电流瞬时值及有效值。

5.41　电路如图 5.67 所示，已知 $R=\omega L=1/\omega C=10(\Omega)$，电压 $u=220\sin\omega t+90\sin3\omega t+50\sin5\omega t(\text{V})$。求总电流瞬时值、有效值及电路的平均功率。

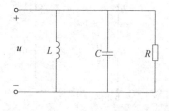 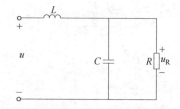

图 5.67　题 5.41 的图　　　　　　　图 5.68　题 5.43 的图

5.42　当一个有效值为 100V 的正弦电压加在一个纯电感 L 两端时，得到电流 $I=10\text{A}$；当电压中有三次谐波分量，有效值仍为 100V 时，得到电流 $I=8\text{A}$。试求这一电压的基波和三次谐波电压的有效值。

5.43　电路如图 5.68 所示，已知 $u_R=50+10\sin\omega t(\text{V})$，$R=100\Omega,L=2\text{mH},C=50\mu\text{F},\omega=10^3\text{rad/s}$。试求电源电压 u 的瞬时表达式、有效值及电源平均功率。

5.44　图 5.69 所示为一个低通滤波器，其输入电压 $u_1=400+100\cos3\omega t-20\cos6\omega t(\text{V})$，试求负载电压 u_2 的有效值（$\omega=314\text{rad/s}$）。

5.45　图 5.70 所示为滤波电路,要求负载中不含基波分量,但四次谐波分量能全部传送至负载。若 $\omega_1=1000\text{rad/s}$,$C=1\mu\text{F}$,求 L_1 和 L_2。

5.46　图 5.71 所示电路中,$u_S(t)$ 为非正弦周期电压,其中含有三次和七次谐波分量。如果要求在输出电压 $u(t)$ 中不含这两个谐波分量,问 C、L 应为多少?

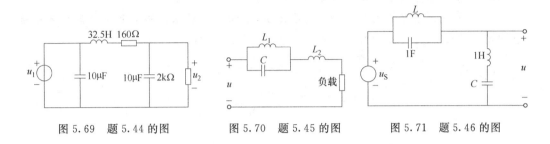

图 5.69　题 5.44 的图　　　　图 5.70　题 5.45 的图　　　　图 5.71　题 5.46 的图

自测题五

一、填空题(每空 2 分,共 28 分)

1. 已知 $i=10\cos(100t-30°)(\text{A})$,$u=5\sin(100t-60°)(\text{A})$,则 i、u 的相位差为(　　),且 i(　　)u。

2. 为提高电路的功率因数,对于容性负载,应并接(　　)元件;对于感性负载,应并接(　　)元件。

3. 对于单口网络,其入端阻抗形式是 $Z=R+jX$。当 $X>0$ 时,单口网络呈(　　)性质;当 $X<0$ 时,单口网络呈(　　)性质;当 $X=0$ 时,单口网络呈(　　)性质。

4. 在串联谐振电路中,随着品质因数 Q 值增大,曲线越(　　),电路的选择性(　　)。

5. 在串联谐振电路中,特性阻抗定义为(　　),电路的品质因数定义为(　　)。

6. 周期信号的频谱具有(　　)、(　　)和(　　)三个特性。

二、单选题(每小题 3 分,共 12 分)

7. 电阻与电感元件并联,它们的电流有效值分别为 3A 和 4A,则其总电流有效值为(　　)A。

　　A. 7　　　　　B. 6　　　　　C. 5　　　　　D. 4

8. 关于理想电感元件的伏安关系,下列各式正确的是(　　)。

　　A. $u=\omega Li$　　B. $u=Li$　　C. $u=j\omega Li$　　D. $u=L\text{d}i/\text{d}t$

9. 电感与电容元件并联,它们的电流有效值分别为 3A 和 4A,则其总电流有效值为(　　)A。

　　A. 7　　　　　B. 1　　　　　C. 5　　　　　D. 4

10. 关于视在功率,正确的公式是(　　)。

　　A. $S=\sqrt{P^2+Q^2}$　　　　　B. $S=P+jQ$

$\qquad$ C. $S=P+Q$ $\qquad$ D. $S=UI\cos\varphi$

三、计算题(共60分)

11. 正弦交流电路如图5.72所示,已知$\dot{U}=8\angle0°$V,$Z_1=(1-j0.5)\Omega$,$Z_2=(1+j1)\Omega$,$Z_3=(3-j1)\Omega$。求输入阻抗Z_{in}和电流$\dot{I}_1$。(10分)

12. 正弦交流电路如图5.73所示,已知$\omega=2$rad/s。试求电路a、b端口的输入阻抗Z_{ab}和输入导纳Y_{ab}。(10分)

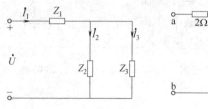 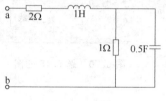 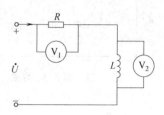

图5.72　自测题11的图　　　　图5.73　自测题12的图　　　　图5.74　自测题14的图

13. 设加在二端网络的电压、电流分别为

$$u=40+180\sqrt{2}\sin\omega t+60\sqrt{2}\sin(3\omega t+45°)(\text{V})$$

$$i=2+1.43\sqrt{2}\sin(2\omega t+85.3°)+6\sqrt{2}\sin(3\omega t+45°)(\text{A})$$

试求二端网络的平均功率。(5分)

14. 已知图5.74中的第一只电压表读数为30V,第二只电压表的读数为60V,求电路端电压的有效值U。(5分)

15. 图5.75中各电压表的读数分别为:第一只15V,第二只80V,第三只100V。求电路端电压的有效值U。(5分)

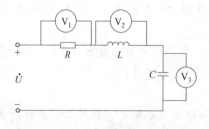 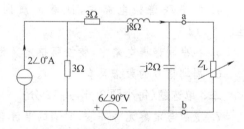

图5.75　自测题15的图　　　　　　　图5.76　自测题17的图

16. 对于RLC串联电路,已知$R=1\Omega$,$L=2$H,$C=1$F,外加正弦交流电压$u=10\sqrt{2}\sin\omega t$(V)。求电路有功功率P、无功功率Q和功率因数$\cos\varphi$。(15分)

17. 如图5.76所示正弦交流电路的相量模型。求负载Z_L获得最大功率的条件及最大功率值:①负载阻抗角φ_L可变;②阻抗角保持$\varphi_L=36.87°$不变。(10分)

CHAPTER 6

具有耦合电感的电路

耦合电感在工程中有着广泛的应用。本章主要介绍耦合电感中的磁耦合现象、互感和耦合系数、耦合电感的同名端等基本概念，介绍耦合电感的磁通链方程和伏安关系式，介绍含有耦合电感电路的分析方法，最后介绍空心变压器和理想变压器的基本概念及其分析计算方法。

6.1 互感

6.1.1 两个线圈的互感

由法拉第电磁感应定律可知，只要线圈所交链的磁通发生变化，在线圈中就会产生感应电势（或称感应电压）。单个线圈通过交变电流时，在其两端产生的感应电压称为自感电压。对于两个相邻的线圈，当一个线圈通过交变电流时，不仅有自感电压产生，同时在另一个线圈两端将产生感应电压。这种载流线圈之间通过彼此的磁场相互联系的物理现象称为互感现象，所产生的感应电压称为互感电压。两个相互具有磁耦合的线圈称为互感线圈或耦合线圈。

图 6.1 给出了具有磁耦合的两个载流线圈，其匝数分别为 N_1 和 N_2，电感分别为 L_1 和 L_2，载流线圈中的电流分别为 i_1 和 i_2，根据两个线圈的绕向、电流的参考方向和两个线圈的相对位置，根据右手螺旋法则，确定电感电流产生的磁通方向和彼此交链的情况。线圈 1 中通过的交变电流 i_1 所产生的磁通 Φ_{11} 称为自感磁通，该磁通与线圈 1 交链，产生自感磁通链 Ψ_{11}。Φ_{11} 的一部分或全部与线圈 2 相交链，这部分由线圈 1 中的电流 i_1 产生的，与线圈 2 相交链的磁通记作 Φ_{21}，称为互感磁通。Φ_{21} 交链线圈 2 所产生的磁通链 Ψ_{21} 称为互感磁通链，其耦合情况如图 6.1(a)所示。同理，线圈 2 中的交变电流 i_2 也产生与本线圈相交链的自感磁通 Φ_{22} 和自感磁通链 Ψ_{22}。Φ_{22} 中的一部分或全部与线圈 1 相交链，产生互感磁通 Φ_{12} 和互感磁通链 Ψ_{12}，其耦合情况如图 6.1(b)所示。图 6.1(a)和图 6.1(b)可以并为一个图，分开画的目的是为了更清晰。

由图 6.1 可知，耦合线圈中的磁通链包括自感磁通链和互感磁通链两部分，二者的方向可能相同或者相反，取决于线圈的绕向、相对位置和电流的方向。因此，耦合线圈中的磁通链等于自感磁通链和互感磁通链的代数和。如果线圈 1 和线圈 2 中的总磁通链分别用 Ψ_1 和 Ψ_2 表示，则有：

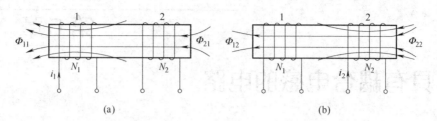

图 6.1 两个线圈的互感

$$\Psi_1 = \Psi_{11} \pm \Psi_{12} \tag{6.1}$$

$$\Psi_2 = \Psi_{21} \pm \Psi_{22} \tag{6.2}$$

式(6.1)和式(6.2)中,自感磁通链 Ψ_{11}(或 Ψ_{22})与互感磁通链 Ψ_{12}(或 Ψ_{21})方向一致时取正号,反之取负号。

当线圈周围的空间是各向同性的线性磁介质时,每一种磁通链都与产生它的电流成正比,于是有:

$$\Psi_1 = \Psi_{11} \pm \Psi_{12} = L_1 i_1 \pm M_{12} i_2 \tag{6.3}$$

$$\Psi_2 = \Psi_{21} \pm \Psi_{22} = M_{21} i_1 \pm L_2 i_2 \tag{6.4}$$

式(6.3)和式(6.4)中,L_1 和 L_2 分别为两个线圈的电感系数,也称为自感系数,简称自感;M_{12} 和 M_{21} 分别为两个线圈之间的互感系数,简称互感,单位为 H(亨利)。可以证明,$M_{12} = M_{21}$,所以当只有两个线圈之间具有磁耦合时,可以略去 M 的下标,并记为 $M_{12} = M_{21} = M$。本书中,M 为正常数。此时,两个耦合线圈的磁通链表达式为

$$\Psi_1 = L_1 i_1 \pm M i_2 \tag{6.5}$$

$$\Psi_2 = M i_1 \pm L_2 i_2 \tag{6.6}$$

6.1.2 耦合线圈的耦合系数

互感 M 的量值反映了一个线圈在另一个线圈中产生磁通的能力。两个耦合线圈的电流所产生的磁通在一般情况下只有部分相交链,彼此不交链的那一部分称为漏磁通。为了定量地描述两个线圈耦合的紧疏程度,把两个线圈的互感磁通链与自感磁通链比值的几何平均值定义为耦合系数 k,即

$$k = \sqrt{\left|\frac{\Psi_{12}}{\Psi_{11}}\right| \cdot \left|\frac{\Psi_{21}}{\Psi_{22}}\right|} \tag{6.7}$$

由于 $\Psi_{11} = L_1 i_1$,$|\Psi_{12}| = M i_2$,$\Psi_{22} = L_2 i_2$,$|\Psi_{21}| = M i_1$,且 $|\Psi_{12}| \leqslant \Psi_{22}$,$|\Psi_{21}| \leqslant \Psi_{11}$,代入式(6.7)后,得:

$$k = \frac{M}{\sqrt{L_1 L_2}} \leqslant 1 \tag{6.8}$$

对于如图 6.2(a)所示的两个线圈来说,由于它们紧密地绕在一起,所以通过每个线圈的自感磁通和互感磁通几乎相等,因此 $k \approx 1$;而如图 6.2(b)所示的两个线圈相距较远,且两个线圈的轴线互相垂直,它们之间无互感磁通的交链,所以 $k = 0$。通常 $k > 0.5$ 时,称为紧耦合;$k < 0.5$ 时,称为松耦合;$k = 0$ 时,称为无耦合;$k = 1$ 时,称为全耦合。

研究表明,耦合系数 k 的大小与两个线圈的结构、相互位置以及线圈周围的磁介质性质有关。由此可见,改变或调整两个线圈的相互位置可以改变耦合系数的大小,当 L_1 和 L_2 一定时,也就相应地改变了互感 M 的大小。在工程上,有时要尽量减小互感的作用,以避免线圈之间的相互干扰。这方面除了采用屏蔽手段外,一个有效的方法就是合理布置线圈的相互位置,以减小互感的作用。

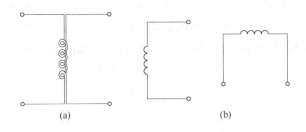

图 6.2　耦合系数与线圈相互位置的关系

在电力变压器和无线电技术中,为了更有效地传输功率或信号,总是采用极紧密的耦合,使 k 值尽可能接近 1。通常采用将线圈绕在铁磁材料制成的芯子上来达到这一目的。

6.1.3　互感线圈的同名端及其伏安关系

1. 互感线圈的同名端及其测定方法

耦合线圈中的电流随时间变动时,线圈中的自感磁通链和互感磁通链都将随之变化。根据电磁感应定律可知,交变的自感磁通链和互感磁通链通过线圈时,在线圈的两端将产生自感电压和互感电压。如果在选择线圈电流和自感磁通的参考方向时,总是使它们之间符合右手螺旋关系,并且各线圈的电压与电流取关联参考方向,则有

$$u_1 = \frac{\mathrm{d}\Psi_1}{\mathrm{d}t} = \frac{\mathrm{d}\Psi_{11}}{\mathrm{d}t} \pm \frac{\mathrm{d}\Psi_{12}}{\mathrm{d}t} = L_1 \frac{\mathrm{d}i_1}{\mathrm{d}t} \pm M \frac{\mathrm{d}i_2}{\mathrm{d}t} = u_{11} + u_{12} \tag{6.9}$$

$$u_2 = \frac{\mathrm{d}\Psi_2}{\mathrm{d}t} = \frac{\mathrm{d}\Psi_{21}}{\mathrm{d}t} \pm \frac{\mathrm{d}\Psi_{22}}{\mathrm{d}t} = \pm M \frac{\mathrm{d}i_1}{\mathrm{d}t} + L_2 \frac{\mathrm{d}i_2}{\mathrm{d}t} = u_{21} + u_{22} \tag{6.10}$$

式中:$u_{11} = L_1 \dfrac{\mathrm{d}i_1}{\mathrm{d}t}$ 和 $u_{22} = L_2 \dfrac{\mathrm{d}i_2}{\mathrm{d}t}$ 称为自感电压,$u_{12} = \pm M \dfrac{\mathrm{d}i_2}{\mathrm{d}t}$ 和 $u_{21} = \pm M \dfrac{\mathrm{d}i_1}{\mathrm{d}t}$ 称为互感电压。当互感磁通链和自感磁通链的参考方向一致时,互感电压和自感电压的参考方向相同,互感电压取正号,反之取负号。互感磁通链和自感磁通链的参考方向是否一致,不仅与线圈电流的参考方向有关,还取决于线圈的绕向及线圈间的相对位置。然而实际的耦合线圈都是密封的,从外观上很难看到线圈的绕向。另外,在电路图中画出线圈的绕向及线圈间的相对位置很不方便,也不现实,于是约定一种符号,用以表明线圈绕向和相对位置的关系,这种符号称为同名端。引入同名端后,互感电压的参考方向就完全取决于线圈电流的参考方向和同名端的位置。

所谓同名端,指的是耦合线圈中的这样一对端钮:当线圈的电流同时流入(或流出)

这对端钮时,在各线圈中产生的自感磁通链和互感磁通链的参考方向一致。同名端通常采用相同的符号,如"＊"或"·"等作为标记,另外两个没有标记的端子当然也是同名端。必须注意,同名端的位置只取决于耦合线圈的绕向和相对位置,而与线圈电流的参考方向无关。

对于绕向和相对位置已知的耦合线圈,根据同名端的定义,即可标定其同名端。图 6.3 给出了绕向和相对位置已经确定的互感线圈,并标出了它们的同名端。如图 6.3 (a)、图 6.3(b)所示是具有一对耦合线圈的情况;当有两个以上的线圈彼此之间存在磁耦合时,应该选择不同的符号,对同名端一对一对地标记,如图 6.3(c)所示。

若耦合线圈中的一对端钮不是同名端,称这对端钮为异名端。例如图 6.3(a)中,2—4 (或 1—3)端为同名端,而 1—4(或 2—3)端为异名端。

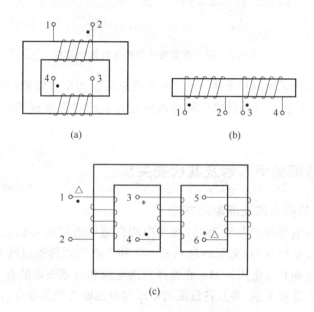

图 6.3   互感线圈的同名端

对于难以知道实际绕向的耦合线圈,可以采用实验的方法来测定同名端。通常有直流判别法和交流判别法两种。

1) 直流判别法

图 6.4(a)所示是利用直流判别法确定互感线圈同名端的实验电路。当开关 S 闭合瞬间,电流 i 从线圈的端钮 1 流入,且 $\dfrac{\mathrm{d}i}{\mathrm{d}t}>0$,如果此时电压表的指针正向偏转,表明线圈的端钮 1 和 3 是同名端,即电流流入的端钮与互感电压的正极性端为同名端;反之,如果开关 S 闭合瞬间,电压表的指针反向偏转,则 1 和 4 是同名端。

2) 交流判别法

用交流法测定互感线圈同名端的实验电路如图 6.4(b)所示。将两个线圈 1—2 和 3—4 的任意两端(如 2 和 4)连接在一起,在其中一个线圈(如 1—2)两端加比较低的便于测量的电压。用伏特计分别测量 1、3 两端的电压 U_{13} 和两个线圈的电压 U_{12} 及 U_{34}。如

果 U_{13} 的数值是两线圈电压之差,则 1 和 3 是同名端。如果 U_{13} 是两线圈电压之和,则 1 和 4 是同名端。

　　判断互感线圈的同名端不仅在理论分析中很有必要,在实际工作的现场中也是非常重要的,如果同名端判断错了,不仅达不到预期的目的,甚至会造成严重的后果。

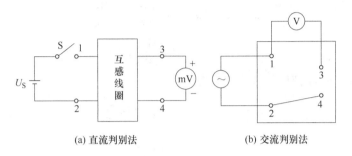

(a) 直流判别法　　　　　　　　　(b) 交流判别法

图 6.4　确定同名端的实验电路

2. 耦合电感的伏安关系

1) 耦合电感的电路模型及其伏安关系

　　当耦合线圈的同名端确定以后,就可以利用电感元件的电路符号画出耦合线圈的电路模型。耦合线圈的电路模型简称为耦合电感。如图 6.3(a) 和图 6.3(b) 所示的耦合线圈的电路模型如图 6.5(a) 和图 6.5(b) 所示。从耦合电感的电路模型可以看出,两个线圈的耦合电感是一个由 L_1、L_2 和 M 三个参数表征的四端元件。注意,要标出同名端。

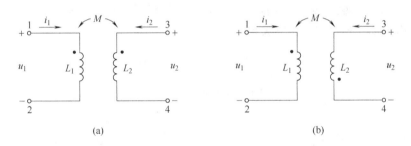

(a)　　　　　　　　　　　　　　(b)

图 6.5　耦合电感的电路模型

　　当耦合电感通过交变电流时,其两端将产生自感电压和互感电压,端口电压与电流之间的关系称为耦合电感的伏安关系。而端口电压是自感电压和互感电压的代数和,自感电压的正、负由电流的参考方向确定,与同名端无关。通常,自感电压与电流取关联参考方向。互感电压的参考方向按以下规则确定:在耦合电感中,若电流的参考方向是从同名端流入,则由它产生的互感电压的参考极性在同名端处为正;反之,若电流的参考方向是从同名端流出,则由它产生的互感电压的参考极性在同名端处为负。上述规则可概括为"进正出负"。自感电压和互感电压的参考方向确定后,再考虑自感电压、互感电压及端口电压的参考方向关系,然后根据 KVL 写出耦合电感的伏安关系。

　　【例 6.1】　写出如图 6.5 所示耦合电感的伏安关系。

　　解:在图 6.5(a) 中,电流 i_1 从端子 1 流入,且端子 1 和端子 3 为同名端,因此 i_1 在线圈2中产生的互感电压的正极在端子3处,负极在端子4处;同理,电流i_2从端子3流入,其同名端为端子1,因此i_2在线圈1中产生的互感电压的正极在端子1处,负极在端子2处。自感电压与电流取关联参考方向,再考虑端口电压的参考方向,根据 KVL 列写的伏安关系为

$$u_1 = u_{11} + u_{12} = L_1 \frac{\mathrm{d}i_1}{\mathrm{d}t} + M \frac{\mathrm{d}i_2}{\mathrm{d}t}$$

$$u_2 = u_{21} + u_{22} = M \frac{\mathrm{d}i_1}{\mathrm{d}t} + L_2 \frac{\mathrm{d}i_2}{\mathrm{d}t}$$

对于图 6.5(b),同理,可得其伏安关系为

$$u_1 = u_{11} + u_{12} = L_1 \frac{\mathrm{d}i_1}{\mathrm{d}t} - M \frac{\mathrm{d}i_2}{\mathrm{d}t}$$

$$u_2 = u_{21} + u_{22} = -M \frac{\mathrm{d}i_1}{\mathrm{d}t} + L_2 \frac{\mathrm{d}i_2}{\mathrm{d}t}$$

【例 6.2】 在如图 6.6 所示电路中,已知 $L_1 = 2\mathrm{H}$,$L_2 = 3\mathrm{H}$,$M = 1\mathrm{H}$,$i_1 = 10t(\mathrm{A})$,$i_2 = 5\cos 10t(\mathrm{A})$。求:

(1) 耦合电感中的磁通链 Ψ_1 和 Ψ_2。

(2) 耦合电感的端电压 $u_1(t)$ 和 $u_2(t)$。

解:(1)因为耦合电感的电流 i_1 和 i_2 都是流入同名端,所以自感磁通链和互感磁通链方向相同,于是有:

$$\Psi_1 = \Psi_{11} + \Psi_{12} = L_1 i_1 + M i_2 = 20t + 5\cos 10t(\mathrm{Wb})$$

$$\Psi_2 = \Psi_{21} + \Psi_{22} = M i_1 + L_2 i_2 = 10t + 15\cos 10t(\mathrm{Wb})$$

(2)由图 6.6 列出如下伏安关系式

$$u_1(t) = L_1 \frac{\mathrm{d}i_1}{\mathrm{d}t} + M \frac{\mathrm{d}i_2}{\mathrm{d}t} = 20 - 50\sin 10t(\mathrm{V})$$

$$u_2(t) = -M \frac{\mathrm{d}i_1}{\mathrm{d}t} - L_2 \frac{\mathrm{d}i_2}{\mathrm{d}t} = -10 + 150\sin 10t(\mathrm{V})$$

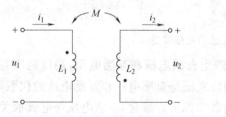
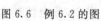
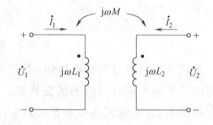

图 6.6 例 6.2 的图   图 6.7 耦合电感的相量模型

2)正弦交流电路中互感线圈伏安关系的相量形式

对于正弦稳态电路中的耦合电感,其电路模型可以用相量形式来表示。图 6.5(a)中耦合电感的相量模型如图 6.7 所示。根据相量模型,可直接写出相量形式的伏安关系。图 6.7 所示电路的伏安关系为

$$\dot{U}_1 = \mathrm{j}\omega L_1 \dot{I}_1 + \mathrm{j}\omega M \dot{I}_2 \qquad (6.11)$$

$$\dot{U}_2 = j\omega M \dot{I}_1 + j\omega L_2 \dot{I}_2 \qquad (6.12)$$

式中的 $j\omega L_1$ 和 $j\omega L_2$ 为耦合电感的自阻抗，$j\omega M$ 称为互阻抗，ωM 称为互感抗。以上各项正、负号的确定方法与前面时域内的完全相同。

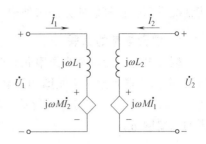

图 6.8　耦合电感的去耦等效电路

3) 耦合电感的去耦等效电路

由于耦合电感的互感电压反映了互感线圈之间电压与电流之间的关系，因此这种关系可用电流控制的电压源(CCVS)来表示。对于如图 6.7 所示的耦合电感，利用式(6.11)和式(6.12)，用 CCVS 表示的电路如图 6.8 所示。图中不再有同名端的标记，因此称为去耦等效电路。

【例 6.3】　写出如图 6.9 所示耦合电感的伏安关系式。

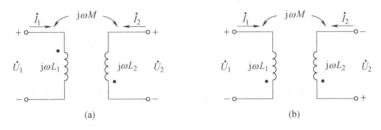

图 6.9　例 6.3 的图

解：对于如图 6.9(a)所示电路，有：

$$\dot{U}_1 = j\omega L_1 \dot{I}_1 - j\omega M \dot{I}_2$$

$$\dot{U}_2 = -j\omega M \dot{I}_1 + j\omega L_2 \dot{I}_2$$

对于如图 6.9(b)所示电路，有：

$$\dot{U}_1 = j\omega L_1 \dot{I}_1 + j\omega M \dot{I}_2$$

$$\dot{U}_2 = -j\omega M \dot{I}_1 - j\omega L_2 \dot{I}_2$$

6.2　具有耦合电感电路的计算

对于含有耦合电感电路的分析方法有两种：直接法和去耦法。本节重点介绍耦合电感的连接方式及其去耦等效电路，简单介绍直接法和去耦等效法在分析电路中的应用。

6.2.1　耦合电感的连接方式与去耦等效电路

耦合电感的两个线圈在实际电路中，一般是以采用某种方式相互连接的形式出现的，其连接方式有三种：串联、并联和三端连接。在分析含有耦合电感的电路时，针对上述情况采用去耦等效的方法来处理,使求解过程简化。因此,去耦法比直接法更常用。

1. 耦合电感的串联

耦合电感中的两个线圈串联有两种方式:顺向串联(或称顺接)和反向串联(或称反接)。顺向串联是把两个线圈的异名端相接,如图 6.10(a)所示;反向串联是把两个线圈的同名端相接,如图 6.10(b)所示。四端元件的耦合电感串联后形成了一个仅有两个端子的二端网络。

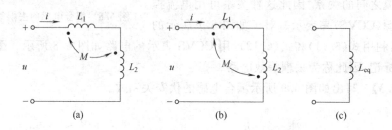

图 6.10 耦合电感的串联及其去耦等效电路

1) 电路的伏安关系

对于如图 6.10(a)、图 6.10(b)所示的耦合电感,根据 KVL 可得下列方程:

$$u = L_1 \frac{\mathrm{d}i}{\mathrm{d}t} \pm M \frac{\mathrm{d}i}{\mathrm{d}t} + L_2 \frac{\mathrm{d}i}{\mathrm{d}t} \pm M \frac{\mathrm{d}i}{\mathrm{d}t} = (L_1 + L_2 \pm 2M) \frac{\mathrm{d}i}{\mathrm{d}t} = L_{\mathrm{eq}} \frac{\mathrm{d}i}{\mathrm{d}t} \tag{6.13}$$

其中,

$$L_{\mathrm{eq}} = L_1 + L_2 \pm 2M \tag{6.14}$$

式(6.13)所示为耦合电感串联电路的伏安关系。式中,M 前的正号对应于顺向串联的情况,对应于图 6.10(a)所示电路;负号对应于反向串联的情况,对应于图 6.10(b)所示电路。

2) 等效电感和等效电路

根据式(6.13)得到耦合电感串联时的去耦等效电路,如图 6.10(c)所示。电路中的 L_{eq} 称为等效电感。通过上述讨论可知,耦合电感串联后形成的二端网络,总可以用一个等效电感来代替。

由于具有耦合的两个无源电感串联后形成的等效电感仍然是无源的,因此 L_{eq} 必为正值。这样,反向串联时,应有

$$L_1 + L_2 \geqslant 2M \tag{6.15}$$

式(6.15)说明,表征耦合电感性质的三个参数中,M 不能是任意的值,即

$$M \leqslant \frac{L_1 + L_2}{2} \tag{6.16}$$

2. 耦合电感的并联

耦合电感中的两个线圈并联也有两种方式:同侧并联和异侧并联。同侧并联是指两个线圈的同名端相接,如图 6.11(a)所示;异侧并联是指两个线圈的异名端相接,如图 6.11(b)所示。耦合电感并联后也形成一个二端网络。

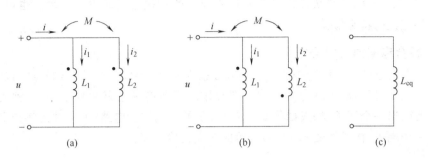

图 6.11　耦合电感的并联及其去耦等效电路

1）电路的伏安关系

对于如图 6.11 所示电路,根据 KVL 和 KCL,写出下列方程:

$$i_1 + i_2 = i \tag{6.17}$$

$$L_1 \frac{\mathrm{d}i_1}{\mathrm{d}t} \pm M \frac{\mathrm{d}i_2}{\mathrm{d}t} = u \tag{6.18}$$

$$L_2 \frac{\mathrm{d}i_2}{\mathrm{d}t} \pm M \frac{\mathrm{d}i_1}{\mathrm{d}t} = u \tag{6.19}$$

整理式(6.17)、式(6.18)和式(6.19),得到电路的伏安关系为

$$u = \left(\frac{L_1 L_2 - M^2}{L_1 + L_2 \mp 2M} \right) \frac{\mathrm{d}i}{\mathrm{d}t} = L_{\mathrm{eq}} \frac{\mathrm{d}i}{\mathrm{d}t} \tag{6.20}$$

其中,

$$L_{\mathrm{eq}} = \frac{L_1 L_2 - M^2}{L_1 + L_2 \mp 2M} \tag{6.21}$$

式(6.21)的分母中,$2M$ 前的负号对应于同侧并联的情况,即对应于如图 6.11(a)所示电路;正号对应于异侧并联的情况,即对应于如图 6.11(b)所示电路。

2）等效电感和等效电路

根据式(6.20)得到耦合电感并联时的去耦等效电路,如图 6.11(c)所示。电路中的 L_{eq} 称为等效电感。由此可知,耦合电感并联后形成的二端网络,也可以用一个等效电感来代替。注意:$L_{\mathrm{eq}} \neq \dfrac{L_1 L_2}{L_1 + L_2}$。

由于具有耦合的两个无源电感并联后形成的等效电感仍是无源的,因此 L_{eq} 必为正值。这样,当耦合电感同侧并联时,由式(6.15)和式(6.21)可得

$$L_1 L_2 - M^2 > 0 \tag{6.22}$$

即

$$M \leqslant \sqrt{L_1 L_2} \tag{6.23}$$

对 M 的限制而言,式(6.23)比式(6.16)更严格,因为两个正数的几何平均值总是小于或等于其算数平均值。因此,M 的最大可能值为

$$M_{\max} = \sqrt{L_1 L_2} \tag{6.24}$$

由于实际的耦合线圈是有电阻的,所以上述耦合电感的并联只是一种理想的连接方

式,而实际耦合电感的并联通常以下面将要介绍的三端连接的方式出现。也可以说,并联是三端连接的特殊情况。

3. 耦合电感的三端连接

从耦合电感的两个线圈中各取出一端连接在一起(形成一个公共端),然后从公共端引出一个端子,即形成了耦合电感的三端连接。三端连接也有两种接法:一种是将同名端相连后引出一个端子,构成如图 6.12(a)所示的三端连接电路;另一种是将异名端相连后引出一个端子,构成如图 6.12(b)所示的三端连接电路。

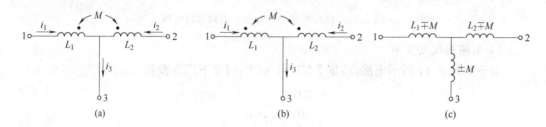

图 6.12　耦合电感的三端连接及其去耦等效电路

1) 电路的伏安关系

对于如图 6.12(a)、图 6.12(b)所示电路,根据 KCL 和 KVL,有

$$i_1 + i_2 = i_3 \tag{6.25}$$

$$u_{13} = L_1 \frac{\mathrm{d}i_1}{\mathrm{d}t} \pm M \frac{\mathrm{d}i_2}{\mathrm{d}t} \tag{6.26}$$

$$u_{23} = L_2 \frac{\mathrm{d}i_2}{\mathrm{d}t} \pm M \frac{\mathrm{d}i_1}{\mathrm{d}t} \tag{6.27}$$

整理式(6.25)、式(6.26)和式(6.27),得到

$$u_{13} = L_1 \frac{\mathrm{d}i_1}{\mathrm{d}t} \pm M \frac{\mathrm{d}i_2}{\mathrm{d}t} = L_1 \frac{\mathrm{d}i_1}{\mathrm{d}t} \pm M \frac{\mathrm{d}(i_3 - i_1)}{\mathrm{d}t} = (L_1 \mp M) \frac{\mathrm{d}i_1}{\mathrm{d}t} \pm M \frac{\mathrm{d}i_3}{\mathrm{d}t} \tag{6.28}$$

$$u_{23} = L_2 \frac{\mathrm{d}i_2}{\mathrm{d}t} \pm M \frac{\mathrm{d}i_1}{\mathrm{d}t} = L_2 \frac{\mathrm{d}i_2}{\mathrm{d}t} \pm M \frac{\mathrm{d}(i_3 - i_2)}{\mathrm{d}t} = (L_2 \mp M) \frac{\mathrm{d}i_2}{\mathrm{d}t} \pm M \frac{\mathrm{d}i_3}{\mathrm{d}t} \tag{6.29}$$

式(6.28)和式(6.29)即为三端耦合电感的伏安关系。公式中,上面的符号对应于同名端相连接的情况,如图 6.12(a)所示电路;下面的符号对应于异名端相连接的情况,如图 6.12(b)所示电路。

2) 去耦等效电路

根据式(6.28)和式(6.29),可得到耦合电感三端连接时的去耦等效电路,如图 6.12(c)所示。耦合电感的并联完全可以按照三端连接的去耦规则进行去耦。并联的耦合电感有两个公共端,对其去耦时,把任意一个公共端拆成两个端子。利用三端连接的去耦规则得到去耦等效电路后,再将拆开的两个端子接在一起。这就是前面讲过的并联属于三端连接的特殊情况。对于正弦稳态电路,可以采用相量形式进行相应的去耦合计算。

【例 6.4】　电路如图 6.13(a)所示,已知 $L_1 = 0.5\text{H}$,$L_2 = 0.6\text{H}$,$M = 0.1\text{H}$,$R_1 = 30\Omega$,$R_2 = 50\Omega$。正弦电压 $u = 20\sqrt{2}\cos 100t(\text{V})$。试求电路处于正弦稳态时的电流 I 及电

路消耗的有功功率 P。

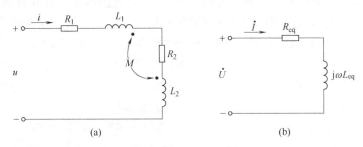

图 6.13　例 6.4 的图

解：原电路的去耦等效电路如图 6.13(b)所示。

$$Z_{eq} = R_{eq} + j\omega L_{eq}$$
$$= (R_1 + R_2) + j\omega(L_1 + L_2 - 2M)$$
$$= 80 + j90 = 120.42\angle 48.37°(\Omega)$$

$$\dot{I} = \frac{\dot{U}}{Z} = \frac{20\angle 0°}{120.42\angle 48.37°} = 0.166\angle -48.37°\text{(A)}$$

$$P = I^2(R_1 + R_2) = 0.166^2 \times (30 + 50) = 2.2\text{(W)}$$

【例 6.5】　电路如图 6.14(a)所示，已知 $R_1 = R_2 = 10\Omega$，$\omega L_1 = 30\Omega$，$\omega L_2 = 100\Omega$，$\omega M = 50\Omega$，$U = 220\text{V}$。试求电路中的电流 I。

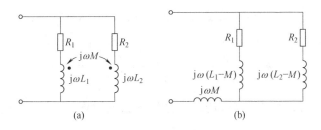

图 6.14　例 6.5 的图

解：用去耦等效电路求解。原电路的去耦等效电路如图 6.14(b)所示。设 $\dot{U} = 220\angle 0°\text{V}$，则有

$$Z = j\omega M + \frac{[R_1 + j\omega(L_1 - M)][R_2 + j\omega(L_2 - M)]}{[R_1 + j\omega(L_1 - M)] + [R_2 + j\omega(L_2 - M)]}$$
$$= j50 + \frac{(10 - j20)(10 + j50)}{20 + j30} = 37.74\angle 50.8°(\Omega)$$

$$\dot{I} = \frac{\dot{U}}{Z} = \frac{220\angle 0°}{37.74\angle 50.8°} = 5.83\angle -50.8°\text{(A)}$$

6.2.2　含有耦合电感电路的分析

对于含有耦合电感电路的分析，通常采用直接法和去耦法。直接法就是对电路不做

任何处理,而直接列写电路的 KVL 方程。在列 KVL 方程前,应选定各支路电流及其参考方向,以便确定各元件的电压参考方向。注意,耦合电感两端不仅有自感电压,还有互感电压。所谓去耦法,就是将电路中具有某种连接方式的耦合电感用无耦合的等效电路替代,然后利用电路的一般分析法求解。由于去耦等效电路的获取与电路中电流的参考方向无关,因此不易出错,所以利用去耦等效法分析比较简便。下面举例说明上述两种方法的具体应用。

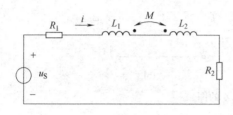

图 6.15　例 6.6 的图

【例 6.6】　电路如图 6.15 所示,已知 $L_1=1\mathrm{H},L_2=2\mathrm{H},M=0.5\mathrm{H},R_1=R_2=1\mathrm{k}\Omega$,正弦电压 $u_\mathrm{S}=100\sqrt{2}\sin200\pi t(\mathrm{V})$。试求电流 i 和耦合系数 k。

解:电压 u_S 的相量为 $\dot{U}_\mathrm{S}=100\angle0°\mathrm{V}$,又因两个线圈反向串联连接,故有

$$Z_\mathrm{in}=R_1+R_2+\mathrm{j}\omega(L_1+L_2-2M)$$
$$=2000+\mathrm{j}200\pi(3-1)=2000+\mathrm{j}400\pi$$
$$=2362\angle32.1°(\Omega)$$

电流为

$$\dot{I}=\frac{\dot{U}_\mathrm{S}}{Z_\mathrm{in}}=42.3\angle-32.1°(\mathrm{mA})$$

$$i=42.3\sqrt{2}\sin(200\pi t-32.1°)(\mathrm{mA})$$

耦合系数为

$$k=\frac{M}{\sqrt{L_1L_2}}=\frac{0.5}{\sqrt{2\times1}}=\frac{0.5}{1.41}=0.354$$

【例 6.7】　电路如图 6.16(a)所示。已知正弦电源电压 $\dot{U}_\mathrm{S}=100\angle0°\mathrm{V},R_1=R_2=2\Omega,\omega L_1=3\Omega,\omega L_2=4\Omega,\omega M=3\Omega$,负载阻抗 $Z_\mathrm{L}=(10+\mathrm{j}2)\Omega$。求负载电流 $\dot{I}_\mathrm{L}$。

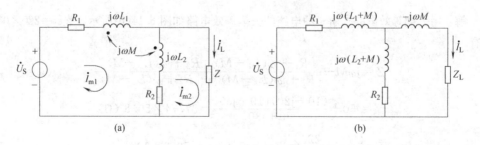

图 6.16　例 6.7 的图

解:方法一　直接法。

设网孔电流分别为 $\dot{I}_\mathrm{m1}$、$\dot{I}_\mathrm{m2}$,如图 6.16(a)所示。列写网孔方程如下:

$$(R_1+\mathrm{j}\omega L_1+R_2+\mathrm{j}\omega L_2)\dot{I}_\mathrm{m1}-(R_2+\mathrm{j}\omega L_2)\dot{I}_\mathrm{m2}+\mathrm{j}\omega M(\dot{I}_\mathrm{m1}-\dot{I}_\mathrm{m2})+\mathrm{j}\omega M\dot{I}_\mathrm{m1}$$

$$=\dot{U}_S-(R_2+j\omega L_2)\dot{I}_{m1}+(R_2+j\omega L_2+Z_L)\dot{I}_{m2}+j\omega M\dot{I}_{m1}=0$$

整理得

$$(R_1+j\omega L_1+R_2+j\omega L_2+j2\omega M)\dot{I}_{m1}-(R_2+j\omega L_2+j\omega M)\dot{I}_{m2}$$

$$=\dot{U}_S-(R_2+j\omega L_2+j\omega M)\dot{I}_{m1}+(R_2+j\omega L_2+Z_L)\dot{I}_{m2}=0$$

将已知数据代入上式,整理得

$$(4+j13)\dot{I}_{m1}-(2+j7)\dot{I}_{m2}=100\angle 0°$$

$$-(2+j7)\dot{I}_{m1}-(12+j6)\dot{I}_{m2}=0$$

解得

$$\dot{I}_L=\dot{I}_{m2}=4.77\angle 10.3°(A)$$

方法二 去耦等效电路法。

原电路的去耦等效电路如图 6.16(b)所示,其阻抗为

$$Z=R_1+j(\omega L_1+M)+\frac{[R_2+j\omega(L_2+M)](Z_L-j\omega M)}{[R_2+j\omega(L_2+M)]+(Z_L-j\omega M)}$$

由分流公式,有

$$\dot{I}_L=\frac{\dot{U}_S}{Z}\times\frac{R_2+j\omega(L_2+M)}{R_2+j\omega(L_2+M)+(Z_L-j\omega M)}=4.77\angle 10.3°(A)$$

【例 6.8】 在例 6.7 中,若负载 Z_L 可以调节。试求负载获得最大功率时的 Z_L 值和最大功率 P_{Lmax}。

解:将 Z_L 支路断开,电路如图 6.17(a)所示。用去耦法求二端网络的戴维南等效电路,其开路电压为

$$\dot{U}_{OC}=\frac{R_2+j\omega(L_2+M)}{[R_1+j\omega(L_1+M)]+[R_2+j\omega(L_2+M)]}\dot{U}_S$$

$$=\frac{2+j7}{(2+j6)+(2+j7)}\times 100\angle 0°$$

$$=53.51\angle 1.15°(V)$$

将 $\dot{U}_S$ 短路,如图 6.17(b)所示,求戴维南等效阻抗为

$$Z_{eq}=-j\omega M+\frac{[R_1+j\omega(L_1+M)][R_2+j\omega(L_2+M)]}{[R_1+j\omega(L_1+M)]+[R_2+j\omega(L_2+M)]}$$

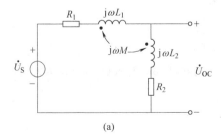 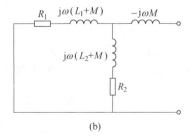 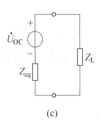

图 6.17 例 6.8 的图

$$=-j3+\frac{(2+j6)(2+j7)}{(2+j6)+(2+j7)}$$

$$=1+j0.23(\Omega)$$

得到如图6.17(c)所示的戴维南等效电路。当 $Z_L=Z_{eq}^*=(1-j0.23)\Omega$ 时,其吸收的功率最大。最大功率为

$$P_{Lmax}=\frac{U_{OC}^2}{4R_{eq}}=\frac{(53.51)^2}{4\times1}=751.83(W)$$

6.3 空心变压器

变压器是电工、电子技术中经常用到的器件。它是利用互感来实现从一个电路向另一个电路传输能量或信号的一种器件。变压器通常由两个绕在同一个心子上的耦合线圈构成。以铁磁性材料制作心子的变压器为铁心变压器,以非铁磁材料制作心子的变压器称为空心变压器。铁心变压器的耦合系数接近于1,属于紧耦合;空心变压器的耦合系数较小,属于松耦合。空心变压器在通信工程和测量仪器中应用广泛。本节讨论空心变压器的电路模型及其在正弦稳态电路中的分析方法。

6.3.1 空心变压器的电路模型与电压方程

图6.18所示电路是工作在正弦稳态下的空心变压器电路的相量模型。在空心变压器两个线圈的两端分别连接电源和负载。

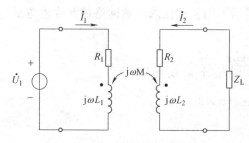

图 6.18 空心变压器的相量模型

通常把连接电源的线圈称为原绕组或初级绕组,R_1 和 L_1 分别表示原绕组的电阻和电感,连接后形成的回路称为原边回路;与负载相连的线圈称为副绕组或次级绕组,R_2 和 L_2 分别表示副绕组的电阻和电感,连接后形成的回路称为副边回路。M 为两个线圈的互感。

对于图6.18所示电路中的原、副边回路,列写 KVL 方程,得

$$(R_1+j\omega L_1)\dot{I}_1+j\omega M\dot{I}_2=\dot{U}_1 \tag{6.30}$$

$$j\omega M\dot{I}_1+(R_2+j\omega L_2+Z_L)\dot{I}_2=0 \tag{6.31}$$

令 $Z_{11}=R_1+j\omega L_1$,称为原边回路阻抗;$Z_{22}=R_2+j\omega L_2+Z_L$,称为副边回路阻抗;$Z_M=j\omega M$ 称为互感阻抗;$Z_L=R_L+jX_L$ 称为负载阻抗,则式(6.30)和式(6.31)表示为

$$Z_{11}\dot{I}_1+Z_M\dot{I}_2=\dot{U}_1 \tag{6.32}$$

$$Z_M\dot{I}_1+Z_{22}\dot{I}_2=0 \tag{6.33}$$

解上述方程,得

$$\dot{I}_1 = \frac{\dot{U}_1}{Z_{11} + \dfrac{(\omega M)^2}{Z_{22}}} \tag{6.34}$$

$$\dot{I}_2 = -\frac{Z_M \dot{I}_1}{Z_{22}} \tag{6.35}$$

由式(6.35)可知,由于变压器的两个线圈之间有互感 M,所以只要原绕组接电源,副边回路就会产生电流 $\dot{I}_2$,实现电能的传输功能。

6.3.2　空心变压器的反映阻抗及其等效电路

由式(6.34)可得到空心变压器原边的输入阻抗,即

$$Z_{in} = \frac{\dot{U}_1}{\dot{I}_1} = Z_{11} + \frac{(\omega M)^2}{Z_{22}} = Z_{11} + Z_{f1} \tag{6.36}$$

其中,

$$Z_{f1} = \frac{(\omega M)^2}{Z_{22}} \tag{6.37}$$

由式(6.36)可知,输入阻抗由两部分组成:原边回路的自阻抗 Z_{11} 和副边回路的自阻抗 Z_{22} 通过互感反映到原边的等效阻抗 Z_{f1}。Z_{f1} 称为反映阻抗或引入阻抗。显然,反映阻抗的性质与副边回路自阻抗的性质相反,即感性(容性)的阻抗 Z_{22} 反映到原边回路后的 Z_{f1} 变为容性(感性)阻抗。

若将原边的电源置零,即令 $\dot{U}_1 = 0$,负载断开,此时 $Z_{22} = R_2 + j\omega L_2$,然后在副边施加电压 $\dot{U}_2$,求得变压器副边的输入阻抗为

$$\frac{\dot{U}_2}{\dot{I}_2} = Z_{22} + \frac{(\omega M)^2}{Z_{11}} = Z_{22} + Z_{f2} \tag{6.38}$$

其中,

$$Z_{f2} = \frac{(\omega M)^2}{Z_{11}} \tag{6.39}$$

Z_{f2} 是原边回路自阻抗 Z_{11} 通过互感反映到副边回路的等效阻抗。反映阻抗 Z_{f1} 和 Z_{f2} 的计算公式与电流的参考方向和同名端的位置无关。

根据式(6.34)和式(6.35),得到空心变压器的原边和副边等效电路,如图 6.19 所示。可以证明,空心变压器的原边等效电路与电流 $\dot{I}_1$、$\dot{I}_2$ 的参考方向以及同名端的位置无关。副边等效电路中,电压源的参考极性取决于电流 $\dot{I}_1$ 的参考方向及同名端的位置。利用空心变压器的等效电路对其计算,可以大大简化计算过程。首先根据原边等效电路直接求出原边回路的电流 $\dot{I}_1$,再对副边回路列写 KVL 方程,即可求得副边回路的电流

$\dot{I}_2$,然后计算负载的电压和功率。

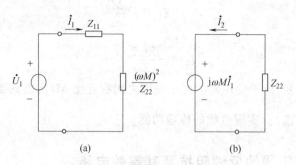

图 6.19   空心变压器的原边和副边等效电路

【例 6.9】   电路如图 6.20(a)所示,已知 $\dot{U}_S = 20\angle 0°$V。欲使原边等效电路的反映阻抗 $Z_{fl} = (10-j10)\Omega$,求所需的 Z_X,并求 Z_X 获得的有功功率。

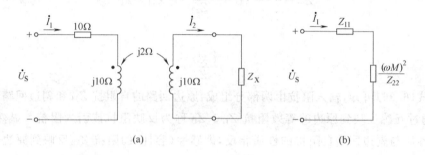

图 6.20   例 6.9 的图

解:原边等效电路如图 6.20(b)所示,反映阻抗为

$$Z_{fl} = \frac{(\omega M)^2}{Z_{22}} = \frac{4}{Z_X + j10} = 10 - j10(\Omega)$$

所以

$$Z_X = \frac{4}{10 - j10} - j10 = 0.2 - j9.8(\Omega)\ (容性)$$

原边的输入阻抗为

$$Z_{in} = Z_{11} + Z_{fl} = 10 + j10 + 10 - j10 = 20(\Omega)$$

原边电流为

$$\dot{I}_1 = \frac{\dot{U}_S}{Z_{in}} = \frac{20\angle 0°}{20} = 1\angle 0°(A)$$

副边电流为

$$\dot{I}_2 = \frac{j\omega M \dot{I}_1}{Z_{22}} = \frac{j2\dot{I}_1}{Z_X + j10} = \frac{2\angle 90° \times 1\angle 0°}{0.2 - j9.8 + j10} = 7.14\angle 45°(A)$$

此时,Z_X 获得的有功功率为

$$P_X = I_2^2 \mathrm{Re}[Z_X] = 7.14^2 \times 0.20 = 10.20(W)$$

【例 6.10】 电路如图 6.21(a)所示,已知 $L_1=3.6\text{H}$,$L_2=0.06\text{H}$,$M=0.465\text{H}$,$R_2=0.08\Omega$,$R_L=42\Omega$,$u_S=115\sqrt{2}\sin314t(\text{V})$ 。求空心变压器的原、副边电流 i_1 和 i_2。

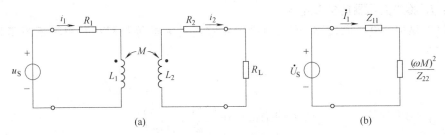

图 6.21 例 6.10 的图

解:首先利用原边等效电路求 i_1,再根据 i_1 求 i_2。

$$Z_{11}=R_1+\text{j}\omega L_1=20+\text{j}314\times3.6=20+\text{j}1130(\Omega)$$

$$Z_{22}=R_2+\text{j}\omega L_2+R_L=42.08+\text{j}314\times0.06$$
$$=42.08+\text{j}18.84=46.1\angle24.1°(\Omega)$$

反映阻抗为

$$Z_{f1}=\frac{(\omega M)^2}{Z_{22}}=\frac{(314\times0.465)^2}{46.1\angle24.1°}=422-\text{j}189(\Omega)$$

原边等效电路的相量模型如图 6.21(b)所示。

$$\dot{I}_1=\frac{\dot{U}_S}{Z_{11}+Z_{f1}}=\frac{115\angle0°}{1040\angle64.8°}=0.11\angle-64.8°(\text{A})$$

$$i_1=0.11\sqrt{2}\sin(314t-64.8°)(\text{A})$$

$$\dot{I}_2=\frac{\text{j}\omega M\dot{I}_1}{Z_{22}}=0.35\angle1.1°(\text{A})$$

$$i_2=0.35\sqrt{2}\sin(314t+1.1°)(\text{A})$$

【例 6.11】 试用戴维南定理求例 6.10 中的副边电流 $\dot{I}_2$。

解:将负载 R_L 断开后的相量模型如图 6.22(a)所示。因 $\dot{I}_2=0$,故原绕组两端无互感电压,于是开路电压为

$$\dot{U}_{OC}=\text{j}\omega M\dot{I}_0=\text{j}\omega M\frac{\dot{U}_S}{Z_{11}}=\text{j}\omega M\frac{\dot{U}_S}{R_1+\text{j}\omega L_1}$$

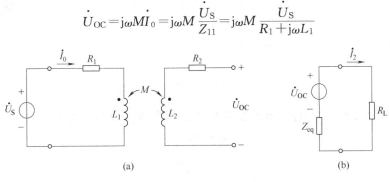

图 6.22 例 6.11 的图

$$=j314 \times 0.465 \times \frac{115\angle 0°}{20+j314 \times 3.6}=14.8\angle 1°(V)$$

式中：$\dot{I}_0$ 称为变压器的空载电流。

将电路中的电压源短路，求从副边向左端看进去的等效阻抗。根据反映阻抗的概念，可知

$$Z_{eq}=Z_{22}+\frac{(\omega M)^2}{Z_{11}}=R_2+j\omega L_2+\frac{(\omega M)^2}{R_1+j\omega L_1}$$

$$=0.08+j18.84+\frac{(314 \times 0.465)^2}{20+j1130}$$

$$=0.08+j18.84+18.8\angle -89°$$

$$=0.41-j0.04(\Omega)$$

根据图 6.22(b)所示的戴维南等效电路，得

$$\dot{I}_2=\frac{\dot{U}_{OC}}{Z_{eq}+R_L}=\frac{14.8\angle 1°}{0.41-j0.04+42}=\frac{14.8\angle 1°}{42.4}=0.35\angle 1°(A)$$

6.4 理想变压器

理想变压器实际上是不存在的，但在工程上通常采用两个方面的措施，使实际变压器的性能接近理想变压器。一是选用磁导率很高的铁磁性材料做心子；二是在保持匝数比一定的情况下，尽量增加线圈的匝数，使耦合系数接近1。

6.4.1 理想变压器的伏安关系

理想变压器也是一种耦合元件，它是从实际变压器或耦合电感抽象出来的。理想变压器的电路模型如图 6.23(a)所示。

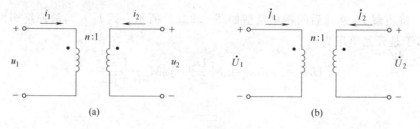

(a)   (b)

图 6.23 理想变压器的电路模型

在图 6.23(a)所示的电压、电流参考方向下，理想变压器的伏安关系为

$$u_1=nu_2 \tag{6.40}$$

$$i_1=-\frac{1}{n}i_2 \tag{6.41}$$

理想变压器的相量模型如图 6.23(b)所示，其伏安关系的相量形式为

$$\dot{U}_1 = n\dot{U}_2 \tag{6.42}$$

$$\dot{I}_1 = -\frac{1}{n}\dot{I}_2 \tag{6.43}$$

由上述伏安关系可见,理想变压器具有变换电压和变换电流的作用,n 为理想变压器的匝数比或称变比。若原、副绕组的匝数分别为 N_1、N_2,则 $n = \dfrac{N_1}{N_2}$。当 $n>1$ 时,为降压变压器。例如,理想变压器的电路模型中标出 5∶1,即 $n=5/1=5$,它是一个降压变压器。当 $n<1$ 时,为升压变压器。例如,理想变压器的电路模型中标出 1∶5,即 $n=1/5=0.2$,它是一个升压变压器。

这里需要说明:式(6.40)和式(6.41)是与图 6.23(a)中电压、电流的参考方向及同名端的位置相对应的。如果改变电压、电流的参考方向或同名端的位置,伏安关系式中的符号也应相应地改变。理想变压器的同名端也是为确定伏安关系式中的正、负号而标注的。其原则是:①两个端口电压的参考极性与同名端是一致的,即如果电压 u_1 和 u_2 的参考正极或负极均在同名端处,则电压关系式中为正号,反之为负号;②两个端口电流的参考方向对同名端是相反的,即如果电流 i_1 和 i_2 均从同名端流入或流出,则电流关系式中为负号,反之为正号。

【例 6.12】 求图 6.24 所示理想变压器的伏安关系。

解:因 u_1 和 u_2 的参考极性对同名端是相反的,i_1 和 i_2 的参考方向对同名端也是相反的,所以有

$$u_1 = -nu_2, \quad i_1 = \frac{1}{n}i_2$$

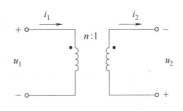

图 6.24 例 6.12 的图

应该指出,虽然理想变压器是从实际变压器或耦合电感抽象出来的,但这一抽象使元件性质发生了根本变化。耦合电感是动态元件、储能元件,并有记忆性;而理想变压器不是动态元件,它既不储能,也不耗能,它吸收的瞬时功率恒等于零,即

$$p = p_1 + p_2 = u_1 i_1 + u_2 i_2 = u_1 i_1 + \frac{1}{n}u_1(-ni_1) = 0 \tag{6.44}$$

因此,理想变压器是一个无损耗、无记忆性元件。此外,还应明确,理想变压器和耦合电感的电路符号相同,但耦合电感具有 L_1、L_2 和 M 三个参数,而理想变压器只有 n 一个参数。

理想变压器的电路模型可以用受控源来表示,其等效电路如图 6.25 所示。图 6.25 (a)、(b)两种等效电路实质是相同的,都是由式(6.40)和式(6.41)而得到的。

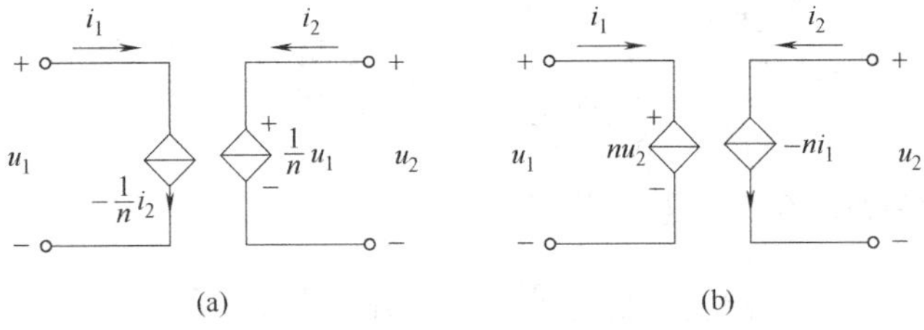

图 6.25 理想变压器的受控源等效电路

6.4.2　理想变压器的实现

　　理想变压器是在实际铁心变压器的基础上提出的一种理想元件。理想变压器应当满足下列三个条件:第一,变压器本身无损耗;第二,完全耦合,即无漏磁通,耦合系数 $k=1$;第三,变压器的导磁材料磁导率 μ 极大,极小的电流通过线圈时产生的磁通很大,即理想地认为 L_1、L_2 和 M 均为无限大,从而匝数比 $n=N_1/N_2$ 为常数。

　　下面从一个简单的实际铁心变压器电路模型,如图 6.26 所示,引入理想变压器的三个特点后,导出理想变压器的电压、电流关系式。

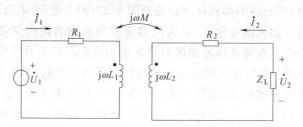

图 6.26　实际变压器模型

　　对于图 6.26 所示变压器电路的原边、副边回路列写 KVL 方程,有

$$(R_1+j\omega L_1)\dot{I}_1+j\omega M\dot{I}_2=\dot{U}_1 \tag{6.45}$$

$$j\omega M\dot{I}_1+(R_2+j\omega L_2)\dot{I}_2=\dot{U}_2 \tag{6.46}$$

　　由理想变压器的第一个特点可知 $R_1=R_2=0$;而第二个特点可使下式成立

$$k=\frac{M}{\sqrt{L_1 L_2}}=1 \quad 或 \quad \sqrt{L_1 L_2}=M$$

这样,式(6.45)和式(6.46)简化为

$$j\omega L_1\dot{I}_1+j\omega\sqrt{L_1 L_2}\dot{I}_2=\dot{U}_1 \tag{6.47}$$

$$j\omega\sqrt{L_1 L_2}\dot{I}_1+j\omega L_2\dot{I}_2=\dot{U}_2 \tag{6.48}$$

变压器全耦合,还意味着

$$n=\frac{N_1}{N_2}=\sqrt{\frac{L_1}{L_2}} \tag{6.49}$$

这是因为全耦合时,$\Phi_{21}=\Phi_{11}$,$\Phi_{12}=\Phi_{22}$,于是

$$\frac{L_1}{L_2}=\frac{\dfrac{N_1\Phi_{11}}{i_1}}{\dfrac{N_2\Phi_{22}}{i_2}}=\frac{N_1}{N_2}\frac{\dfrac{N_2\Phi_{21}}{i_1}}{\dfrac{N_1\Phi_{12}}{i_2}}=\left(\frac{N_1}{N_2}\right)^2\frac{M_{21}}{M_{12}}=\left(\frac{N_1}{N_2}\right)^2=n^2 \tag{6.50}$$

将式(6.47)除以式(6.48),整理后,得

$$\frac{\dot{U}_1}{\dot{U}_2}=\sqrt{\frac{L_1}{L_2}}=\frac{N_1}{N_2}=n \quad 或 \quad \dot{U}_1=n\dot{U}_2 \tag{6.51}$$

整理式(6.47)、式(6.48)和式(6.51),得到

$$\frac{\dot{I}_1}{\dot{I}_2}=\sqrt{\frac{L_2}{L_1}}=-\frac{N_2}{N_1}=-\frac{1}{n}\quad 或\quad \dot{I}_1=-\frac{1}{n}\dot{I}_2 \tag{6.52}$$

上面讨论的是电压、电流的相量形式,其时域形式为

$$u_1=nu_2,\quad i_1=-\frac{1}{n}i_2$$

这就是理想变压器的伏安关系。

6.4.3　含有理想变压器电路的分析

1. 理想变压器的阻抗变换作用

理想变压器除具有变换电压和电流的功能外,还具有变换阻抗的作用。在正弦稳态的情况下,如果在副边接上负载阻抗 Z_L,如图 6.27(a)所示,则从原边看进去的输入阻抗为

$$Z_{in}=\frac{\dot{U}_1}{\dot{I}_1}=\frac{n\dot{U}_2}{-\frac{1}{n}\dot{I}_2}=n^2\left(-\frac{\dot{U}_2}{\dot{I}_2}\right)=n^2 Z_L \tag{6.53}$$

式(6.53)表明,当理想变压器副边接上负载阻抗 Z_L 时,对于原边来说,相当于接一个 $n^2 Z_L$ 的阻抗。Z_{in} 又称为副边对原边的折合阻抗。可以证明,折合阻抗的计算与电压和电流的参考方向以及同名端的位置无关。式(6.53)对应的原边等效电路如图 6.27(b)所示。利用理想变压器这种变换阻抗的作用,可以简化含理想变压器的电路的分析计算。理想变压器的阻抗变换性质在电子工程中应用广泛。例如,若使负载与信号源进行阻抗匹配,只要改变变压器的变比 n,就可以达到目的。

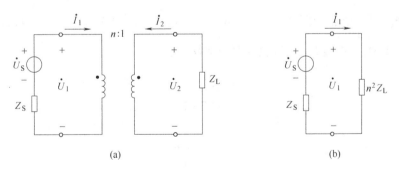

(a)　　　　　　　　(b)

图 6.27　理想变压器的变换阻抗作用

2. 含有理想变压器电路的分析举例

【例 6.13】　电路如图 6.28(a)所示,已知 $\dot{U}_S=10\angle 0°\,V$,试求电压 $\dot{U}_2$。

解:方法一　采用网孔法。由原电路,得

$$\dot{I}_1\times 1+\dot{U}_1=10,\quad \dot{I}_2\times 50=\dot{U}_2$$

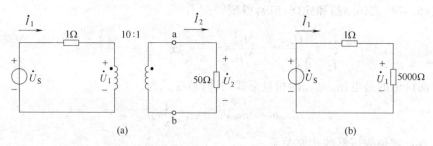

图 6.28 例 6.13 的图

由理想变压器的伏安关系式,得

$$\dot{U}_1 = 10\dot{U}_2, \quad \dot{I}_1 = \frac{1}{10}\dot{I}_2$$

由上述四个式子,可得

$$\dot{U}_2 = \frac{1}{10}\dot{U}_1 = \frac{1}{10}(10 - \dot{I}_1) = 1 - \frac{1}{10}\dot{I}_1$$

$$= 1 - \frac{1}{100}\dot{I}_2 = 1 - \frac{1}{5000}\dot{U}_2$$

解得

$$\dot{U}_2 = \frac{5000}{5001}(\text{V})$$

方法二 采用等效原边电路。副边电阻在原边表现为 $n^2 \times 50 = 5000(\Omega)$,得原边等效电路如图 6.28(b)所示。由此可得

$$\dot{U}_1 = 10\angle 0° \times \frac{5000}{1 + 5000} = \frac{50000}{5001}(\text{V})$$

$$\dot{U}_2 = \frac{1}{n}\dot{U}_1 = \frac{1}{10} \times \frac{50000}{5001} = \frac{5000}{5001}(\text{V})$$

【例 6.14】 电路如图 6.29(a)所示,已知 $\dot{U}_S = 100\angle 0° \text{V}$,$Z_S = (5 - \text{j}4)\Omega$,负载阻抗 $Z_L = (5 + \text{j}1)\Omega$,求电流 $\dot{I}_1$、$\dot{I}_2$ 和负载吸收的功率。

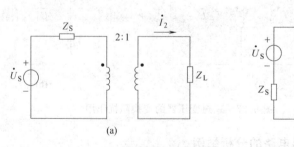

图 6.29 例 6.14 的图

解:理想变压器的原边等效电路如图 6.29(b)所示。
电路的输入阻抗为

$$Z_{\text{in}} = Z_S + n^2 Z_L = (5 - \text{j}4) + 2^2 \times (5 + \text{j}1) = 25(\Omega)$$

$$\dot{I}_1 = \frac{\dot{U}_S}{Z_{in}} = \frac{100\angle 0°}{25} = 4\angle 0°(A)$$

由理想变压器的伏安关系,得

$$\dot{I}_2 = n\dot{I}_1 = 2\times 4\angle 0° = 8\angle 0°(A)$$

负载吸收的功率为

$$P_L = I_2^2 \mathrm{Re}[Z_L] = 8^2 \times 5 = 320(W)$$

【例 6.15】　在例 6.14 中,若负载的实部和虚部均可调节,求负载获得的最大功率和此时的负载阻抗。

解:方法一　利用原边等效电路。由图 6.29(b)所示电路可知,当 $Z_L = Z_S^*/n^2$ 时,负载获得的功率最大,此时的负载阻抗为

$$Z_L = \frac{1}{n^2}Z_S^* = \frac{1}{4}\times (5+j4) = 1.25+j1(\Omega)$$

负载获得的最大功率为

$$P_{Lmax} = \frac{U_S^2}{4R_S} = \frac{100^2}{4\times 5} = 500(W)$$

方法二　应用戴维南定理求解。将原电路中的负载断开,如图 6.30(a)所示,求出负载左侧部分的戴维南等效电路,如图 6.30(b)所示。

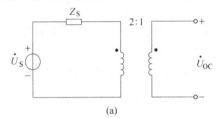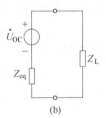

图 6.30　例 6.15 的图

开路电压和等效阻抗分别为

$$\dot{U}_{OC} = \frac{1}{n}\dot{U}_S = \frac{1}{2}\times 100\angle 0° = 50\angle 0°(V)$$

$$Z_{eq} = \frac{1}{n^2}Z_S = \frac{1}{4}\times (5-j4) = 1.25-j1(\Omega)$$

当 $Z_L = Z_{eq}^* = (1.25+j1)\Omega$ 时,负载电阻获得最大功率。最大功率为

$$P_{Lmax} = \frac{U_{OC}^2}{4R_{eq}} = \frac{50^2}{4\times 1.25} = 500(W)$$

本章小结

(1) 耦合电感。

载流线圈之间通过彼此的磁场相互联系的物理现象称为互感。耦合电感是互感线圈的模型,它是具有三个参数(L_1、L_2 和 M)并带有同名端标记的四端元件。根据耦合电感的电流参考方向和同名端的位置,即可确定互感电压的参考方向。

(2) 耦合电感的同名端。

耦合电感中,不同线圈的两个具有相同标记的端子称为同名端。当耦合电感的电流均从同名端流入或流出时,产生的自感磁通和互感磁通的方向相同。根据互感线圈的绕向、相互位置及同名端的含义,可确定耦合电感的同名端;当线圈绕向和相互位置未知时,可利用实验的方法确定同名端。

(3) 耦合电感的伏安关系。

时域形式为

$$u_1 = \pm L_1 \frac{\mathrm{d}i_1}{\mathrm{d}t} \pm M \frac{\mathrm{d}i_2}{\mathrm{d}t}$$

$$u_2 = \pm L_2 \frac{\mathrm{d}i_2}{\mathrm{d}t} \pm M \frac{\mathrm{d}i_1}{\mathrm{d}t}$$

相量形式为

$$\dot{U}_1 = \pm j\omega L_1 \dot{I}_1 \pm j\omega M \dot{I}_2$$

$$\dot{U}_2 = \pm j\omega M \dot{I}_1 \pm j\omega L_2 \dot{I}_2$$

式中各项的正、负号与端钮电压、电流的参考方向及同名端的位置有关。

(4) 含耦合电感电路的分析方法。

① 直接法:对给定电路直接列写 KCL 和 KVL 方程求解。在列写 KVL 方程时,要注意耦合电感两端不仅有自感电压,同时有互感电压。

② 去耦法:把电路中具有某种连接方式的耦合电感用无耦合的等效电路替代,然后利用一般电路的分析方法求解。

耦合电感串联电路的等效电感为

$$L_{\text{eq}} = L_1 + L_2 \pm 2M$$

式中:M 前的正号对应于顺向串联的情况,负号对应于反向串联的情况。

耦合电感并联电路的等效电感为

$$L_{\text{eq}} = \frac{L_1 L_2 - M^2}{L_1 + L_2 \mp 2M}$$

上式分母中,$2M$ 前的负号对应于同侧并联的情况,正号对应于异侧并联的情况。

(5) 含空心变压器电路的分析方法。

① 直接法:对给定电路直接列写 KVL 方程求解。

② 反映阻抗法:把由于磁耦合而造成的副边回路对原边回路的影响用反映阻抗来表示,通过作原、副边等效电路的方法进行分析。

(6) 理想变压器的伏安关系

时域形式为

$$u_1 = \pm n u_2, \quad i_1 = \pm \frac{1}{n} i_2$$

相量形式为

$$\dot{U}_1 = \pm n \dot{U}_2, \quad \dot{I}_1 = \pm \frac{1}{n} \dot{I}_2$$

式中的正、负号与端钮电压、电流的参考方向及同名端的位置有关。

（7）含理想变压器电路的分析。

① 基本方法：对于给定电路直接列写 KCL、KVL 方程及理想变压器的伏安关系，然后联立方程求解电路。这种方法很麻烦。

② 折合阻抗法：利用折合阻抗的概念，通过作原、副边等效电路的方法进行分析。这种方法很简单，但它只适用于理想变压器的原、副边没有电联系的电路。

习题六

6.1　试确定图 6.31 所示耦合线圈的同名端。

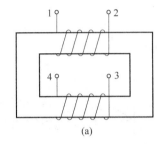

图 6.31　题 6.1 的图

6.2　写出图 6.32 所示电路的伏安关系。

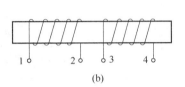

图 6.32　题 6.2 的图

6.3　试求图 6.33 所示各电路 a、b 间的等效电感 L_{ab}。

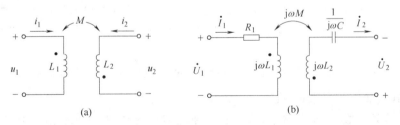

图 6.33　题 6.3 的图

6.4　试求图 6.34 所示电路的输入阻抗 $Z(\omega=1\text{rad/s})$。

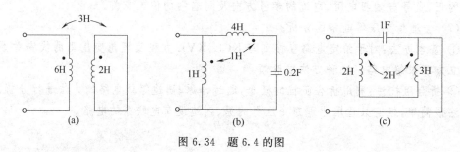

图 6.34　题 6.4 的图

6.5　已知图 6.35(a)所示电路中电流 i_1 的波形如图 6.35(b)所示(一个周期),电压表的读数(有效值)为 25V。

(1) 画出电压 u_2 的波形,并计算互感系数 M。

(2) 画出图示电路的等效受控源(CCVS)电路。

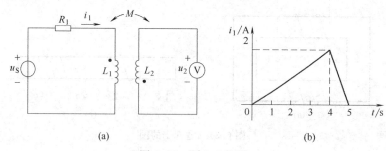

图 6.35　题 6.5 的图

6.6　把两个耦合线圈串联起来接到 $u_S = 220\sqrt{2}\sin314t(\text{V})$ 的正弦电压源上。顺接时,测得电流为 2.7A,耦合线圈吸收的功率为 218.7W;反接时,测得电流为 7A。求互感系数 M。

6.7　电路如图 6.36 所示。已知 $R_1 = 3\Omega, R_2 = 5\Omega, \omega L_1 = 7.5\Omega, \omega L_2 = 12.5\Omega, \omega M = 6\Omega, \dot{U}_S = 100\angle0°\text{V}$。试求电压 $\dot{U}_1$。

6.8　在图 6.37 所示电路中,已知 $R_1 = 20\Omega, R_2 = 80\Omega, L_1 = 3\text{H}, L_2 = 10\text{H}, M = 5\text{H}, u_S = 100\sqrt{2}\sin100t(\text{V})$。欲使电流 i 与 u_S 同相位,求:①所需电容 C 值;②电压源发出的有功功率 P。

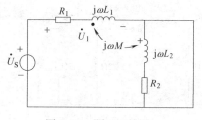

图 6.36　题 6.7 的图

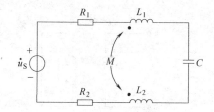

图 6.37　题 6.8 的图

6.9　已知电路如图 6.38 所示,试分别用直接法和去耦法求其戴维南等效电路。已知 $U = 120\text{V}, R_1 = R_2 = 6\Omega, \omega L_1 = \omega L_2 = 10\Omega, \omega M = 5\Omega$。

6.10 电路如图 6.39 所示,已知 $u_S = 100\sqrt{2}\sin1000t(V)$,$R_1 = R_2 = 50\Omega$,$L_1 = 0.75H$,$L_2 = 0.5H$,$M = 0.25H$,$C = 4\mu F$。求各支路电流。

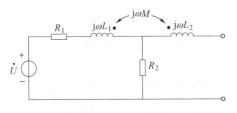

图 6.38 题 6.9 的图

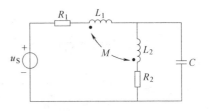

图 6.39 题 6.10 的图

6.11 列出图 6.40 所示电路的网孔电流方程(电源的角频率为 ω)。

6.12 含全耦合变压器的电路如图 6.41 所示。①求 a、b 两端的戴维南等效电路;②若将 a、b 短路,求短路电流。

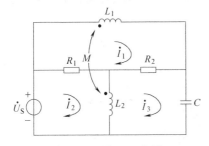

图 6.40 题 6.11 的图

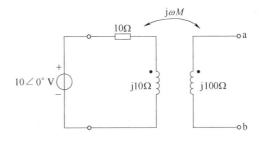

图 6.41 题 6.12 的图

6.13 电路如图 6.42 所示,试分别用反映阻抗法和戴维南定理求电流 $\dot{I}_2$。

6.14 试求图 6.43 所示电路的零状态响应 $u_2(t)$。

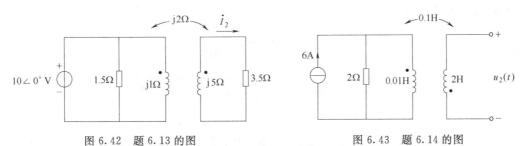

图 6.42 题 6.13 的图   图 6.43 题 6.14 的图

6.15 电路如图 6.44 所示,求电流 $\dot{I}$。

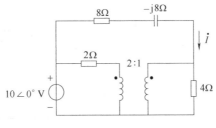

图 6.44 题 6.15 的图

6.16　试求图 6.45 所示电路中的电压 u_1。

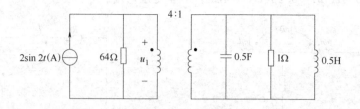

图 6.45　题 6.16 的图

6.17　电路如图 6.46 所示,欲使 1Ω 电阻获得最大功率,试确定理想变压器的变比 n。

6.18　图 6.47 所示电路中,已知 $\dot{U}_S=160\angle 0°\text{V}$。$R$ 为何值时,它吸收的功率最大?求此最大功率。

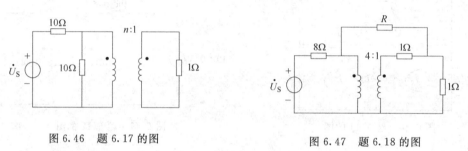

图 6.46　题 6.17 的图　　　　　　　图 6.47　题 6.18 的图

6.19　如图 6.48 所示正弦稳态电路,已知电压表的读数为 10V,电流表的读数为 10A,试求阻抗 Z 值。

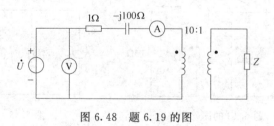

图 6.48　题 6.19 的图

6.20　图 6.49 所示电路原已处于稳态,求开关在 $t=0$ 时闭合后的电流 $i_1(t)$ 和 $i_2(t)$。

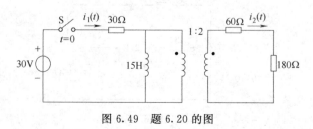

图 6.49　题 6.20 的图

自测题六

一、填空题（每空 3 分,共 15 分）

1. 图 6.50 所示电路的等效电感 $L_{eq}=$（　　）。

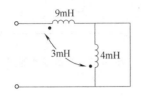

图 6.50　自测题 1 的图

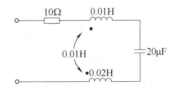

图 6.51　自测题 2 的图

2. 图 6.51 所示电路的谐振频率 $f_0=$（　　）。

3. 若图 6.52 所示电路的 $\omega=10^3\,\text{rad/s}$,耦合电感的 $k=1$,则电路的等效阻抗 $Z_{eq}=$（　　）。

4. 含理想变压器的电路如图 6.53 所示,负载电阻 $R_L=$（　　）时,它获得最大功率 $P_{Lmax}=$（　　）。

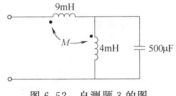

图 6.52　自测题 3 的图

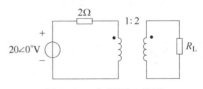

图 6.53　自测题 4 的图

二、单选题（每小题 3 分,共 15 分）

5. 图 6.54 所示为含有耦合电感的电路,其等效电感 $L_{eq}=$（　　）。

    A. 8　　　　　B. 7　　　　　C. 14　　　　　D. 11

6. 在图 6.55 所示电路中,若电源电压 $u_S=18\sin t(\text{V})$,则电流 $i_2=$（　　）A。

    A. $2\sin t$　　　B. $6\sin t$　　　C. $-6\sin t$　　　D. 0

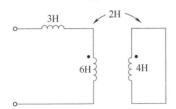

图 6.54　自测题 5 的图

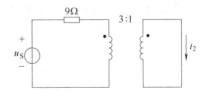

图 6.55　自测题 6 的图

7. 理想变压器是（　　）。

    A. 储能元件　　　　　　　　　　B. 耗能元件

    C. 传输电能和变换信号的元件　　D. 耦合电感元件

8. 理想变压器的电压、电流参考方向如图 6.56 所示,则其伏安关系为(　　)。

A. $u_1 = nu_2$, $i_2 = ni_1$　　　　　　　　B. $u_1 = -nu_2$, $i_2 = -ni_1$

C. $u_1 = nu_2$, $i_2 = -ni_1$　　　　　　　D. $u_1 = -nu_2$, $i_2 = ni_1$

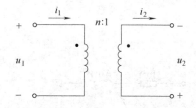

图 6.56　自测题 8 的图

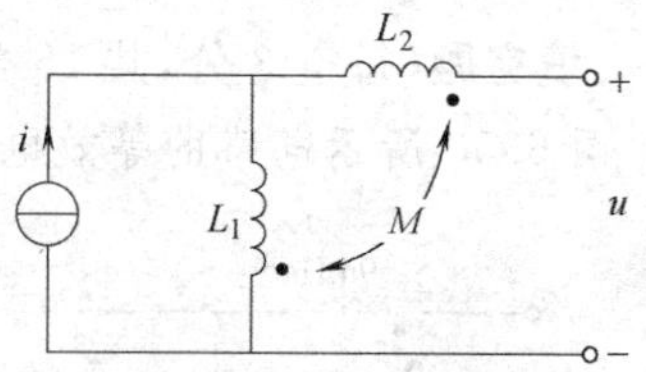

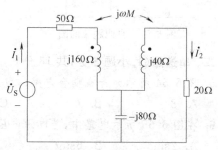

图 6.57　自测题 9 的图

9. 图 6.57 所示电路中的电压 $u = ($　　$)$。

A. $-M\dfrac{\mathrm{d}i}{\mathrm{d}t} + L_1\dfrac{\mathrm{d}i}{\mathrm{d}t}$　　　　　　B. $L_1\dfrac{\mathrm{d}i}{\mathrm{d}t}$

C. $L_2\dfrac{\mathrm{d}i}{\mathrm{d}t} + L_1\dfrac{\mathrm{d}i}{\mathrm{d}t}$　　　　　　D. $-L_1\dfrac{\mathrm{d}i}{\mathrm{d}t} + M\dfrac{\mathrm{d}i}{\mathrm{d}t}$

三、计算题(共 70 分)

10. 在图 6.58 所示电路中,已知 $R_1 = 10\Omega$, $\omega L_1 = 12\Omega$, $\omega L_2 = 10\Omega$, $R_3 = 8\Omega$, $\omega L_3 = 6\Omega$, $\omega M = 6\Omega$, $U = 120\mathrm{V}$,求电压 U_1。(15 分)

11. 在图 6.59 所示电路中,已知 $U_S = 100\mathrm{V}$,耦合电感的耦合系数 $k = 0.5$。试求电流 $\dot{I}_1$ 和 $\dot{I}_2$ 以及电路消耗的功率。(15 分)

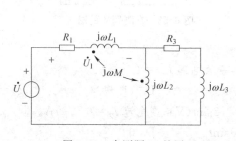

图 6.58　自测题 10 的图

图 6.59　自测题 11 的图

12. 含全耦合变压器的电路如图 6.60 所示,已知 $u_S = 100\sqrt{2}\sin 100t(\mathrm{V})$,负载阻抗 $Z_L = -\mathrm{j}2.5\Omega$,求正弦稳态电流 i_1。(15 分)

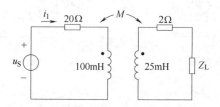

图 6.60　自测题 12 的图

13. 在图 6.61 所示电路中,已知 $u_S = 100\sin 1000t(\text{V})$。$Z_L$ 为何值时,它吸收的功率最大？求此最大功率。(10 分)

14. 含有理想变压器的电路如图 6.62 所示,试用节点分析法求从 a、b 端口的输入阻抗。(15 分)

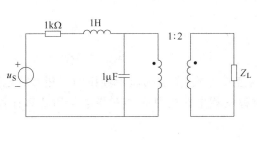
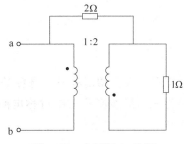

图 6.61　自测题 13 的图　　　　　图 6.62　自测题 14 的图

CHAPTER 7

三相正弦电路

本章主要介绍对称三相电源的特点与连接方式,负载为星形连接的三相对称电路,负载为三角形连接的三相对称电路,不对称三相电路的概念和三相电路的功率计算等内容。

7.1 对称三相电源

三相电路是指三相发电机向三相负载供电的系统。就电路理论而言,三相电路是一种特殊的正弦电路。关于正弦电路的一整套分析方法完全适用于三相电路,并且可以利用三相电路的特殊性来简化分析计算。

三相电路是一种工程实用电路,世界各国发电、输电和用电几乎全部采用三相模式。这是因为三相交流电在电能的产生、输送和应用上与单相交流电相比有以下显著优点:①制造三相发电机和三相变压器比制造容量相同的单相发电机和单相变压器节省材料;②在输电电压、输送功率和线路损耗相同的条件下,三相输电线路比单相输电线路节省有色金属;③三相电流不仅能产生旋转磁场,而且对称三相电路的瞬时功率是个常数,能制造出结构简单、性能良好的三相异步电动机。因此,三相交流电应用广泛。

7.1.1 对称三相电源的特点

对称三相电源是指三个频率相同、最大值相等、相位彼此互差120°的正弦交流电压源,通常是由三相交流发电机产生的。图7.1(a)所示是三相交流发电机的示意图。三相交流发电机最主要的组成部分是定子和转子。在定子铁心内圆的槽孔里安装有三个完全相同的线圈,分别称为 AX、BY 和 CZ 线圈。其中,A、B、C 是线圈的始端,X、Y、Z 是线圈的末端,三个线圈在空间位置上彼此相隔120°。在转子的铁心上绕有励磁绕组,用直流励磁,只要选择合适的结构,定子与转子气隙中的磁场将按正弦规律分布。

当转子以均匀的角速度 ω 按顺时针方向旋转时,每相绕组依次被磁力线切割,在三个线圈中将产生有特定关系的感应电动势。若用电压源表示三相电压,并选择电压的参考方向为从绕组的首端指向末端,如图7.1(b)所示,则每一相绕组中产生的感应电压称为电源的一相,依次称为 A 相、B 相、C 相,电压分别记为 u_A、u_B、u_C。以 A 相为参考正弦量,这三个电压的瞬时值表示式为

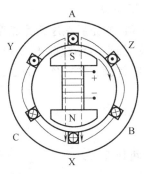 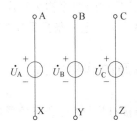

(a) 三相交流发电机原理示意图　　(b) 三相交流电压

图 7.1　三相交流发电机

$$u_A = U_m \sin\omega t$$
$$u_B = U_m \sin(\omega t - 120°)$$
$$u_C = U_m \sin(\omega t - 120°) = U_m \sin(\omega t + 120°)$$
$$\left.\right\} \quad (7.1)$$

对应的相量形式为

$$\dot{U}_A = U\angle 0°$$
$$\dot{U}_B = U\angle -120° = U\left(-\frac{1}{2} - j\frac{\sqrt{3}}{2}\right)$$
$$\dot{U}_C = U\angle -240° = U\angle 120° = U\left(-\frac{1}{2} + j\frac{\sqrt{3}}{2}\right)$$
$$\left.\right\} \quad (7.2)$$

它们的波形图和相量图如图 7.2(a)和(b)所示。作三相电路的相量图时,习惯上把参考相量画在水平方向上,如图 7.2(c)所示,将初相角为零的参考相量 $\dot{U}_A$ 画在水平方向,其他相量相对于 $\dot{U}_A$ 画出。

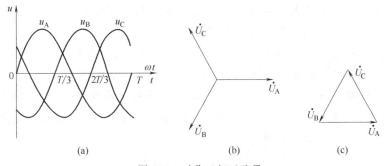

图 7.2　对称三相正弦量

由上可见,三相交流发电机产生的三相电压具有以下三个特点:幅值相等、频率相同、相位互差 120°。满足上述三个条件的三相电压、电流、电动势通称为对称三相正弦量。显然,对称三相电压的瞬时值之和与其相量之和都为零,即

$$u_A + u_B + u_C = 0$$

$$\dot{U}_A + \dot{U}_B + \dot{U}_C = 0$$

在三相电源中,每相电压达到最大值(或零值)的先后顺序称为相序。上述 A 相超前于 B 相,B 相超前于 C 相的顺序称为正序;相反,如果 B 相超前于 A 相,C 相超前于 B 相,这种相序称为逆序。工程上一般采用正序,并用黄、绿、红三色区分 A、B、C 三相。

7.1.2 三相电源的连接方法

三相电源的连接有星形(丫)和三角形(△)两种方式。

1. 电源的星形连接

三相电源的星形连接是将三相绕组的末端 X、Y、Z 连接在一起,从三个始端 A、B、C 分别引出三根输出线,如图 7.3(a)所示。

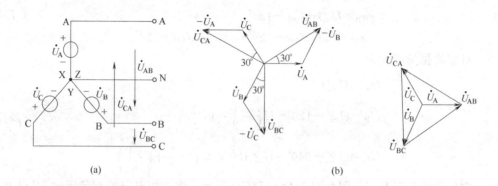

(a)　　　　　　　　　　　(b)

图 7.3　三相电源的星形连接

下面介绍几个电路名词。

(1) 中点:连接三相绕组末端的节点 N 称为中点。

(2) 中线:从中点引出的输电线称为中线,又称地线或零线。

(3) 端线:从始端引出的输电线称为端线,俗称火线。

(4) 线电压:指端线之间的电压。其参考方向习惯上规定为由先行相到后续相,且习惯上用下标字母的次序表示,分别记为 u_{AB}、u_{BC}、u_{CA},其有效值用 U_L 表示。

(5) 相电压:指端线与中线之间的电压,也常用下标字母次序表示其参考方向,分别记为 u_{AN}、u_{BN}、u_{CN},简记为 u_A、u_B、u_C,其有效值用 U_P 表示。有中线的三相交流电路称为三相四线制电路,无中线的称为三相三线制电路。

根据基尔霍夫电压定律,线电压与相电压之间的关系为

$$\left.\begin{array}{l} \dot{U}_{AB} = \dot{U}_A - \dot{U}_B \\ \dot{U}_{BC} = \dot{U}_B - \dot{U}_C \\ \dot{U}_{CA} = \dot{U}_C - \dot{U}_A \end{array}\right\} \tag{7.3}$$

对于对称的三相电源,如设 $\dot{U}_A = U_P \angle 0°$,则 $\dot{U}_B = U_P \angle -120°$,$\dot{U}_C = U_P \angle 120°$,代入

式(7.3),得

$$\dot{U}_{AB} = U_P\angle 0° - U_P\angle -120° = \sqrt{3}U_P\angle 30°$$

$$\dot{U}_{BC} = U_P\angle -120° - U_P\angle 120° = \sqrt{3}U_P\angle -90°$$

$$\dot{U}_{CA} = U_P\angle 120° - U_P\angle 0° = \sqrt{3}U_P\angle 150°$$

上式可写成

$$\left.\begin{array}{l} \dot{U}_{AB} = \sqrt{3}\dot{U}_A\angle 30° \\ \dot{U}_{BC} = \sqrt{3}\dot{U}_B\angle 30° \\ \dot{U}_{CA} = \sqrt{3}\dot{U}_C\angle 30° \end{array}\right\} \qquad (7.4)$$

从上述结果看出,对称三相电源作丫形连接时,线电压的有效值是相电压的$\sqrt{3}$倍,相位上超前于对应的相电压30°。因此,三个线电压也是与相电压同相序的一组对称三相正弦量。

上述线电压与相电压之间的关系也可以从图7.3(b)所示的相量图求出。从相量图可以看出:三相线电压也是对称的,而且都超前于对应的相电压30°。

$$U_L = 2U_P\cos 30° = \sqrt{3}U_P \qquad (7.5)$$

三相电源作丫连接时,提供线电压和相电压两种电压,负载可根据额定电压的大小适当连接。

2. 电源的三角形(△)连接

三相电源的三角形(△)连接是把三个绕组的始、末端依次相连,即 X 与 B,Y 与 C,Z 与 A 相连,形成一个闭合回路,然后从三个连接点引出三根端线,如图7.4(a)所示。这种接线方式只有三线制。

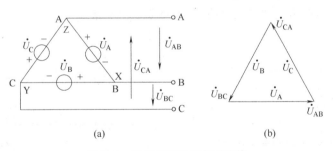

(a)　　　　　　　　(b)

图 7.4　三相电源的三角形连接

从图7.4(a)容易看出,三相对称电源作△连接,线电压就是相应的相电压,即

$$\left.\begin{array}{l} \dot{U}_{AB} = \dot{U}_A \\ \dot{U}_{BC} = \dot{U}_B \\ \dot{U}_{CA} = \dot{U}_C \end{array}\right\} \qquad (7.6)$$

也可写成

$$U_L = U_P \qquad (7.7)$$

应该指出,三相电源作三角形连接时,要注意接线的正确性。当三相电压源连接正确时,在三角形闭合回路中,总的电压为零,即

$$\dot{U}_A + \dot{U}_B + \dot{U}_C = U_P(\angle 0° + \angle -120° + \angle 120°) = 0$$

相量图如图 7.4(b)所示,这样才能保证在未接负载的情况下,三角形连接的闭合回路内没有电流;但是如果将某一相电压源(例如 A 相)接反,如错误地把 A 与 B 相接,X 与 Z 相连,三角形回路中的总电压为

$$-\dot{U}_A + \dot{U}_B + \dot{U}_C = U_P(\angle 180° + \angle -120° + \angle 120°) = -2\dot{U}_A$$

在三角形回路内,电压的大小两倍于相电压,因绕组本身的阻抗很小,所以回路中将产生很大的电流,使发电机绕组过热而损坏。因此,三相电源接成三角形时,为保证连接正确,先把三个绕组接成一个开口三角形,经一块电压表闭合。若电压表读数为零,说明连接正确,可撤去电压表,将回路闭合。

7.2 负载为星形连接的三相对称电路

7.2.1 三相四线制电路

三相电路的负载由三个部分组成,其中每一部分叫作一相负载。与三相电源一样,三相负载也有星形和三角形两种连接方式,如图 7.5 所示。三相负载与三相电源按一定方式连接起来组成三相电路。由三相电源、三相负载以及把它们连接起来的一组传输线组成的总体,称为三相电路。由于三相电源和三相负载都有丫形和△形两种连接方式,所以三相电路有丫-丫、丫-△、△-△、△-丫等多种连接方式。对称三相电源与对称三相负载通过相同的传输线连接组成的三相电路,称为对称三相电路。

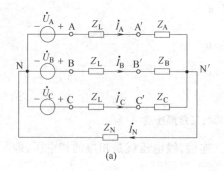
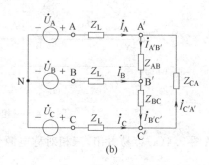

图 7.5　三相负载的连接方式

三相负载的丫连接,是指把三相负载的一端连接成一点,另一端分别接电源的三根端线。三相负载连接的公共节点称为负载的中点,用 N′表示,如图 7.5(a)所示。如果各相负载是有极性的,则必须同三相电源一样,按各相末端(或各相始端)相连成中性点,否则将造成不对称;如果各相负载没有极性,可以任意连接成星形。星形连接负载的 A′、B′、

C′端向外接至三相电源的端线,而将负载中性点 N′连到三相电源的中线。这种用四根导线把电源和负载连接起来的三相电路称为三相四线制。当负载的额定电压等于电源的相电压时,负载应采用星形连接方式。

如果每相负载的阻抗相等,称为对称三相负载。三相负载的相电压是指每相阻抗的电压。在三相电路中,流经各端线的电流称为线电流,参考方向习惯上规定为由电源指向负载;流过各相负载的电流称为相电流,流过中线的电流称为中线电流,参考方向习惯上规定为由负载指向电源。由于端线与各相阻抗串联在同一条支路中,故线电流等于相电流,即

$$I_L = I_P \tag{7.8}$$

根据基尔霍夫电流定律,中线电流为

$$\dot{I}_N = \dot{I}_A + \dot{I}_B + \dot{I}_C \tag{7.9}$$

7.2.2 负载为星形连接的三相对称电路的计算

图 7.6 所示为对称三相四线制电路。图中,Z_L 为线路阻抗,NN′为中线,Z_N 为中线阻抗,Z 为负载阻抗。

选 N 点为参考节点,并由节点法得

$$\left(\frac{1}{Z_N} + \frac{3}{Z + Z_L}\right)\dot{U}_{N'N} = \frac{1}{Z_L + Z}(\dot{U}_A + \dot{U}_B + \dot{U}_C) \tag{7.10}$$

由于对称电源的相电压满足 $\dot{U}_A + \dot{U}_B + \dot{U}_C = 0$,故有

$$\dot{U}_{N'N} = 0$$

可见,节点 N′和 N 为等电位点,中线电流 $\dot{I}_N$ 等于零。

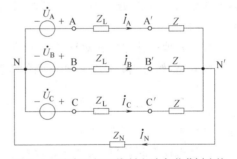

图 7.6 对称三相四线制电路负载作Y连接

三相电路中通过端线的电流称为线电流,通过每相负载的电流称为相电流。由图 7.6 可以看出,Y-Y三相电路的负载相电流等于线电流。求得负载的相电流分别为

$$\left.\begin{aligned}
\dot{I}_A &= \frac{\dot{U}_A - \dot{U}_{N'N}}{Z + Z_L} = \frac{\dot{U}_A}{Z + Z_L} \\[2mm]
\dot{I}_B &= \frac{\dot{U}_B - \dot{U}_{N'N}}{Z + Z_L} = \frac{\dot{U}_B}{Z + Z_L} \\[2mm]
\dot{I}_C &= \frac{\dot{U}_C - \dot{U}_{N'N}}{Z + Z_L} = \frac{\dot{U}_C}{Z + Z_L}
\end{aligned}\right\} \tag{7.11}$$

可见,各相电流是对称的。因此,中线电流 $\dot{I}_N$ 为零,即

$$\dot{I}_N = \dot{I}_A + \dot{I}_B + \dot{I}_C = 0$$

各相负载的相电压为

$$\dot{U}_{A'} = Z\dot{I}_A$$

$$\dot{U}_{B'} = Z\dot{I}_B$$

$$\dot{U}_{C'} = Z\dot{I}_C$$

可见,各相负载的相电压也是对称的。当然,负载的线电压也对称。由此可知,Y-Y 连接三相对称电路具有下列特点。

(1) 中线不起作用。在上例中,考虑了中线的阻抗 Z_N,结果是 $\dot{U}_{N'N} = 0, \dot{I}_N = 0$。所以在对称三相电路中,不论有无中线,中线阻抗为何值,电路的情况都一样。

(2) 对称的 Y-Y 三相电路中,每相的电流、电压仅由该相的电源和阻抗决定,各相之间彼此不相关,形成了各相独立性。

(3) 各相的电流、电压都是和电源电压同相序的对称量。

在对称 Y-Y 三相电路中,由于中线电流等于零,故取消中线不会对电路产生任何影响,此时,电源通过三条端线向负载供电,称为三相三线制供电。若保留中线,则称为三相四线制供电。

由于 $\dot{U}_{N'N} = 0$,各相电流独立;又由于三相电源、三相负载对称,所以负载相电流对称。显然,可利用各相电路之间的独立性,取出其中一相电路进行分析,并由对称性求得其余两相的电流、电压。这就是对称三相电路的单相分析法。图 7.7 所示为一相计算电路(A 相)。

对于其他连接方式的对称三相电路,可以进行 △ 和 Y 的等效互换,化成 Y-Y 连线的对称三相电路,然后用归结为一相电路的计算方法进行分析。最后,返回到原电路,求出其他待求量。

根据上述特点,对于对称三相电路,只要分析计算其中一相的电流、电压,其他两相可根据对称性直接写出,不必再去计算,这就是对称的 Y-Y 三相电路归结为一相的计算方法。在分析计算时,可单独画出等效的一相计算电路(如 A 相),如图 7.7 所示。其画法很简单,就是只画出一相的电路,然后用短路线将 N 点和 N′ 点连接起来。因为 $\dot{U}_{N'N} = 0$,所以一相计算电路中不包括中线阻抗 Z_N。这一点应特别注意。

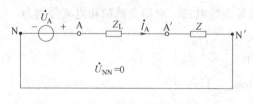

图 7.7　一相计算电路

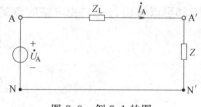

图 7.8　例 7.1 的图

【例 7.1】　如图 7.8 所示电路中,加在星形连接负载上的三相电压对称,其线电压为 380V。试求:

(1) 对于三相负载,每相阻抗为 $Z_A = Z_B = Z_C = (17.3 + j10)\Omega$ 时,各相电流和中线电流。

(2) 断开中线后的各相电流。

解:(1) 由于三相电压对称,每相负载电压为

$$U_P = \frac{U_L}{\sqrt{3}} = \frac{380}{\sqrt{3}} = 220(\text{V})$$

设 $\dot{U}_A = 220\angle 0°\text{V}$，取 A 相进行计算，如图 7.8 所示，得到

$$\dot{I}_A = \frac{\dot{U}_A}{Z_A} = \frac{220\angle 0°}{17.3+\text{j}10} = 11\angle -30°(\text{A})$$

根据对称条件，有

$$\dot{I}_B = 11\angle -150°\text{A}$$

$$\dot{I}_C = 11\angle 90°\text{A}$$

中线电流为

$$\dot{I}_N = \dot{I}_A + \dot{I}_B + \dot{I}_C = 0$$

(2) 由于三相电流对称，中线电流为零，断开中线时，三相电流不变。因此，可去掉中线，成为三相三线制电路。例如三相电动机就是一种对称三相负载，它只需引出三根线接到电源的三根火线上，即可正常工作。

【例 7.2】 对称三相电路如图 7.6 所示。已知 $Z = (6+\text{j}5)\Omega, Z_L = (2+\text{j}1)\Omega, Z_N = (1+\text{j}1)\Omega$，线电压为 380V。试求负载端的线电流和线电压。

解：线电压为 380V，则相电压应为 $380/\sqrt{3} = 220(\text{V})$。设 A 相电压初相为零，则

$$\dot{U}_A = 220\angle 0°\text{V}$$

根据一相计算电路，有

$$\dot{I}_A = \frac{\dot{U}_A}{Z+Z_L} = \frac{220\angle 0°}{8+\text{j}6} = \frac{220\angle 0°}{10\angle 36.9°} = 22\angle -36.9°(\text{A})$$

由对称性，写出其他两相电流为

$$\dot{I}_B = 22\angle(-36.9°-120°) = 22\angle -156.9°(\text{A})$$

$$\dot{I}_C = 22\angle(-36.9°+120°) = 22\angle 83.1°(\text{A})$$

以上所求电流即为负载端的线电流。

A 相负载的相电压 $\dot{U}_{A'N'}$ 为

$$\dot{U}_{A'N'} = \dot{I}_A Z = (22\angle -36.9°) \times (7.8\angle 39.8°) = 171.6\angle 2.9°(\text{V})$$

负载端的线电压 $\dot{U}_{A'B'}$ 为

$$\dot{U}_{A'B'} = \sqrt{3}\dot{U}_{A'N'}\angle 30° = 291.7\angle 32.9°(\text{V})$$

由对称性，得

$$\dot{U}_{B'C'} = 291.7\angle(32.9°-120°) = 291.7\angle -87.1°(\text{V})$$

$$\dot{U}_{C'A'} = 291.7\angle(32.9°+120°) = 291.7\angle 152.9°(\text{V})$$

7.3 负载为三角形连接的三相对称电路

当三相负载的额定电压等于电源的线电压时，负载应作△连接。

分析对称△连接负载与对称三相电源组成的电路，三相电源可能是Y连接，也可能是

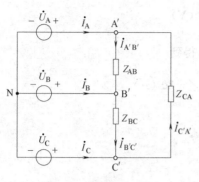

图 7.9　负载作△连接

△连接。当只要求分析负载的电流和电压时,只需知道电源的线电压,不必追究电源的具体接法。设△连接对称负载如图7.9所示。

无论三相电源是Y连接还是△连接,设其输出线电压为

$$\left.\begin{aligned}\dot{U}_{AB} &= U_L\angle 0^\circ\\\dot{U}_{BC} &= U_L\angle -120^\circ\\\dot{U}_{CA} &= U_L\angle 120^\circ\end{aligned}\right\} \quad (7.12)$$

由于△连接时,负载上的相电压等于线电压,于是负载相电流为

$$\dot{I}_{AB}=\frac{\dot{U}_{AB}}{Z}, \quad \dot{I}_{BC}=\frac{\dot{U}_{BC}}{Z}, \quad \dot{I}_{CA}=\frac{\dot{U}_{CA}}{Z} \quad (7.13)$$

可见,三个相电流$\dot{I}_{AB}$、$\dot{I}_{BC}$、$\dot{I}_{CA}$对称,在相位上彼此相差120°。它们与三个线电流$\dot{I}_{AB}$、$\dot{I}_{BC}$、$\dot{I}_{CA}$之间的关系是

$$\left.\begin{aligned}\dot{I}_A &= \dot{I}_{AB}-\dot{I}_{CA}=\sqrt{3}\dot{I}_{AB}\angle -30^\circ\\\dot{I}_B &= \dot{I}_{BC}-\dot{I}_{AB}=\sqrt{3}\dot{I}_{BC}\angle -30^\circ\\\dot{I}_C &= \dot{I}_{CA}-\dot{I}_{BC}=\sqrt{3}\dot{I}_{CA}\angle -30^\circ\end{aligned}\right\} \quad (7.14)$$

式(7.13)～式(7.14)表明:当电源线电压对称时,△形连接负载的相电流和线电流对称,线电流的幅度是相电流的$\sqrt{3}$倍,线电流的相位滞后相应的相电流30°。

分析可知,负载为三角形连接的三相对称电路中,各相的电压、电流都是和电源同相序的对称三相正弦量,可用单相法计算,其计算步骤为:

(1) 将△连接等效成Y连接。

(2) 用一条复阻抗为零的中线将各中点连接起来。

(3) 取出一相进行计算。

(4) 返回原电路,求出△连接负载的各相电流。

【例7.3】　如图7.9所示,一组对称三相负载接成三角形。已知电源线电压为380V,每相负载的复阻抗$Z=(6+j8)\Omega$,求各相负载的相电流及线电流。

解：$Z=6+j8=10\angle 53.1^\circ$,设线电压$\dot{U}_{AB}=380\angle 0^\circ V$,则负载各相电流为

$$\dot{I}_{AB}=\frac{\dot{U}_{AB}}{Z}=\frac{380\angle 0^\circ}{10\angle 53.1^\circ}=38\angle -53.1^\circ(A)$$

$$\dot{I}_{BC}=\dot{I}_{AB}\angle -120^\circ=38\angle -173.1^\circ(A)$$

$$\dot{I}_{CA}=\dot{I}_{AB}\angle 120^\circ=38\angle 66.9^\circ(A)$$

各线电流为

$$\dot{I}_A = \sqrt{3}\dot{I}_{AB}\angle-30° = 38\sqrt{3}\angle(-53.1°-30°) = 66\angle-83.1°(A)$$

$$\dot{I}_B = \dot{I}_A\angle-120° = 66\angle156.9°(A)$$

$$\dot{I}_C = \dot{I}_A\angle120° = 66\angle36.9°(A)$$

【**例 7.4**】 如图 7.10(a) 所示三相对称电路,对称三相电源电压 $\dot{U}_A = 220\angle0°V$,负载阻抗 $Z = 60\angle60°\Omega$,线路阻抗 $Z_L = (1+j1)\Omega$,求电路中的电压和电流。

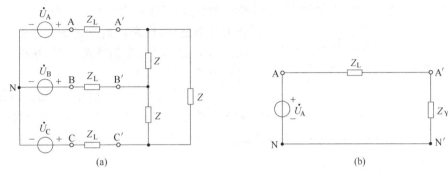

图 7.10 例 7.4 电路图

解:将三角形连接的对称三相负载换成星形连接的对称三相负载 $Z_Y = Z/3$。取变换后的电路中的一相等效电路如图 7.10(b) 所示。

A 相线电流为

$$\dot{I}_A = \frac{\dot{U}_A}{Z_L + Z/3} = 10.3\angle-59.0°(A)$$

A 相负载相电流为

$$\dot{I}_{AB} = \frac{1}{\sqrt{3}}I_A\angle30° = 5.95\angle-29.0°(A)$$

等效星形 A 相负载相电压为

$$\dot{U}_{AN} = \frac{1}{3}Z\dot{I}_A = 206\angle1°(V)$$

负载线电压(也是三角形负载相电压)为

$$\dot{U}_{AB} = \sqrt{3}\dot{U}_{AN}\angle30° = 356.8\angle31°(V)$$

线路上的压降为

$$\dot{U}_{AL} = Z_L\dot{I}_A = 14.6\angle-14°(V)$$

由于是三相对称电路,每相的电流、电压均对称。因此,对于 B 相、C 相的电流、电压,读者可以写出。

7.4 不对称三相电路的概念

7.4.1 负载不对称电路及中线的作用

三相电路不对称,可能是由于三相电压不对称、三相负载不对称或三相线路阻抗不

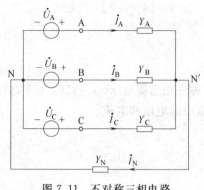

图 7.11　不对称三相电路

同引起的。通常情况下,对于三相电源电压,三根输电线的阻抗是对称的,三相电路不对称主要是由三相负载不对称造成的。例如,对称三相电路的某一条端线断开,或某一相负载发生短路或开路,电路都将失去原来的对称性,成为不对称三相电路。由于不对称三相电路失去对称性的特点,不能归为一相进行分析,一般把它作为复杂电路,应用以前学过的方法分析。下面以图 7.11 为例,介绍负载 Y-Y 接法的三相不对称电路。

　　图 7.11 所示的 Y-Y 连接电路中,若三相电源对称,负载不对称,则为不对称 Y-Y 三相电路。对于此类电路,常采用节点电压法分析计算。

　　图 7.11 中,若 Y_A、Y_B、Y_C 为各相负载的复导纳,Y_N 为中线的复导纳,Y 连接电压源的各相电压为 $\dot{U}_A$、$\dot{U}_B$、$\dot{U}_C$,中点电压为

$$\dot{U}_{N'N} = \frac{Y_A\dot{U}_A + Y_B\dot{U}_B + Y_C\dot{U}_C}{Y_A + Y_B + Y_C + Y_N} \tag{7.15}$$

各相负载端电压为

$$\left.\begin{aligned}
\dot{U}_{AN'} &= \dot{U}_A - \dot{U}_{N'N} \\
\dot{U}_{BN'} &= \dot{U}_B - \dot{U}_{N'N} \\
\dot{U}_{CN'} &= \dot{U}_C - \dot{U}_{N'N}
\end{aligned}\right\} \tag{7.16}$$

各相负载电流为

$$\left.\begin{aligned}
\dot{I}_A &= Y_A\dot{U}_{AN'} \\
\dot{I}_B &= Y_B\dot{U}_{BN'} \\
\dot{I}_C &= Y_C\dot{U}_{CN'}
\end{aligned}\right\} \tag{7.17}$$

中线电流为

$$\dot{I}_N = Y_N\dot{U}_{N'N} \tag{7.18}$$

由于负载不对称,中点电压 $\dot{U}_{N'N}$ 一般不为零,中线电流 $\dot{I}_N$ 也不为零。

　　图 7.12 所示为不对称 Y-Y 三相电路的电压相量图。先作出 Y 连接电压源的对称相电压 $\dot{U}_A$、$\dot{U}_B$、$\dot{U}_C$,再作出中点电压 $\dot{U}_{N'N}$,最后作出负载各相电压 $\dot{U}_A$、$\dot{U}_B$、$\dot{U}_C$。由于负载不对称,中点电压 $\dot{U}_{N'N}$ 一般不为零。从图 7.12 所示的相量关系可以看出,N′ 点和 N 点不重合,这一现象叫作中点位移。若三相电源对称,可根据中点位移的情况,判断三相负载不对称的程度。中点位移较大时,将造成负载端的电压严重不对称,影响负载正常工作。负载变化,中点电压 $\dot{U}_{N'N}$ 也要变化,各相负载电压都跟着变化。

　　对于实际的三相电路,若为对称电路,因 $\dot{U}_{N'N}$ 为零,中线不起作用,一般不装设中线;

若为不对称Y连接负载,一定要装设中线,且中线的阻抗应尽可能小,迫使中点电压$\dot{U}_{N'N}$很小($\dot{U}_{N'N} \approx 0$),从而使负载端的电压接近于对称,各相保持相对独立性,各相的工作互不影响。

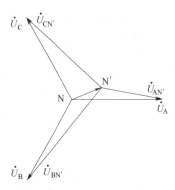

图 7.12 不对称三相电压相量图

从图 7.12 相量可见,由于$\dot{U}_{N'N} \neq 0$,结果负载的相电压不对称,导致某些相的电压过低,而某些相的电压过高,使负载不能正常工作,甚至被损坏;另一方面,由于中性点电压的值与各相负载的复阻抗有关,所以各相的工作状况相关联,一相负载发生变化,将影响另外两相负载正常工作。显然,这是不能允许的。在实用中,如何解决这个问题呢? 从式(7.15)可以看出,当电源对称时,中性点位移的大小与中线的阻抗有关。若是三相三线制,即没有中线,相当于$Z_N = \infty$,而$Y_N = 0$,这时中性点位移最大,是最严重的情况。若$Z_N = 0$,这时$\dot{U}_{N'N} = 0$,没有中性点位移,当中线不长且导线较粗时,就接近这种情况。因此,对于不对称负载作星形连接时,中线的存在是非常重要的。实际工作中,要求中线可靠地接到电路中,中线要有足够的机械强度,且在中线上不允许接入开关和熔断器。

7.4.2 不对称三相电路的计算

1. 不对称负载作星形连接

(1) 不对称负载作星形连接,且不考虑中线阻抗。

不对称负载作星形连接,由于$Z_N = 0$,可迫使$\dot{U}_{N'N} = 0$。尽管负载是不对称的,负载的相电压仍能保持对称,就等于电源对应的相电压,因而各相具有独立性,互不影响。各相电流可分别计算,然后由求得的三相电流计算中线电流。

(2) 不对称负载作星形连接,且考虑中线阻抗。

当需要考虑中线阻抗Z_N或中线断开时,可由弥尔曼定理求出中性点电压$\dot{U}_{N'N}$,然后根据基尔霍夫电压定律求出各相负载的相电压和相电流。

【例 7.5】 在图 7.13(a)中,电源电压对称,每相电压$U_P = 220V$,负载为电灯组。在额定电压下,其电阻分别为:$R_A = 5\Omega, R_B = 10\Omega, R_C = 20\Omega$。

(1) 求负载相电压、负载电流及中线电流。

(2) A 相断开时,求各相负载上的电压。

(3) A 相断开且中线也断开时,如图 7.13(b)所示,求各相负载的电压。以 A 相为参考。

解:(1) 在负载不对称而有中性线的情况下,负载的相电压和电源的相电压相等,也是对称的,其有效值为 220V,则

$$\dot{I}_A = \frac{\dot{U}_A}{R_A} = \frac{220 \angle 0°}{5} = 44 \angle 0° (A)$$

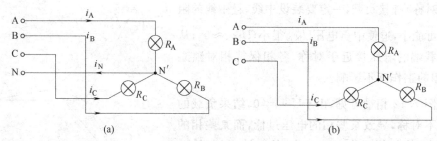

图 7.13　例 7.5 电路图

$$\dot I_{\mathrm B}=\frac{\dot U_{\mathrm B}}{R_{\mathrm B}}=\frac{220\angle-120°}{10}=22\angle-120°(\mathrm A)$$

$$\dot I_{\mathrm C}=\frac{\dot U_{\mathrm C}}{R_{\mathrm C}}=\frac{220\angle120°}{20}=11\angle120°(\mathrm A)$$

中线电流为

$$\dot I_{\mathrm N}=\dot I_{\mathrm A}+\dot I_{\mathrm B}+\dot I_{\mathrm C}=44\angle0°+22\angle-120°+11\angle120°=29.1\angle-19°(\mathrm A)$$

(2) 由于有中线,B 相和 C 相未受影响,因此 B 相和 C 相负载上的电压不变。

(3) 因为中线断开,A 相断线,B、C 相负载串联起来接在线电压 $\dot U_{\mathrm{BC}}$ 上。此时 B、C 负载端电压分别为

$$\dot U_{\mathrm{BN'}}=\frac{R_{\mathrm B}}{R_{\mathrm B}+R_{\mathrm C}}\dot U_{\mathrm{BC}}=\frac{10}{10+20}\times380\angle-90°=126.7\angle-90°(\mathrm V)$$

$$\dot U_{\mathrm{N'C}}=\frac{R_{\mathrm C}}{R_{\mathrm B}+R_{\mathrm C}}\dot U_{\mathrm{BC}}=\frac{10}{10+20}\times380\angle-90°=253.3\angle-90°(\mathrm V)$$

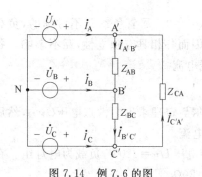

图 7.14　例 7.6 的图

2. 不对称负载作△连接

不对称负载作△连接时,若不计端线阻抗,根据基尔霍夫电压定律,各相负载的相电压就是电源的线电压,各相负载的相电流完全由该相电压与负载决定,再由基尔霍夫电流定律求出各线电流。

【例 7.6】　如图 7.14 所示,三角形负载接到 380V 三相交流中,已知 $Z_{\mathrm{AB}}=(10+\mathrm j10)\Omega$,$Z_{\mathrm{BC}}=(8.66+\mathrm j5)\Omega$,$Z_{\mathrm{CA}}=(12+\mathrm j16)\Omega$,试求各线电流。

设 $\dot U_{\mathrm{AB}}=U_{\mathrm{AB}}\angle0°$。

解:三相负载中的电流分别为

$$\dot I_{\mathrm{AB}}=\frac{\dot U_{\mathrm{AB}}}{Z_{\mathrm{AB}}}=\frac{380\angle0°}{10+\mathrm j10}=19-\mathrm j19(\mathrm A)$$

$$\dot I_{\mathrm{BC}}=\frac{\dot U_{\mathrm{BC}}}{Z_{\mathrm{BC}}}=\frac{380\angle-120°}{8.66+\mathrm j5}=-32.9-\mathrm j19(\mathrm A)$$

$$\dot I_{\mathrm{CA}}=\frac{\dot U_{\mathrm{CA}}}{Z_{\mathrm{CA}}}=\frac{380\angle120°}{12+\mathrm j10}=7.45+\mathrm j17.5(\mathrm A)$$

线电流分别为

$$\dot{I}_A = \dot{I}_{AB} - \dot{I}_{CA} = 38.3 \angle -72.5° \text{(A)}$$

$$\dot{I}_B = \dot{I}_{BC} - \dot{I}_{AB} = -51.9 \angle -0° \text{(A)}$$

$$\dot{I}_C = \dot{I}_{CA} - \dot{I}_{BC} = 54.4 \angle 42.1° \text{(A)}$$

7.5 三相电路的功率

无论负载是星形连接还是三角形连接,三相负载总的功率就是各相功率的总和。在单相功率计算的基础上,考虑到三相电路的特点,可得出三相电路功率计算公式。

7.5.1 对称三相电路的功率计算

在三相电路中,三相负载的有功功率等于各相负载有功功率之和,即

$$P = P_A + P_B + P_C \tag{7.19}$$

每相负载的功率为

$$P_P = U_P I_P \cos\varphi$$

当电路对称时,由于各相的相电流、相电压和功率因数角大小均相等,则三相负载的总功率为

$$P = 3P_P = 3U_P I_P \cos\varphi \tag{7.20}$$

对于Y连接,有

$$U_P = \frac{U_L}{\sqrt{3}}, \quad I_P = I_L$$

代入式(7.20),得

$$P = 3\frac{U_L}{\sqrt{3}} I_L \cos\varphi = \sqrt{3} U_L I_L \cos\varphi \tag{7.21}$$

式中:φ 角为相电压和相电流之间的相位差,即负载的阻抗角。

对于△连接,$U_P = U_L$,$I_P = \dfrac{I_L}{\sqrt{3}}$,代入式(7.20),得出与式(7.21)相同的结果,即不管负载是Y连接,还是△连接,三相电路的功率均可以按式(7.21)计算。

三相电路总的无功功率为各相无功功率之和,即

$$Q = Q_A + Q_B + Q_C \tag{7.22}$$

每相无功功率为

$$Q_P = U_P I_P \sin\varphi$$

对称三相负载的总无功功率为

$$Q = 3U_P I_P \sin\varphi = \sqrt{3} U_L I_L \sin\varphi \tag{7.23}$$

对称三相电路的视在功率和功率因数分别为

$$S=\sqrt{P^2+Q^2}=3U_PI_P=\sqrt{3}U_LI_L \tag{7.24}$$

$$\lambda=\frac{P}{S}=\cos\varphi \tag{7.25}$$

式中的 φ 角仍为相电压与相电流之间的相位差。应注意:$S\neq S_A+S_B+S_C$ 或 $S\neq3S_P$。

【例7.7】 有一个三相负载,每相等效阻抗为 $(29+j21.8)\Omega$,试求下列两种情况下的功率。

(1) 连接成星形接于 $U_L=380V$ 三相电源上。

(2) 连接成三角形接于 $U_L=220V$ 三相电源上。

解:(1) 三相负载接成星形接于 $U_L=380V$ 时,有

$$U_P=\frac{U_L}{\sqrt{3}}=\frac{380}{\sqrt{3}}=220(V)$$

$$I_P=\frac{U_P}{|Z|}=\frac{220}{\sqrt{29^2+21.8^2}}=6.1(A)$$

$$I_L=I_P=6.1A$$

$$P=\sqrt{3}U_LI_L\cos\varphi=\sqrt{3}\times380\times6.1\times\frac{29}{\sqrt{29^2+21.8^2}}=3.2(kW)$$

(2) 三相负载接成三角形接于 $U_L=220V$ 时,有

$$U_P=U_L=220V$$

$$I_P=\frac{U_P}{|Z|}=\frac{220}{\sqrt{29^2+21.8^2}}=6.1(A)$$

$$I_L=\sqrt{3}I_P=\sqrt{3}\times6.1=10.5(A)$$

$$P=\sqrt{3}U_LI_L\cos\varphi=\sqrt{3}\times220\times10.5\times\frac{29}{\sqrt{29^2+21.8^2}}=3.2(kW)$$

【例7.8】 在线电压为380V的三相电源上接入对称星形连接的负载,测得电路中消耗的有功功率为6kW,线电流为11A。求每相负载参数。

解:由于负载对称,则

$$\cos\varphi_P=\frac{P}{\sqrt{3}U_LI_L}=\frac{6\times10^3}{\sqrt{3}\times380\times11}=0.829$$

在星形连接中,有

$$U_P=\frac{U_L}{\sqrt{3}}=\frac{380}{\sqrt{3}}=220(V)$$

$$I_P=I_L=11A$$

$$|Z_P|=\frac{U_P}{I_P}=\frac{220}{11}=20(\Omega)$$

由阻抗三角形关系,求得电阻和感抗分别为

$$R=|Z_P|\cos\varphi_P=20\times0.829=16.58(\Omega)$$

$$X_L=|Z_P|\sin\varphi_P=20\times0.559=11.18(\Omega)$$

【例7.9】 有一台三相异步电动机,输出功率为7.5kW。将其接在线电压为380V

的线路中,功率因数为 0.86,效率 $\eta = 86\%$。试求正常运行时的线电流。

解:三相异步电动机是对称三相负载,输出功率为

$$P = P_\text{入} \eta = \sqrt{3} U_\text{L} I_\text{L} \eta \cos\varphi = 7500(\text{W})$$

因而线电流为

$$I_\text{L} = \frac{P}{\sqrt{3} U_\text{L} \eta \cos\varphi} = \frac{7500}{\sqrt{3} \times 380 \times 0.86 \times 0.86} = 15.4(\text{A})$$

7.5.2　不对称三相电路的功率计算

由于负载不对称,各相的电压、电流和它们的相位差 φ 可能一两个或全部不相等,只能分别求出各相功率后,再求三相总的功率。其计算公式如下:

$$\left.\begin{array}{l} P = P_\text{A} + P_\text{B} + P_\text{C} = U_\text{A} I_\text{A} \cos\varphi_\text{A} + U_\text{B} I_\text{B} \cos\varphi_\text{B} + U_\text{C} I_\text{C} \cos\varphi_\text{P} \\ Q = Q_\text{A} + Q_\text{B} + Q_\text{C} = U_\text{A} I_\text{A} \sin\varphi_\text{A} + U_\text{B} I_\text{B} \sin\varphi_\text{B} + U_\text{C} I_\text{C} \sin\varphi_\text{P} \\ S = \sqrt{P^2 + Q^2} \end{array}\right\} \quad (7.26)$$

这三个公式同样与负载的接法无关。

【例 7.10】　电路如图 7.15 所示,三相电源对称,每相负载分别为 $Z_\text{A} = 11\angle 45°\Omega$, $Z_\text{B} = 10\angle -30°\Omega$, $Z_\text{C} = 5\angle 60°\Omega$。求三相负载的有功功率 P 和无功功率 Q。

解:这是一种三相电源对称、三相负载不对称的电路。设 A 相电路电压为 $\dot{U}_\text{A} = 220\angle 0°\text{V}$。分别计算每相负载的有功功率和无功功率如下。

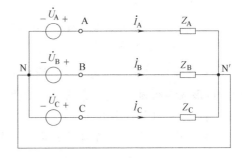

图 7.15　例 7.10 的图

A 相负载的有功功率和无功功率分别为

$$P_\text{A} = U_\text{A} I_\text{A} \cos\varphi_\text{A} = \frac{U_\text{A}^2}{|Z_\text{A}|} \cos\varphi_\text{A} = \frac{220^2}{11} \cos 45° = 3111.27(\text{W})$$

$$Q_\text{A} = U_\text{A} I_\text{A} \sin\varphi_\text{A} = \frac{U_\text{A}^2}{|Z_\text{A}|} \sin\varphi_\text{A} = \frac{220^2}{11} \sin 45° = 3111.27(\text{var})$$

B 相负载的有功功率和无功功率分别为

$$P_\text{B} = U_\text{B} I_\text{B} \cos\varphi_\text{B} = \frac{U_\text{B}^2}{|Z_\text{B}|} \cos\varphi_\text{B} = \frac{220^2}{10} \cos(-30°) = 4191.65(\text{W})$$

$$Q_\text{B} = U_\text{B} I_\text{B} \sin\varphi_\text{B} = \frac{U_\text{B}^2}{|Z_\text{B}|} \sin\varphi_\text{B} = \frac{220^2}{10} \sin(-30°) = -2420(\text{var})$$

C 相负载的有功功率和无功功率分别为

$$P_\text{C} = U_\text{C} I_\text{C} \cos\varphi_\text{C} = \frac{U_\text{C}^2}{|Z_\text{C}|} \cos\varphi_\text{C} = \frac{220^2}{5} \cos 60° = 4840(\text{W})$$

$$Q_\text{C} = U_\text{C} I_\text{C} \sin\varphi_\text{C} = \frac{U_\text{C}^2}{|Z_\text{C}|} \sin\varphi_\text{C} = \frac{220^2}{5} \sin 60° = 8383.13(\text{var})$$

三相负载总的有功功率和无功功率分别为

$$P = P_A + P_B + P_C = 3111.27 + 4191.65 + 4840 = 12.14292(\text{kW})$$

$$Q = Q_A + Q_B + Q_C = 3111.27 - 2420 + 8383.13 = 9.044(\text{kvar})$$

本章小结

(1) 频率相同、振幅相等而相位上互差 120° 的三个正弦量统称为对称三相正弦量,对称三相正弦量的瞬时值之和及相量和恒等于 0。

(2) 三相电源有两种连接方式。一种是星形连接:相电压和线电压都是对称的,线电压等于相电压的 $\sqrt{3}$ 倍,线电压相位比对应的相电压超前 30°;另一种是三角形连接:线电压等于相电压。要注意电源绕组的正确接法。

(3) 三相负载有两种连接方式。

① 星形连接:三相四线制中线电流等于相电流,中线电流为 $\dot{I}_N = \dot{I}_A + \dot{I}_B + \dot{I}_C$。若三相电流对称,则 $\dot{I}_N = 0$。

② 三角形连接:若相电流对称,则线电流对称,线电流等于 $\sqrt{3}$ 倍的相电流,线电流相位比对应的相电流滞后 30°。

(4) 对称三相电路可化为 Y-Y 接线,负载中性点对电源中性点电压 $\dot{U}_{N'N} = 0$,中线不起作用,形成各相的独立性,因而可归结为一相计算。可单独画出等效的 A 相计算,然后根据对称性,推出 B 相和 C 相。

(5) 不对称三相电路可看成是复杂电路的一种特殊类型,直接利用弥尔曼定理求负载中性点电压 $\dot{U}_{N'N}$(称为中性点位移),然后求得各支路电流。

当三相负载不对称作星形连接时,一定要有中线。中线的作用是在负载不对称时,保证负载的电压对称,从而保证负载正常工作。

(6) 三相电路的功率为三相功率之和。对于对称三相电路,不论是星形连接还是三角形连接,都可按下式计算:

$$P = 3U_P I_P \cos\varphi = \sqrt{3} U_L I_L \cos\varphi$$

$$Q = 3U_P I_P \sin\varphi = \sqrt{3} U_L I_L \sin\varphi, \quad S = \sqrt{P^2 + Q^2}, \quad \lambda = \frac{P}{S} = \cos\varphi$$

习题七

7.1 对于对称三相电源星形连接,已知相电压为 220V,线电压应为多少? 如果有一相接反了,结果怎样? 若两相接反了,结果怎样? 画相量图分析。

7.2 什么是正序? 什么是逆序? 试写出三相正序电压的相量表达式,并画出相量图。

7.3　如何借助电压表将发电机绕组接成三角形?

7.4　欲将三相电源接成星形连接,如果误将 A、B、C 连成一点(中性点),是否也可以产生对称的三相电压? 试画出在此情况下的电压相量图。

7.5　为什么在计算对称三相电路时,中线阻抗可以不予考虑,而用短路线连接各中性点?

7.6　在什么情况下,可将三相电路的计算转变为对一相的计算?

7.7　三相三线制电路中,$\dot{I}_N = \dot{I}_A + \dot{I}_B + \dot{I}_C = 0$ 总是成立。在三相四线制电路中,此等式也总是成立吗?

7.8　对于对称三相三线制丫连接电路,已知 $\dot{U}_{AB} = 380\angle10°V, \dot{I}_A = 15\angle10°A$,分析以下结论是否正确。

①$\dot{U}_{CB} = 380\angle70°V$;②$\dot{U}_L = 220\angle100°$;③负载为容性。

7.9　由单相用电设备组成的对称或不对称三相三角形负载电路,当 A 相负载因事故断开时,其余两相设备能否正常工作? 为什么?

7.10　将对称三相负载接到三相电压源,试比较负载作星形连接和三角形连接两种情况下的线电流和功率。

7.11　三相电路在何种情况下产生中性点位移? 中性点位移对负载工作情况有什么影响? 中线的作用是什么?

7.12　为什么三相电动机负载可采用三相三线制电源,而三相照明负载必须采用三相四线制电源?

7.13　由单相用电设备组成的对称或不对称三相三角形负载电路,当 A 相负载因事故断开时,其余两相设备能否正确工作? 为什么?

7.14　某三层楼房的照明由三相电源供电,接成三相四线制,每层为一相。有一次突然发生故障,一层电灯全部熄灭,二层和三层电灯仍亮,试分析故障原因。

7.15　对称三相电路的功率可用公式 $P = \sqrt{3}U_L I_L \cos\varphi$ 计算。式中,φ 是由什么决定的?

7.16　对于一组星形连接的三相对称负载,每相负载的电阻为 8Ω,感抗为 6Ω,电源电压为 $u_{AB} = 380\sqrt{2}\sin(\omega t + 60°)$ (V)。

①求各相负载的电压、电流和中线电流。

②画出电压电流的相量图。

③若中线断开,再求各相负载电压和电流。

7.17　每相阻抗为 $(200 + j150)\Omega$ 的对称三角形连接负载接到 380V 对称三相正弦电压源上,试求各相电流和线电流,并作相量图。

7.18　如图 7.16 所示对称三相电路,对称三相电源的相电压为 220V,对称三相负载阻抗 $Z = 100\angle30°\Omega$,输电线阻抗 $Z_L = (1 + j2)\Omega$,求三相负载的电压和电流。

7.19　如图 7.17 所示电路中,对称负载的各线电压均为 380V,电流为 2A,功率因数为 0.8,端线阻抗 $Z = (2 + 4j)\Omega$,试求电源的线电压。

7.20　如图 7.18 所示电路中,对称三相正弦电压为 380V,$R = 10\Omega$,$X_L = 10\Omega$,$X_C = 10\Omega$,是否可以说负载是对称的? 试求各相电流及中线电流,并作相量图。

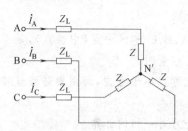

图 7.16　题 7.18 的图

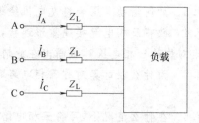

图 7.17　题 7.19 的图

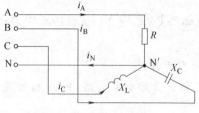

图 7.18　题 7.20 的图

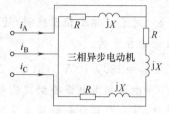

图 7.19　题 7.21 的图

7.21　有一台三相异步电动机,其绕组接成三角形接到线电压为 380V 的对称三相电源上,如图 7.19 所示。若三相负载吸收的功率为 11.4kW,线电流为 20A,求每相负载 Z 的等值参数 R 和 X。

7.22　图 7.20 所示对称三相电路中,$U_{A'B'}=380V$,三相电动机吸收的功率为 1.4kW,其功率因数 $\lambda=0.866$(滞后),$Z_L=-j55\Omega$。求 U_{AB} 和电源端的功率因数 λ'。

7.23　对称三相电路的电压为 230V,负载每相 $Z=(12+j16)\Omega$,试求:①星形连接时,线电流及吸收的总功率;②三角形连接时的线电流及吸收的总功率。

7.24　对于三相对称星形负载,$R=40\Omega$,$\cos\varphi=0.8$,电源的相电压为 220V,求相电流及三相的 P、Q 和 S。

7.25　三相供电线路如图 7.21 所示,电源电压对称,线电压 $U_L=380V$,$R_1=R_3=38\Omega$,$R_2=19\Omega$,$X_L=\sqrt{3}R_2$。求:①负载所取用的各个相电流和线电流;②负载总的有功功率、无功功率和视在功率。

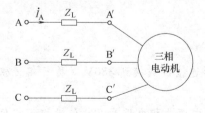

图 7.20　题 7.22 的图

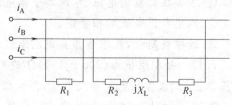

图 7.21　题 7.25 的图

7.26　两组对称负载并联如图 7.22 所示。其中一组负载 Z_1 接成三角形,负载功率为 10kW,功率因数为 0.8(感性)。另一组负载 Z_2 接成星形,负载功率也是 10kW,功率因数为 0.855(感性)。端线阻抗为 $Z_L=(0.1+j0.27)\Omega$。要求负载端线电压有效值保持 380V,问电源线电压应为多少?

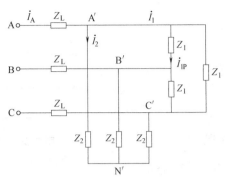

图 7.22　题 7.26 的图

自测题七

一、填空题(每小题 2 分,共 30 分)

1. 若正序对称三相电源电压 $u_A = U_m \sin(\omega t + 30°)$(V),则 $u_B =$(　　　)V,$u_C =$(　　　)V。

2. 当发电机的三相绕组连接成星形时,设线电压 $u_{AB} = 380\sqrt{2}\sin(\omega t + 30°)$(V),则 $u_A =$(　　　)V,$u_B =$(　　　)V,$u_C =$(　　　)V。

3. 如图 7.23 所示对称三相三角形连接电路中,已知线电流 $\dot{I}_A = 20\angle 30°$A,则相电流 $\dot{I}_{BC} =$(　　　)A。

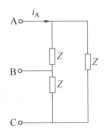

图 7.23　自测题 3 的图

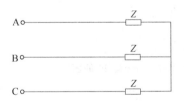

图 7.24　自测题 4 的图

4. 如图 7.24 所示星形连接的对称三相电路中,已知电源线电压 $U_L = 220$V,负载 $Z = (12 + j16)\Omega$,则三相电路的总平均功率为 $P =$(　　　),无功功率为 $Q =$(　　　),视在功率为 $S =$(　　　)。

5. 如图 7.25 所示的三相对称电路中,电流表读数都是 5A。此时若图中 P 点处发生断路,则各电流表读数如下:A_1 表为(　　　)A,A_2 表为(　　　)A,A_3 表为(　　　)A。

6. 如图 7.26 所示对称星形连接三相电路,线电压 $U_L = 220$V。在此图中,若中性线断开,电压表的读数为(　　　)V。若图中 C 相负载发生断路,此时电压表读数为(　　　)V。若图中中性线及 C 相负载都发生断路,此时电压表读数为(　　　)V。

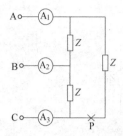

图 7.25　自测题 5 的图

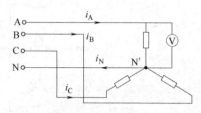

图 7.26　自测题 6 的图

二、单选题(每小题 3 分,共 27 分)

7. 三相对称电路中,负载为三角形连接。已知 $i_{BC} = 10\sqrt{2}\sin(314t + 30°)$(A),则 $\dot{I}_A =$
(　　)A。

　　A. $10\angle 0°$　　　B. $10\angle 60°$　　　C. $30\angle 0°$　　　D. $10\sqrt{3}\angle 0°$

8. 在某对称星形连接的三相负载电路中,已知线电压 $u_{AB} = 380\sqrt{2}\sin\omega t$(V),则 C
相电压有效值相量 $\dot{U}_C = ($　　)V。

　　A. $220\angle 90°$　　B. $380\angle 90°$　　　C. $220\angle -90°$　　D. $380\angle -90°$

9. 对称三相电路的有功功率 $P = \sqrt{3}U_L I_L\cos\varphi$,功率因数角 φ 为(　　)。
　　A. 线电压与线电流的相位差角　　　B. 相电压与线电流的相位差角
　　C. 线电压与相电流的相位差角　　　D. 相电压与相电流的相位差角

10. 如图 7.27 所示的星形连接对称三相电路中,已知线电流 $I_L = 1$A。若图中 m 点
处发生断路,则此时 B 线电流等于(　　)A。

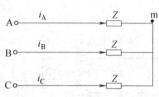

图 7.27　自测题 10 的图

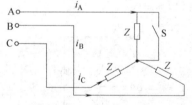

图 7.28　自测题 11 的图

　　A. 0.5　　　　　B. $\dfrac{\sqrt{3}}{2}$　　　　　C. 1　　　　　D. $\sqrt{3}$

11. 如图 7.28 所示星形连接对称三相电路(开关 S 断开),已知线电流 $I_A = 1$A。若
图中 A 相负载发生短路(开关 S 闭合),则此时 A 线电流等于(　　)A。

　　A. 2　　　　　B. 0　　　　　C. 3　　　　　D. $\sqrt{3}$

12. 三相电动机的输出功率为 3.7kW,效率为 80%,$\cos\varphi = 0.8$,线电压为 220V,线
电流 $I_L = ($　　)A。

　　A. 15.17　　　B. 17.2　　　C. 18　　　　D. 20

13. 对于对称 Y-Y 三相电路,线电压为 208V,负载吸收的平均功率为 12kW,$\cos\varphi =$
0.8(滞后)。负载每相的阻抗 $Z = ($　　)Ω。

　　A. $3.88\angle 38°$　　B. $5.2\angle 43°$　　C. $10\angle 38.5°$　　D. $2.88\angle 36.87°$

14. 三相对称电路中,负载为星形连接。已知 $\dot{U}_{AB}=100\angle30°\text{V}$,则 $\dot{U}_A=(\quad)\text{V}$。

    A. $10\angle0°$ B. $10\angle60°$ C. $100/\sqrt{3}\angle0°$ D. $10\sqrt{3}\angle60°$

15. 正序三相对称丫连接电源向对称△形负载供电,每相阻抗为 $Z=(12+j8)\Omega$。若负载相电流 $\dot{I}_a=14.42\angle86.31°\text{A}$。电源相电压 $U_P=(\quad)\text{V}$。

    A. 130   B. 120   C. 110   D. 145

三、计算题(共43分)

16. 三相电路如图 7.29 所示,已知 $U_{AB}=380\text{V}$,$Z=5\angle30°\Omega$,求 $\dot{I}_A$、$\dot{I}_B$、$\dot{I}_C$、P 和 Q。(8分)

17. 已知对称三相电路的星形负载阻抗 $Z=(165+j84)\Omega$,端线阻抗 $Z_L=(2+j1)\Omega$,中线阻抗 $Z_N=(1+j1)\Omega$,线电压为 $U_L=380\text{V}$。求负载端的电流和线电压,并作电路的相量图。(9分)

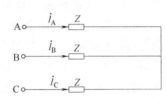

图 7.29 自测题 16 的图

18. 对称三相电路的线电压 $U_L=220\text{V}$,负载阻抗 $Z=(12+j16)\Omega$。试求:

(1) 星形连接负载时的线电流及吸收的总功率。(3分)

(2) 三角形连接负载时的线电流、相电流和吸收的总功率。(3分)

(3) 比较(1)和(2)的结果,能得到什么结论?(3分)

19. 对称三相电路如图 7.30 所示。已知 $U_L=380\text{V}$,负载阻抗 $Z_1=-j12\Omega$,$Z_2=(3+j4)\Omega$。求图示两块电流表的读数,以及三相负载吸收的平均功率和无功功率。(8分)

20. 电路如图 7.31 所示。已知不对称三相四线制电路中的端线阻抗为零,对称电源端的线电压 $U_L=380\text{V}$,不对称的星形连接负载分别是 $Z_A=(3+j2)\Omega$,$Z_B=(4+j4)\Omega$,$Z_C=(2+j1)\Omega$。试求:

(1) 当中线阻抗 $Z_N=(4+j3)\Omega$ 时的中点电压、线电流和负载吸收的总功率。

(2) 当 $Z_N=0$ 且 A 相开路时的线电流。如果无中线(即 $Z_N=\infty$),又会怎样?(共9分)

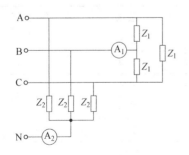

图 7.30 自测题 19 的图

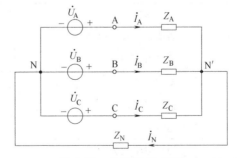

图 7.31 自测题 20 的图

*第8章

电路实验项目

本章设计了13个实验项目,其中基础实验项目9个,设计性实验项目2个,综合性实验项目2个。具体实验项目是:常用电子仪器仪表的使用,直流电压(电位)、电流的测量,电路元件伏安关系的测量,基尔霍夫定律的验证,线性有源二端网络的戴维南等效参数测量(设计性实验),线性网络的叠加性和齐次性,一阶 RC 电路的零输入响应与零状态响应,RL 电路的方波响应(设计性实验),RLC 串联电路的谐振特性,荧光灯电路及功率因数的提高(设计性实验),变压器参数的测试(综合性实验),三相交流电路电压、电流的测量,对称三相电路的功率测量(综合性实验)。

实验 1 常用电子仪器仪表的使用

1. 实验目的

(1) 了解常用电子仪器仪表的主要技术指标。

(2) 熟悉常用电子仪器仪表的面板旋钮。

(3) 学习电子仪器仪表的使用方法。

2. 实验设备与器材

实验所用设备与器材如表8.1所示。

表 8.1 实验 1 的设备与器材

序号	名　　称	型号与规格	数量	备　注
1	直流可调稳压电源	0~30V	2路	
2	数字万用表		1只	
3	双踪示波器		1台	
4	交流毫伏表		1只	
5	电阻箱		1只	
6	通用电学实验台		1台	

3. 实验电路与说明

实验中要对各种电子仪器进行综合使用,可按照信号流向,以连线简洁,调节顺手,观察与读数方便等原则合理布局。各仪器与被测实验装置之间的布局与连接如图 8.1

所示。接线时应注意,为防止外界干扰,各仪器的公共接地端应连接在一起,称共地。信号源和交流毫伏表的引线通常采用屏蔽线或专用电缆线,示波器接线使用专用电缆线。直流电源的接线采用普通导线。

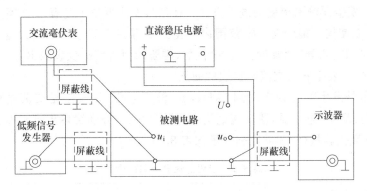

图 8.1　模拟电路中常用电子仪器布局图

在模拟电子电路实验中,经常使用的电子仪器有示波器、函数信号发生器、直流稳定电源、交流毫伏表等。它们和万用电表一起,完成对模拟电子电路的静态和动态工作情况的测试。

(1) 直流稳压电源:为电路提供能源。

(2) 低频信号发生器:又称函数信号发生器,为电路提供各种频率和幅度的输入信号。

(3) 示波器:用来观察电路中各点的波形,以监视电路是否正常工作,同时用于测量波形的周期、幅度、相位差及观察电路的特性曲线等。示波器是一种用于科学实验和工业生产的多功能综合测试仪器,它不但能直接测试被测信号波形,而且能测量峰值、频率、相位,显示器件伏安特性曲线等。如果示波器内部锯齿波发生器工作,Y 通道加被测信号,此时示波器的工作状态称为 $Y\text{-}t$ 工作方式,荧光屏显示被测波形。如果示波器内部锯齿波发生器不工作,在 X 通道和 Y 通道同时外加信号,此时示波器状态称为 $Y\text{-}X$ 工作方式,在电路实验中常采用这种方式显示器件的伏安特性曲线。

(4) 交流毫伏表:又称晶体管毫伏表,用于测量电路的输入、输出信号电压的有效值。

(5) 数字式(或指针式)万用表:用来测量电路的静态工作点和直流信号的值。

4. 实验内容与步骤

1) 稳压电源的使用

(1) 合上实验台开关,接通电源,调 C 组和 D 组的电子开关和电压细调电位器,使两路电源分别输出的电压为 +6V 和 +15V(表头指示),用数字式(或指针式)万用表 DCV 相应量程测量输出电压的值。

(2) 如电路要求负电压,则 C 组(或 D 组)的"+"(红)插座接电路的公共地,"-"(黑)端接电路的另一个人端。

2) 低频信号发生器的使用

(1) 信号发生器输出频率的调节方法。波形选择如为"~",则输出波形为正弦波。

按下"频率选择"1、10、100、1k、10k、100k、1M 中的一个按钮,如"1k",则左边的频率指示表"kHz"上面红灯亮;如选择 1、10、100 按钮,则"Hz"上的红灯亮。调节频率粗调电位器至 1kHz 左右,再调频率细调电位器,使频率显示 1kHz(末位数跳动是正常现象)。

(2)信号发生器输出幅度的调节方法。在信号发生器右下角有一个"幅度调节"电位器,调节它可以使信号幅度在一定范围内变化。要得到小信号,可以按"输出衰减"按钮 −20dB 或 −40dB,再调节"幅度调节"电位器,需要的值可用毫伏表测出。

3)低频信号发生器与交流毫伏表的使用

将低频信号发生器的频率调到 1kHz,由"波形输出"端输出至交流毫伏表(用 10V 挡),调节"幅度调节"电位器,使交流毫伏表指示为 5V。分别置输出衰减按钮于 −20dB、−40dB,重置毫伏表量程,读取数据并填入表 8.2。

表 8.2　使用毫伏表测量的数据

输出衰减	毫伏表量程	表头指示值
不衰减	10V	5V
−20B		
−40dB		

4)示波器的使用

(1)熟悉示波器面板上各主要开关、旋钮的作用。使用前需检查与校准:先将面板各键置于如下位置,通道选择开关置于"CH1"(或"CH2"),"极性"和"内触发"开关置于"常态",DC、⊥、AC 开关置于"AC"位置,高频、常态、自动开关置于"自动"位置,V/div 开关置于"0.5V/div"挡,微调置于"校准"位置,s/div 开关置于"1ms/div"位置,然后用同轴电缆将标准信号输出端与 CH1 通道的输入端相连接。开启电源,示波器应显示幅度为 1V、周期为 1ms 的方波。调节辉度,聚焦各旋钮,使屏幕上观察到的波形细而清晰;调节亮度旋钮于适中位置,再调节上下、左右位置旋钮,使波形在屏幕的中间位置。

(2)测量信号幅值、周期或频率。按图 8.2 接线,信号发生器输出的接线如图 8.3 所示。观察信号发生器输出的正弦波,并用示波器测量其电压幅值、周期和频率,记录测量数据。

① 交流信号电压幅值的测量。使低频信号发生器信号频率为 1kHz,表头指示为 5V (毫伏表测出),适当选择"V/div"开关位置,使示波器屏幕上能观察到完整、稳定的正弦

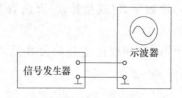

图 8.2　示波器与信号发生器的连接

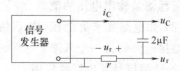

图 8.3　信号发生器输出的接线

波,则此时"V/div"开关的刻度值为屏幕上纵向坐标每格的电压伏特数。根据被测波形在纵向高度所占格数,便可读出电压数值。将信号发生器的分贝衰减器置于表 8.3 中要求的位置,将测试结果填入表 8.3(注意:若使用 10∶1 探头,应将本身的衰减量考虑进去)。

表 8.3　信号幅值

输出衰减	0	−20dB	−40dB
表头指示			
示波器(V/div)开关位置			
峰—峰波形高度			
峰—峰电压 $U_{P\text{-}P}/V$			
电压有效值/V			

② 交流信号频率的测量。将示波器扫描速率中的"微调"旋钮置于校准位置。在预先校正好的条件下,此时 s/div 开关的刻度值表示屏幕横向坐标每格所示的时间值。根据被测信号波形在横向所占的格数,直接读出信号的周期。若要测频率,只需将被测的周期求出即可。按表 8.4 所列写的频率,用示波器测出其周期,并计算频率,然后将测试结果与已知频率比较。

表 8.4　信号频率

信号频率/kHz	1	5	10	50
扫描速率开关(s/div)位置				
一个周期占有水平格数				
信号频率 $f = 1/T$				

除以上方法外,还可用李沙育图来测定信号的频率,读者可参考有关资料,此处不详细说明。

(3) 用双踪示波器测量两个正弦波形的相位关系。

① 按图 8.4 所示连接实验电路,将函数信号发生器的输出电压调至频率为 1kHz,幅值为 2V 的正弦波。经 RC 移相网络,获得频率相同,但相位不同的两路信号 u_i 和 u_R,然后分别加到双踪示波器的 Y_A 和 Y_B 输入端。

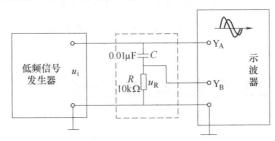

图 8.4　两个波形间的相位差测量电路

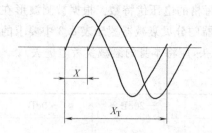

图 8.5   双踪示波器显示两个相位
不同的正弦波

② 把显示方式开关置于交替挡位,将 Y_A、Y_B 输入耦合方式开关置于"⊥"挡位,调节 Y_A、Y_B 的 "↑↓"移位旋钮,使两条扫描基线重合;再将 Y_A、Y_B 输入耦合方式开关置于"AC"挡位,调节扫描速度开关及 Y_A、Y_B 灵敏度开关位置,同时将内触发源选择(Y_B)开关拉出,此时在荧光屏上将显示出 u_i、u_R 两个相位不同的正弦波,如图 8.5 所示。两个波形的相位差为

$$\varphi = \frac{X}{X_T} \times 360°$$

式中:X_T 为一周期所占刻度格数;X 为两个波形在 X 轴方向的差距格数。记录两个波形的相位差并填入表 8.5。

表 8.5   相位差测量值

一周期格数	两个波形的 X 轴差距格数	相 位 差	
		实测值	计算值
$X_T=$	$X=$	$\varphi=$	$\varphi=$

为读数和计算方便,可适当调节扫描速度开关及微调旋钮,使一周期波形占整数格。

5. 实验总结与分析

(1)整理实验数据,并进行数据处理及误差分析。

(2)用一台工作正常的示波器测量正弦信号时,观察到如图 8.6 所示的现象。应首先旋动哪些旋钮,才有可能得到清晰和稳定的波形?

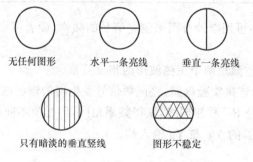

无任何图形   水平一条亮线   垂直一条亮线

只有暗淡的垂直竖线   图形不稳定

图 8.6   示波器显示几种情况的处理

实验 2   直流电压(电位)、电流的测量

1. 实验目的

(1)学会正确使用直流电压表和直流电流表。

（2）掌握电压（电位）、电流的测量方法。

（3）加深电路中电位的相对性、电压的绝对性的理解。

2. 实验设备与器材

实验所用设备与器材如表 8.6 所示。

表 8.6　实验 2 的设备与器材

序号	名　　称	型号与规格	数量	备　注
1	直流可调稳压电源	0～30V	2 路	
2	万用表		1 只	
3	直流数字电压表	0～200V	1 只	
4	直流数字毫安表	0～200mA	1 只	
5	电阻	510Ω	3 个	
6	电阻	330Ω	1 个	
7	电阻	1kΩ	1 个	

3. 实验电路与说明

实验电路如图 8.7 所示。

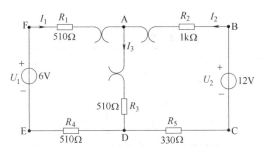

图 8.7　实验 2 的电路

直流电压表与被测电路并接，注意正负极。若电压表指针反偏，说明直流电压表的极性接反了，断电后，把电压表的极性对调。直流电流表与被测电路串接，注意正负极，若电流表指针反偏，说明直流电流表的极性接反了，断电后，把电流表的极性对调。图 8.7 中每条支路的弯曲线是电流表插入点。

4. 实验内容与步骤

1）测量电位的值

（1）按图 8.7 所示电路接线。分别将两路直流稳压电源接入电路，令 $U_1=6\text{V}$，$U_2=12\text{V}$（先调准输出电压值，再接入实验线路）。

（2）以图 8.7 中的 A 点作为电位的参考点，分别测量 B、C、D、E、F 各点的电位 V 及相邻两点之间的电压值 U_{AB}、U_{BC}、U_{CD}、U_{DE}、U_{EF} 及 U_{FA}，将数据填于表 8.7 中。

（3）以 D 点作为参考点，重复实验步骤（2）的测量，将测得数据填于表 8.7 中。

表 8.7 电位、电压的测量值 　　　　　　　　　　　　　　　　　　单位:V

电位参考点	V 与 U	V_A	V_B	V_C	V_D	V_E	V_F	U_{AB}	U_{BC}	U_{CD}	U_{DE}	U_{EF}	U_{FA}
A	计算值												
	测量值												
	相对误差												
D	计算值												
	测量值												
	相对误差												

2)测量电压的值

用直流数字电压表分别测量电源及电阻元件上的电压值,将测得的电压值填入表 8.8。

3)测量电流

(1)实验前,先任意设定三条支路和三个闭合回路的正方向。在图 8.7 中的 I_1、I_2、I_3 的方向已设定。三个闭合回路的正方向可设为 ADEFA、BADCB 和 FBCEF。

(2)分别将两路直流稳压电源接入电路,令 $U_1 = 6V$,$U_2 = 12V$。

(3)熟悉电流插头的结构,将电流插头的两端接至数字毫安表的"+"、"−"两端。

(4)将电流插头分别插入三条支路的三个电流插座中,将测得的电流值填入表 8.8。

表 8.8 电压、电流的测量值

被测量	I_1/mA	I_2/mA	I_3/mA	U_1/V	U_2/V	U_{FA}/V	U_{AB}/V	U_{AD}/V	U_{CD}/V	U_{DE}/V
计算值										
测量值										
相对误差										

5. 实验总结与分析

(1)整理实验数据,总结电位相对性和电压绝对性的结论。

(2)误差原因分析。

(3)若以 F 点为电位参考点,测量各点的电位值。现令 E 点作为电位参考点,试问此时各点的电位值应有何变化?

(4)心得体会与其他。

实验 3　电路元件伏安关系的测量

1. 实验目的

(1)学会识别常用电路元件的方法。

（2）掌握线性电阻、非线性电阻元件伏安特性的逐点测试法。

（3）掌握实验台上直流电工仪表和设备的使用方法。

2. 实验设备与器材

实验所用设备与器材如表 8.9 所示。

表 8.9　实验 3 的设备与器材

序号	名　　　称	型号与规格	数　量	备　注
1	直流可调稳压电源	0～30V	2 路	
2	万用表		1 只	
3	直流数字电压表	0～200V	1 只	
4	直流数字毫安表	0～200mA	1 只	
5	线性电阻器		3 只	
6	白炽灯、电位器	330Ω	各 1 只	
7	2CP15 二极管、稳压管		各 1 只	

3. 实验电路与说明

任何一个二端元件的特性可用该元件上的端电压 U 与该元件的电流 I 之间的函数关系 $I = f(U)$ 表示，即用 I-U 伏安平面上的一条曲线来表征。这条曲线称为该元件的伏安特性曲线。

（1）线性电阻器的伏安特性曲线是一条通过坐标原点的直线，如图 8.8 中 a 曲线所示。该直线的斜率等于电阻器的电阻值。

（2）一般的白炽灯在工作时，灯丝处于高温状态，其灯丝电阻随着温度的升高而增大。通过白炽灯的电流越大，其温度越高，阻值也越大。一般灯泡的"冷电阻"与"热电阻"的阻值可相差几倍至十几倍，所以它的伏安特性如图 8.8 中 b 曲线所示。

（3）一般的半导体二极管是非线性电阻元件，其特性如图 8.8 中 c 曲线所示。正向压降很小（一般的锗管为 0.2～0.3V，硅管为 0.5～0.7V），正向电流随正向压降的升高而急剧上升；反向电压从零一直增加到十几至几十伏时，其反向电流增加很小，粗略地可视为零。可见，二极管具有单向导电性，但反向电压加得过高，超过二极管的耐压极限值，会导致二极管击穿损坏。

（4）稳压管是一种特殊的半导体二极管，其正向特性与普通二极管类似，但其反向特性较特别，如图 8.8 中 d 曲线所示。

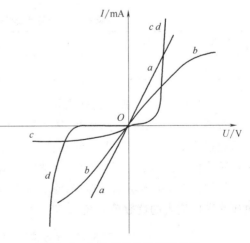

图 8.8　电路元件伏安特性曲线

示。在反向电压开始增加时，其反向电流几乎为零；但当电压增加到某一数值时（称为管子的稳压值,有不同稳压值的稳压管),电流突然增加,以后它的端电压将维持恒定,不再随外加的反向电压升高而增大。

测量线性电阻器伏安特性的电路如图 8.9 所示,测量二极管伏安特性的电路如图 8.10 所示。

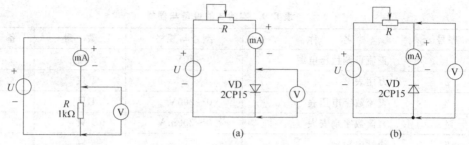

图 8.9　测量线性电阻器伏安特性的电路　　　图 8.10　测量二极管伏安特性的电路

4. 实验内容与步骤

1) 测定线性电阻器的伏安特性

按图 8.9 接线,调节直流稳压电源的输出电压 U,从 0V 开始缓慢地增加,一直调到 10V 为止。将相应的电压表和电流表的读数填入表 8.10。

表 8.10　测量线性电阻的电流数据

U/V	0	2	4	6	8	10
I/mA						

2) 测量非线性白炽灯泡的伏安特性

将图 8.9 中的电阻 R 换成一只 12V 的汽车灯泡,重复 1)的步骤,将相应的电压表和电流表的读数填入表 8.11。

表 8.11　测定非线性白炽灯泡的电流数据

U/V	0	2	4	6	8	10
I/mA						

3) 测定半导体二极管的伏安特性

按图 8.10(a)所示电路接线,R 为限流电位器。测二极管的正向特性时,其正向电流不得超过 25mA,二极管 VD 的正向压降可在 0～0.75V 之间取值。特别是在 0.5～0.75V 之间,应多取几个测量点。将相应的电压表和电流表的读数填入表 8.12。

按图 8.10(b)所示电路接线,测二极管的反向特性,反向电压可加到 30V。将相应的电压表和电流表的读数填入表 8.13。

表 8.12　半导体二极管的正向特性实验数据

U/V	0	0.2	0.4	0.5	0.55	⋯	0.75
I/mA							

4) 测定稳压管的伏安特性

将图 8.10 中的二极管换成稳压二极管,重复实验内容 3)的测量步骤,并记录相应的数据。

表 8.13　半导体二极管的反向特性实验数据

U/V	0	-5	-10	-15	-20	-25	-30
I/mA							

5. 实验总结与分析

1) 实验报告要求

(1) 根据各实验结果数据,分别在方格纸上绘制出光滑的伏安特性曲线(其中,二极管和稳压管的正、反向特性要求画在同一张图中,正、反向电压可取不同的比例)。

(2) 根据实验结果,总结、归纳被测各元件的特性。

(3) 必要的误差分析。

2) 实验注意事项

(1) 测二极管正向特性时,稳压电源输出应由小至大逐渐增加。应时刻注意电流表读数不得超过 25mA,稳压源输出端切勿碰线短路。

(2) 进行不同实验时,应先估算电压值和电流值,合理选择仪表的量程,勿使仪表超量程,仪表的极性也不可接错。

实验 4　基尔霍夫定律的验证

1. 实验目的

(1) 验证基尔霍夫定律,加深对基尔霍夫定律的理解。

(2) 学习自拟实验线路。

(3) 加深对参考方向的理解。

(4) 掌握误差分析方法。

2. 实验设备与器材

实验所用设备与器材如表 8.14 所示。

表 8.14　实验 4 的设备与器材

序号	名　称	型号与规格	数　量	备　注
1	直流可调稳压电源	0～30V	2 路	
2	万用表		1 只	
3	直流数字电压表	0～200V	1 只	
4	直流数字毫安表	0～200mA	1 只	
5	电阻		6 只	
6	双掷开关		1 个	
7	二极管	1N4007	1 个	

3. 实验电路与说明

（1）基尔霍夫定律是电路的基本定律,包括电流定律和电压定律。

（2）基尔霍夫电流定律(KCL):在集总电路中,在任何时刻,对于任一节点,所有支路电流的代数和恒等于零,即 $\sum I=0$。

（3）基尔霍夫电压定律(KVL):在集总电路中,在任何时刻,沿任一回路内,所有支路或元件电压的代数和恒等于零,即 $\sum U=0$。

实验电路如图 8.11 所示。

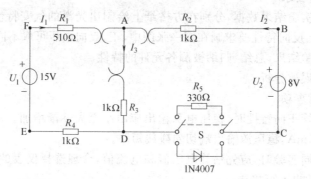

图 8.11　实验 4 的电路

4. 实验内容与步骤

1）测量电压的值

（1）按图 8.11 所示电路接线。分别将两路直流稳压电源接入电路,令 $U_1=15\text{V}$, $U_2=8\text{V}$(先调准输出电压值,再接入实验线路)。开关 S 指向 R_5。

（2）用直流数字电压表分别测量两路电源及电阻元件上的电压值,将测得的电压值填入表 8.15。

表 8.15　电流、电压的测量值

被测量	I_1/mA	I_2/mA	I_3/mA	U_1/V	U_2/V	U_{FA}/V	U_{AB}/V	U_{AD}/V	U_{CD}/V	U_{DE}/V
计算值										
测量值										
相对误差										

2）测量电流

（1）熟悉电流插头的结构,将电流插头的两端接至数字毫安表的"+"、"-"两端。

（2）将电流插头分别插入三条支路的三个电流插座,测得的电流值填入表 8.15。

3）验证基尔霍夫定律

（1）实验前,先任意设定三条支路和三个闭合回路的正方向。在图 8.11 中,I_1、I_2、I_3 的方向已设定。三个闭合回路的正方向可设为 ADEFA、BADCB 和 FBCEF。

（2）根据表 8.15 中测得的电流值,验证图 8.11 所示电路中 A 点是否满足 KCL。

（3）根据表 8.15 中测得的电压值,验证图 8.11 所示电路中各回路是否满足 KVL。

4）在电路中串入非线性电阻(二极管)，重做上述步骤内容

(1) 开关 S 指向二极管，电路中其他元件的参数不变。

(2) 重复前述各步骤内容。

5. 实验总结与分析

1）实验报告要求

(1) 根据实验数据，选定节点 B，验证 KCL 的正确性。

(2) 根据实验数据，选定实验电路中的任一个闭合回路，验证 KVL 的正确性。

(3) 误差原因分析。

(4) 证明基尔霍夫电压定律不但适用于线性电路，也适用于非线性电路。

2）实验注意事项

(1) 实验测试前，必须注意实验室提供的电阻阻值和功率，确定各电阻的额定电压、额定电流值，以及电表的额定电流，决定实验中独立电源的数值。

(2) 防止电源两端碰线短路。

(3) 若用指针式电流表进行测量，要注意电流表的正负极性，以免指针反偏。

实验 5　线性有源二端网络等效参数测定(设计性实验)

1. 实验目的

(1) 初步掌握实验电路的设计思想和方法，能正确选择实验设备，利用自行设计的实验电路验证戴维南定理。

(2) 学习线性有源二端网络等效电路参数的测量方法。

(3) 加深对戴维南定理和诺顿定理的理解。

(4) 进一步熟悉直流稳压电源和数字万用表的使用方法。

2. 实验设备与器材

实验所用设备与器材如表 8.16 所示。

表 8.16　实验 5 的设备与器材

序号	名　　　称	型号与规格	数　　量	备　注
1	直流可调稳压电源	0～30V	2 路	
2	万用表		1 只	
3	直流数字电压表	0～200V	1 只	
4	直流数字毫安表	0～200mA	1 只	
5	电阻箱		1 台	
6	电阻		若干	

3. 设计要求与提示

1）设计要求

(1) 根据实验室提供的器材确定实验方案，拟定每项实验任务中的具体线路，确定实

验中所有电源的大小,测量网络的端口伏安特性曲线$[U=f(I)]$。

(2) 设计两种可行的实验方法测量有源二端网络开路电压U_{OC}、短路电流I_{SC}和等效电阻R_0。

(3) 根据上述测量的最佳U_{OC}、I_{SC}和R_0值,组成有源二端网络的等效实验电路,测量其端口伏安特性,并绘制曲线。

(4) 预习要求:掌握戴维南定理、诺顿定理的原理及应用,熟悉线性有源二端网络等效参数的测定方法。

2) 设计提示

对任一线性含源二端网络,如图8.12(a)所示,根据戴维南定理,可以用图8.12(b)所示电路来等效代替。根据诺顿定理,可以用图8.12(c)所示的电路来等效代替,其等效条件是:U_{OC}是含源二端网络a、b两端的开路电压,电阻R_0是把含源二端网络中所有独立源均置零(理想电压源视为短接,理想电流源视为开路)时的等效电阻。I_{SC}是含源二端网络a、b两端的短路电流。

所谓等效,是指含源二端网络被等效电路替代后,对端口的外电路无影响,即外电路中的电流和电压仍保持替代前的数据不变。如图8.12(a)~图8.12(c)所示端口a、b两端均接上相同的负载,则各负载电流是相同的。

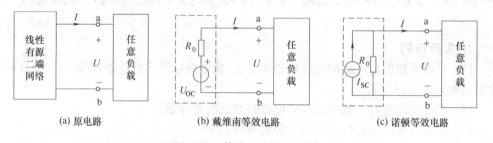

(a) 原电路　　　　　　　(b) 戴维南等效电路　　　　　　(c) 诺顿等效电路

图8.12　等效电路原理框图

4. 实验注意事项

(1) 设计实验时,尽量选择标准阻值的电阻。

(2) 设计时,要注意选择电源的大小,不要使电路中的电流超过电流表的量程和电阻允许通过的电流值,避免造成仪器和元件损坏。

5. 实验总结与分析

1) 实验报告要求

(1) 画出设计电路,拟定实验步骤,整理数据并分析误差。

(2) 在同一坐标平面上作出有源二端网络等效前后的外特性曲线,并加以比较。

(3) 说明在本实验中,是如何设法减小仪表内阻对测量结果产生影响的。

2) 思考与总结

(1) 在求含源二端网络等效电路中的R_0时,如何理解"原网络中所有独立源置零"?

(2) 什么情况下才可用欧姆表测量有源二端网络的等效电阻?

(3) 设计总结。

实验 6　线性网络的叠加性和齐次性

1. 实验目的

（1）验证线性电路叠加定理的正确性。

（2）加深对线性电路的叠加性和齐次性的认识和理解。

（3）初步掌握测量误差的分析方法。

2. 实验设备与器材

实验所用设备与器材如表 8.17 所示。

表 8.17　实验 6 的设备与器材

序号	名　　　称	型号与规格	数量	备　　注
1	直流可调稳压电源	0～30V	2 路	
2	万用表		1 只	
3	直流数字电压表	0～200V	1 只	
4	直流数字毫安表	0～200mV	1 只	
5	电阻器		若干	
6	双掷开关		3 个	

3. 实验电路与说明

叠加定理实验电路如图 8.13 所示。

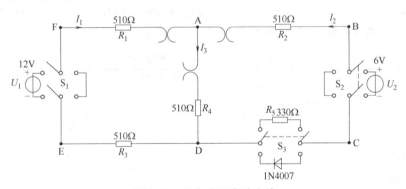

图 8.13　叠加定理实验电路

1）叠加定理

叠加定理指出：在线性电路中，当有两个或两个以上的独立电源（电压源或电流源）作用时，任一支路的电流或电压都可以是电路中各个独立电源单独作用时在该支路中产生的各电流分量或电压分量的代数和。

2）齐次性定理

由叠加定理推广得知：当电路中只有一个激励（独立电源）时，响应与激励成正比。

即当激励信号(某独立源的值)增加或减少 K 倍时,电路的响应(即在电路其他各电阻元件上建立的电流和电压值)也将增加或减少 K 倍。

只有线性电路才具有叠加性和齐次性。对于非线性电路,不具有这两个性质。

4. 实验内容与步骤

(1) 将两路稳压源的输出分别调节为 12V 和 6V,并接入 U_1 和 U_2。

(2) 令 U_1 电源单独作用(将开关 S_1 投向 U_1 侧,开关 S_2 投向短路侧,开关 S_3 投向电阻 R_5)。用直流数字电压表和毫安表(接电流插头)测量各支路电流及各电阻元件两端的电压,将数据填入表 8.18。

(3) 令 U_2 电源单独作用(将开关 S_1 投向短路侧,开关 S_2 投向 U_2 侧),重复实验步骤(2),将数据填入表 8.18。

(4) 令 U_1 和 U_2 共同作用(开关 S_1 和 S_2 分别投向 U_1 和 U_2 侧),重复上述测量并记录,将数据填入表 8.18。

表 8.18 使用叠加原理测量数据

实验内容	测 量 项 目									
	U_1 /V	U_2 /V	I_1 /mA	I_2 /mA	I_3 /mA	U_{AB} /V	U_{CD} /V	U_{AD} /V	U_{DE} /V	U_{FA} /V
U_1 单独作用										
U_2 单独作用										
U_1、U_2 共同作用										
$2U_2$ 单独作用										

(5) 将 U_2 的数值调至 +12V,重复第(3)步的测量并记录,将数据填入表 8.18。

(6) 将 R_5(330Ω)换成二极管 1N4007(即将开关 S_3 投向二极管 1N4007 侧),重复(1)~(5)步的测量过程,将数据填入表 8.19。

表 8.19 接入二极管的测量数据

实验内容	测 量 项 目									
	U_1 /V	U_2 /V	I_1 /mA	I_2 /mA	I_3 /mA	U_{AB} /V	U_{CD} /V	U_{AD} /V	U_{DE} /V	U_{FA} /V
U_1 单独作用										
U_2 单独作用										
U_1、U_2 共同作用										
$2U_2$ 单独作用										

(7) 将开关 S_2 投向短路侧(去掉 U_2 电压源),将开关 S_1 投向 U_1 侧,开关 S_3 投向 R_5 电阻。设定 $U_1 = 12V$,测量各支路电流及各电阻元件两端的电压,将数据填入表 8.20。设定 $U_1 = 18V$,测量各支路电流及各电阻元件两端的电压,将数据填入表 8.20。

5. 实验总结与分析

(1) 根据实验数据,分析、比较,归纳、总结实验结论,即验证线性电路的叠加性。

表 8.20　齐次性定理的测量数据

实验内容	测 量 项 目									
	U_1 /V	U_2 /V	I_1 /mA	I_2 /mA	I_3 /mA	U_{AB} /V	U_{CD} /V	U_{AD} /V	U_{DE} /V	U_{FA} /V
$U_1=12V$										
$U_1=18V$										

（2）各电阻器消耗的功率能否用叠加原理计算得出？试用上述实验数据进行计算，并作出结论。

（3）根据实验数据，验证线性电路的齐次性。

（4）进行误差分析。

实验 7　一阶 RC 电路的零输入响应与零状态响应

1. 实验目的

（1）测定一阶 RC 电路的零输入响应、零状态响应及全响应。

（2）学习电路时间常数的测量方法。

（3）掌握有关微分电路、积分电路的概念。

（4）进一步学会用示波器测绘图形。

2. 实验设备与器材

实验所用设备与器材如表 8.21 所示。

表 8.21　实验 7 的设备与器材

序号	名　　称	型号与规格	数量	备　注
1	方波信号发生器		1 台	
2	交流毫伏表		1 台	
3	双踪示波器		1 台	
4	电阻箱		1 台	
5	电阻		若干	
6	电容器		1 只	
7	开关		1 个	

3. 实验电路与说明

（1）动态网络的过渡过程是十分短暂的变化过程。对于时间常数 τ 较大的电路，可用慢扫描长余辉示波器观察光点移动的轨迹。然而，如果用一般的双踪示波器观察过渡时间和测量有关的参数，必须使这种单次变化的过程重复出现。为此，利用信号发生器输出的方波来模拟阶跃激励信号，即令方波输出的上升沿作为零状态响应的正阶跃激励信号，方波下降沿作为零输入响应的负阶跃激励信号。只要选择方波的重复周期远大于

电路的时间常数 τ,电路在这样的方波序列脉冲信号的激励下,其影响和直接接通与断开的过渡过程是基本相同的。

(2) 一阶 RC 电路的零输入响应和零状态响应分别按指数规律衰减和增长,其变化的快慢取决于电路的时间常数。

(3) 时间常数 τ 的测定方法。用示波器测得零输入响应的波形如图 8.14(a)所示。

根据一阶微分方程的求解方法,可得:

$$u_C(t) = u_C(0_+)e^{-t/RC} = u_C(0_+)e^{-t/\tau}$$

当 $t=\tau$ 时, $u_C(\tau)=0.368u_C(0_+)$,此时对应的时间就等于时间常数 τ,也可用零状态响应波形增长到 $0.632E$ 所对应的时间测得,如图 8.14(c)所示。

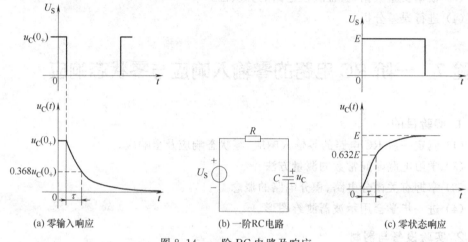

(a) 零输入响应   (b) 一阶RC电路   (c) 零状态响应

图 8.14 一阶 RC 电路及响应

(4) 微分电路和积分电路是一阶 RC 电路中较典型的电路,它对电路元件参数和输入信号的周期有着特定的要求。即要组成 RC 微分电路,必须满足两个条件:第一,取电阻两端的电压为输出电压;第二,电容器充放电的时间常数 τ 远小于矩形脉冲宽度 t_p。微分电路如图 8.15(a)所示。

积分电路也是 RC 串联电路,但条件正好与微分电路相反,组成积分电路的条件为:取电容两端的电压为输出电压;电路的时间常数 τ 远大于矩形脉冲宽度 t_p。积分电路如图 8.15(b)所示。

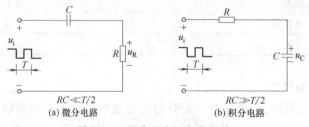

(a) 微分电路   (b) 积分电路

图 8.15 微分电路和积分电路

对于一个简单的 RC 串联电路,在方波序列脉冲的重复激励下,当满足 $\tau=RC \ll \dfrac{T}{2}$ 时(T 为方波脉冲的重复周期),且由 R 端作为响应输出,就形成一个微分电路。因为此时电路的输出信号电压与输入信号电压的微分成正比。

对于一个简单的 RC 串联电路,在方波序列脉冲的重复激励下,当满足 $\tau=RC\gg\dfrac{T}{2}$ 时 (T 为方波脉冲的重复周期),且由 C 端作为响应输出,就形成一个积分电路。因为此时电路的输出信号电压与输入信号电压的积分成正比。

4. 实验内容与步骤

(1) 选择 R、C 元件,$R=10\text{k}\Omega$,$C=3300\text{pF}$,组成如图 8.14(b)所示的 RC 充放电路。U_S 为脉冲信号发生器输出 $E=3\text{V}$、$f=1\text{kHz}$ 的方波信号,并通过两根同轴电缆线,将激励源 U_S 和响应 $u_C(t)$ 的信号分别连至示波器的两个输入端口 Y_A 和 Y_B,这时可在示波器的屏幕上观察到激励与响应的变化规律。求测时间常数 τ,并用方格纸按 1∶1 的比例描绘波形。

少量地改变电容值或电阻值,定性观察对响应的影响,记录观察到的现象。

(2) 令 $R=10\text{k}\Omega$,$C=0.1\mu\text{F}$,观察并描绘响应的波形;继续增大 C 值,定性观察对响应的影响。

(3) 选择 R、C 元件,组成如图 8.15(a)所示的微分电路。令 $R=100\Omega$,$C=0.01\mu\text{F}$,在同样的方波激励信号($E=3\text{V}$,$f=1\text{kHz}$)作用下,观测并描绘激励与响应的波形。

增减 R 值,定性地观察对响应的影响,并作记录。当 R 增至 $1\text{M}\Omega$ 时,输入、输出波形在本质上有何区别?

(4) 选择 R、C 元件,组成如图 8.15(b)所示的积分电路,R、C 参数可自己选定。在同样的方波激励信号($E=3\text{V}$,$f=1\text{kHz}$)作用下,观测并描绘激励与响应的波形。

5. 实验总结与分析

(1) 在实验内容(1)中,用示波器观察响应的一次过程。扫描时间选取要适当。当亮点开始在荧光屏左方出现时,立即使开关动作。

(2) 示波器输入探头与实验电路连接时,注意不能接错公共地点,防止信号被短路。

(3) 思考题。

① 时间常数 τ 的大小对 u_C 和 i 的波形有何影响?

② 根据实验内容(3)、(4)中在三种情况下获得的波形,分析 RC 电路参数满足什么条件时称为微分电路;满足什么条件时称为积分电路。

(4) 实验报告要求。

① 在标准的坐标纸上,按比例绘出各种情况下观察到的波形。

② 比较实验测得的时间常数 τ 与理论计算的时间常数 τ 的差异,分析产生误差的原因。

实验 8　RL 电路的方波响应(设计性实验)

1. 实验目的

(1) 初步掌握设计性实验的设计思路和方法,能够正确自行设计电路,并选择实验设备。

(2) 通过实验,加深对一阶动态电路的理解。

(3) 进一步熟悉示波器的使用方法。

2. 实验设备与器材

实验所用设备与器材如表 8.22 所示。

表 8.22　实验 8 的设备与器材

序号	名　　称	型号与规格	数量	备　注
1	方波信号发生器		1 台	
2	双踪示波器		1 台	
3	电感器		1 只	
4	电阻箱		1 台	
5	电阻		若干	

3. 设计要求与提示

1) 设计要求

(1) 根据实验室条件,自行确定实验方案。

(2) 根据方案,设计具体的实验线路。

(3) 确定实验用方波信号的周期 T。

(4) 实验分:$\dfrac{L}{R} \gg \dfrac{T}{2}$,$\dfrac{L}{R} = \dfrac{T}{2}$,$\dfrac{L}{R} \ll \dfrac{T}{2}$ 三种情况,测量 $u_{\mathrm{L}}(t)$ 和 $i_{\mathrm{L}}(t)$ 的波形。

(5) 预习要求:预习有关理论,写出实验方案、实验步骤,设计出实验电路,并选好实验设备和器材。

2) 设计提示

对于一阶 RL 电路,当激励源为方波信号,只要电路的参数和方波的周期满足一定数量关系时,在方波的上升沿,相当于电路接通阶跃信号,电路的响应为零状态阶跃响应;在方波的下降沿,相当于电路的储能元件具有初始能量且输入为零,电路的响应为零输入响应。

4. 实验注意事项

(1) 选取方波信号源的周期时,要与实验室提供的电阻、电感相匹配。

(2) 设计电路的参数时,应注意尽量选用标准的电阻和电感。

(3) 测量 $i_{\mathrm{L}}(t)$ 的波形时,注意取样信号的获得。

5. 实验总结与分析

1) 实验报告要求

(1) 在标准的坐标纸上,按比例画出各种情况下观察到的波形。

(2) 写明输入方波的幅值、宽度和频率。

2) 思考与总结

(1) 能否利用 RL 的方波响应曲线,测出 RL 电路的时间常数 τ?

（2）根据理论计算，画出 RL 电路在方波信号下的理论响应曲线，与实际测量的响应曲线相比较，并加以讨论。

（3）设计总结。

实验 9　RLC 串联电路的谐振特性

1. 实验目的

（1）学习用实验方法绘制 RLC 串联电路的幅频特性曲线。

（2）加深理解电路发生谐振的条件、特点，掌握电路品质因数（电路 Q 值）的物理意义及其测定方法。

（3）掌握寻找谐振点的方法。

2. 实验设备与器材

实验所用设备与器材如表 8.23 所示。

表 8.23　实验 9 的设备与器材

序号	名　　称	型号与规格	数量	备　注
1	信号电源		1 台	
2	交流毫伏表		1 台	
3	双踪示波器		1 台	
4	电阻箱		1 台	
5	电阻		若干	
6	电容器		1 只	
7	电感器		1 只	

3. 实验电路与说明

（1）在如图 8.16 所示的 RLC 串联电路中，当正弦交流信号源的频率 f 改变时，电路中的感抗、容抗随之而变，电路中的电流随 f 而改变。取电阻 R 上的电压 U_o 作为响应，当输入电压 U_i 维持不变时，在不同信号频率的激励下，测出 U_o 之值；然后以 f 为横坐标，以 U_o 为纵坐标，绘出光滑的曲线，此即幅频特性曲线，也称谐振曲线，如图 8.17 所示。

（2）在 $f=f_0=\dfrac{1}{2\pi\sqrt{LC}}$ 处有：$X_L=X_C$，即幅频特性曲线尖峰所在的频率点，该频率称为谐振频率。此时电路呈纯阻性，电路阻抗的模为最小。在输入电压 $\dot{U_i}$ 为定值时，电路中的电流达到最大值，且与输入电压 $\dot{U_i}$ 同相位。从理论上讲，此时 $U_i=U_R=U_o$，$U_L=U_C=QU_i$。式中，Q 称为电路的品质因数。

（3）电路品质因数 Q 值的两种测量方法。

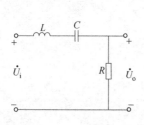

图 8.16 RLC 串联电路

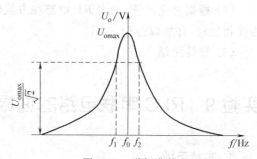

图 8.17 谐振曲线

第一种测量方法的公式是：

$$Q = \frac{U_L}{U_o} = \frac{U_C}{U_o}$$

式中：U_L 与 U_C 分别为谐振时电容器 C 和电感线圈 L 上的电压。

第二种测量方法是通过测量谐振曲线的通频带宽度：

$$\Delta f = f_2 - f_1$$

再根据：

$$Q = \frac{f_0}{f_2 - f_1}$$

求出 Q 值。式中，f_0 为谐振频率；f_2 和 f_1 是失谐时，幅度下降到最大值的 $1/\sqrt{2} = 0.707$ 倍时的上、下频率点。

Q 值越大，曲线越尖锐，通频带越窄，电路的选择性越好。在恒压源供电时，电路的品质因数、选择性与通频带只决定于电路本身的参数，而与信号源无关。

4. 实验内容与步骤

(1) 按图 8.18 所示组成测量电路，用交流毫伏表测量取样电流，用示波器监视信号源输出。令其输出电压 $U_i \leqslant 3V$，并保持不变。

(2) 找出电路的谐振频率 f_0。其方法是：将毫伏表接在图 8.18 中 $R(680\Omega)$ 两端，令信号源的频率由小逐渐变大(注意，要维持信号源的输出幅度不变)。当 I 的读数最大时，频率表上显示的频率值即为电路的谐振频率 f_0，并测量 U_L 与 U_C 的值(注意及时更换毫伏表的量限)。

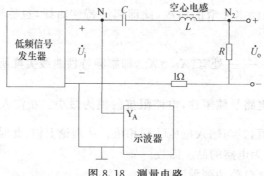

图 8.18 测量电路

(3) 在谐振点两侧,按频率递增或递减 500Hz 或 1kHz。依次各取 8 个测量点,逐点测出 U_o、U_L、U_C 的值,将数据填入表 8.24。

表 8.24 电阻值 1 情况下的测量数据

f/kHz								
U_o/V								
U_L/V								
U_C/V								
$U_i=3\text{V},R=680\Omega,f_0=$		,$Q=$			,$f_2-f_1=$			

(4) 改变电阻值,重复步骤(2)、(3)的测量过程,将数据填入表 8.25。

表 8.25 电阻值 2 情况下的测量数据

f/kHz								
U_o/V								
U_L/V								
U_C/V								
$U_i=3\text{V},R=500\Omega,f_0=$		,$Q=$			,$f_2-f_1=$			

5. 实验总结与分析

(1) 根据测量数据,绘出不同 Q 值的三条幅频特性曲线 $U_o=f(\omega)$,$U_L=f(\omega)$,$U_C=f(\omega)$。

(2) 计算通频带与 Q 值,说明不同 R 值时对电路通频带与品质因数的影响。

(3) 对用两种不同方法测出的 Q 值进行比较,分析误差原因。

(4) 谐振时,比较输出电压 U_o 与输入电压 U_i 是否相等? 试分析原因。

(5) 通过本次实验,总结、归纳串联谐振电路的特性。

(6) 心得、体会及其他。

实验注意事项如下所述。

(1) 对于测试的频率点,应在靠近谐振频率附近多取几点。在变换频率测试前,应调整信号输出幅度(用示波器监视输出幅度),使其维持在 3V 输出。

(2) 在测量 U_L 与 U_C 数值前,应将毫伏表的量程置于比测量输入电压大 10 倍的量程位置,而且在测量 U_L 与 U_C 时,毫伏表的"+"端接 C 与 L 的公共点,其接地端分别触及 L 和 C 的近地端 N_2 和 N_1。

实验 10 荧光灯电路及功率因数的提高(设计性实验)

1. 实验目的

(1) 通过实验设计,掌握荧光灯电路的工作原理和接线方法。

（2）解决一个实际问题：感性负载功率因数的提高方法,理解提高功率因数的意义。

（3）通过实验,深刻理解交流电路中电压、电流的相位关系。

（4）学习功率表的使用方法。

（5）初步掌握实验设计的基本方法。

2. 实验设备与器材

实验所用设备与器材如表 8.26 所示。

表 8.26 实验 10 的设备与器材

序号	名　　　称	型号与规格	数　量	备　注
1	交流安培表	D26-A	3 只	
2	数字万用表		1 只	
3	交流伏特表	D26-V	1 只	
4	日光灯管、启辉器、镇流器		各 1 个	
5	低功率因数功率表	D39-W	1 只	
6	开关		2 个	

3. 设计要求与提示

1) 设计要求

（1）本实验以荧光灯电路作为感性负载,要求电路的功率因数由 0.4 左右提高到 0.8 左右,并计算相应的元件参数。拟定实验步骤,设计具体实验线路和记录表格,选择适当的仪表测量电路端电压、灯管电压、镇流器电压、电路各支路电流以及电路总功率（15W 左右）;并根据所测数据,算出荧光灯电路的功率因数 $\cos\varphi_1$、等效电抗 X、镇流器的等效电阻 R 及等效电感 L 值、镇流器的铁耗和铜耗。

（2）预习要求：预习有关理论,写出实验方案、步骤,画出实验电路图,列出数据记录表格;根据实验室提供的仪器和设备,列出表格,写明选择的仪器仪表、设备的名称、型号、规格、数量等。

2) 设计提示

（1）荧光灯电路原理：荧光灯电路如图 8.19 所示,由灯管、镇流器和启辉器（启动器）三部分组成。灯管为一根均匀涂有荧光物质的玻璃管,管内充有少量水银蒸气和惰性气体,灯管两端装有灯丝电极。镇流器为一个铁心线圈,其作用是在荧光灯启辉时产生高压,将灯管点亮;在荧光灯管工作时,限制电流。启辉器是一个充有氖气的玻璃泡,并装有两个电极（双金属片和定片）。灯管在工作时,可以认为是一个电阻负载。镇流器是一个铁心线圈,可以认为是一个电感很大的感性负载。二者串联,构成一个 RL 串联电路。当接通电源后,启辉器内双金属片与定片之间的气隙被击穿,连续发生火花,使双金属片受热伸张而与定片接触,于是灯管的灯丝接通。灯丝遇热后发射电子,这时双金属片逐渐冷却而与定片分开。镇流器线圈因灯丝电路突然断开而感应出很高的感应电动势,它和电源电压串联加到灯管的两端,使管内气体电离产生光放电而发光。这时,启辉器停止工作。电源电压大部分降在镇流器上,镇流器起降压限流作用,30W 或 40W 的灯管点燃后的管压降仅为 100V 左右。

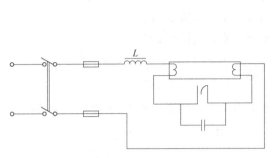

图 8.19　荧光灯电路

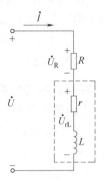

图 8.20　等效电路

镇流器是一个铁心线圈,可用一个无铁心的电感和电阻串联成的电路来等效,如图 8.20 中虚线框所示。镇流器在工作时有两部分功率的损耗,一部分是线圈电阻 r_{Cu} 的损耗(铜耗): $P_{Cu}=I^2 r_{Cu}$;另一部分是铁心损耗 P_{Fe} (铁耗)。用等效电阻 r 的功率损耗代替这两部分损耗,即

$$I^2 r = P_{Fe} + P_{Cu}$$

则镇流器的等效感抗为

$$X = \sqrt{\left(\frac{U_{rL}}{I}\right)^2 - r^2} = \omega L$$

式中: L 为等效电感, $L = \dfrac{X}{2\pi f}$; $f = 50Hz$; $\omega = 2\pi f$; U_{rL} 为镇流器的端电压。

所以,就整个荧光灯电路来讲,可以用如图 8.20 所示等效串联电路来表示,其中 R 为灯管的等效电阻。

电路所消耗的功率为

$$P = UI\cos\varphi_1$$

$\cos\varphi_1$ 为电路的功率因数。上式又可以写成:

$$\cos\varphi_1 = \frac{P}{UI} = \frac{P}{S}$$

因此,测出电路的电压、电流和功率的数值后,即可求得电路的功率因数 $\cos\varphi_1$ 。

对于功率因数较低的感性负载,并联适量的电容器可以提高电路的功率因数。当功率因数等于 1 时,电路呈现并联谐振。这时,电路的总电流最小。

假定功率因数从 $\cos\varphi_1$ 提高到 $\cos\varphi$,所需并联电容器的电容值可按下式计算:

$$C = \frac{P}{\omega U^2} = \tan\varphi_1 - \tan\varphi$$

式中: P 为电路消耗的功率(W)。

(2)在这个实验中,用荧光灯电路模拟 RL 串联电路,用并联电容的方法提高电路的功率因数。但实际荧光灯的电压波形不是正弦波,若按正弦交流电路估算,误差较大,且

不能用万用表交流电压挡测量其电压。

4. 实验注意事项

(1) 正确使用仪表,注意仪表的量程。

(2) 镇流器不能短路,否则将导致灯管损坏。

(3) 安全用电。接通电源后,手切勿接触金属裸露部分。

(4) 实验线路设计完毕,需经教师检查同意,才能进行实验。

5. 实验总结与分析

1) 实验报告要求

(1) 将自拟的实验步骤、实验线路和表格按要求写在报告上,并整理实验数据。

(2) 对实验结果出现的误差进行分析和讨论。

2) 思考与总结

(1) 试叙述荧光灯电路原理。

(2) 提高电路功率因数的方法是什么？如何计算电容值？

(3) 设计总结。

实验 11　变压器参数的测试(综合性实验)

1. 实验目的

(1) 测量变压器的损耗与效率。

(2) 测量变压器的线圈直流电阻。

(3) 测量变压器的绝缘电阻。

2. 实验设备与器材

实验所用设备与器材如表 8.27 所示。

表 8.27　实验 11 的设备与器材

序号	名　称	型号与规格	数　量	备　注
1	直流、交流电压源		各 1 台	
2	电源变压器	100VA	1 台	
3	单相功率表		2 台	
4	交流电流表	0.5/1A	1 只	
5	直流电流表	250/500mA	1 只	
6	交流电压表	150/300V	1 只	
7	直流电压表	1~15V	1 只	
8	自耦变压器	220~250V	1 台	
9	滑线变阻器	75Ω/2A	1 只	
10	兆欧表		1 只	

3. 实验电路与说明

1) 变压器损耗与效率的测量

与交流铁心线圈一样,变压器的功率损耗包括铁心中的铁损 ΔP_{Fe} 和绕组上的铜损 ΔP_{Cu} 两部分。铁损的大小与铁心内磁感应强度的最大值 B_m 有关,与负载大小无关,而铜损与负载大小(正比于电流平方)有关。

变压器的效率常用下式确定:

$$\eta = \frac{P_2}{P_1}\% = \frac{P_2}{P_2 + \Delta P_{Fe} + \Delta P_{Cu}}\% \tag{8.1}$$

式中:P_2 为变压器的输出功率;P_1 为输入功率。

变压器的功率损耗很小,所以效率很高,通常在 95% 以上。在一般电力变压器中,当负载为额定负载的 50%～75% 时,效率达到最大值。

变压器的损耗为

$$\Delta P = P_1 - P_2 \tag{8.2}$$

变压器的损耗与效率的测量电路如图 8.21 所示。

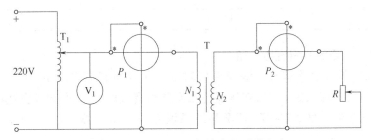

图 8.21 变压器损耗与效率的测量电路

变压器的损耗与效率的具体测量方法是:首先调整自耦变压器,使电压表 V_1 的读数为变压器原边的电压额度值(U_{1N})。调整负载电阻 R,逐点测量 P_1 和 P_2,再由式(8.1)和式(8.2)计算出变压器的效率与损耗。

2) 线圈直流电阻的测量

测量变压器线圈直流电阻有两种方法:万用表测量法和外加直流电压测量法。

(1) 万用表测量法:用万用表欧姆挡分别测量变压器一次绕组和二次绕组的直流电阻 R_1 和 R_2。这种方法的测量精度不高(因为万用表精度不高),而外加直流电压测量法的测量精度要高得多。

(2) 外加直流电压测量法:变压器的一次绕组的直流电阻 R_1 的测量电路如图 8.22 所示。图中,R_0 为防止电位计 R_W 调到零产生较大电流而设置的限流电阻。设电压表的读数为 U_1、电流表的读数为 I_1,则变压器的一次绕组直流电阻 $R_1 = U_1/I_1$。变压器的二次绕组直流电阻 R_2 的测量方法与之类似,请读者自己设计测量电路。

3) 绝缘电阻的测量

用兆欧表测量各绕组间和它们对铁心(地)的绝缘电阻。对于 400V 以下的变压器,其值应不低于 90MΩ。例如,用兆欧表测量绕组对铁心(地)的绝缘电阻的示意图如图 8.23所示。

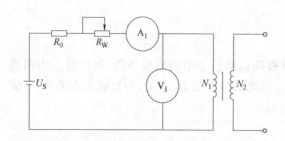

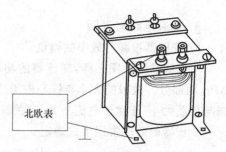

北欧表

图 8.22　变压器的一次绕组直流电阻 R_1 的测量电路　　　　图 8.23　绝缘电阻的测量

4. 实验内容与步骤

1) 测量变压器的损耗与效率

按图 8.21 所示电路接线,测量 U_1、P_1 和 P_2,将数据填入表 8.28;按式(8.1)和式(8.2)计算变压器的效率与损耗,将结果填入表 8.28。

表 8.28　损耗与效率的测量数据

U_1/V	P_1/W	P_2/W	$\eta/\%$	$\Delta P/W$

2) 测量变压器的线圈直流电阻

按图 8.22 所示电路接线。测量变压器的一次绕组直流电阻 R_1 的方法如下:测量 U_1、I_1,将测量结果填入表 8.29;变压器的二次绕组直流电阻 R_2 的测量方法类同,请读者自己设计测量电路。测量 U_2、I_2,将测量结果填入表 8.29。然后,分别计算 R_1 和 R_2,并将结果填入表 8.29。

表 8.29　线圈直流电阻的测量数据

U_1/V	I_1/A	U_2/V	I_2/A	R_1/Ω	R_2/Ω

3) 测量变压器的绝缘电阻

按图 8.23 所示电路测量,并记录测量数据。

5. 实验总结与分析

(1) 整理实验数据,并进行数据处理。

(2) 总结变压器参数的测试方法。

实验 12　三相交流电路电压、电流的测量

1. 实验目的

(1) 掌握三相负载进行星形连接、三角形连接的方法,验证这两种接法的线、相电压及线、相电流之间的关系。

（2）充分理解三相四线供电系统中中线的作用。

2. 实验设备与器材

实验所用设备与器材如表 8.30 所示。

表 8.30　实验 12 的设备与器材

序号	名　　称	型号与规格	数量	备　注
1	交流电流表	0～300mA	4 只	
2	万用表		1 只	
3	三相自耦调压器		1 台	
4	三相灯组负载	220V,15W 白炽灯	9 只	

3. 实验电路与说明

（1）三相负载可接成星形（又称丫形）或三角形（又称△形）。当三相对称负载作丫连接时，线电压 U_L 是相电压 U_P 的 $\sqrt{3}$ 倍，线电流 I_L 等于相电流 I_P，即

$$U_L = \sqrt{3}U_P, \quad I_L = I_P$$

在这种情况下，流过中线的电流 $I_0 = 0$，所以可省去中线。

当对称三相负载作△连接时，有：

$$I_L = \sqrt{3}I_P, \quad U_L = U_P$$

（2）不对称三相负载作丫连接时，必须采用三相四线制接法，而且中线必须牢固连接，以保证三相不对称负载的每相电压维持对称不变。

倘若中线断开，会导致三相负载电压不对称，使负载轻的那一相的相电压过高，使负载遭受损坏；负载重的一相相电压又过低，使负载不能正常工作。尤其是对于三相照明负载，无条件地一律采用星形（三相四线制）接法。

（3）当不对称负载作△连接时，$I_L \neq \sqrt{3}I_P$，但只要电源的线电压 U_L 对称，加在三相负载上的电压仍是对称的，对各相负载工作没有影响。

（4）三相负载星形连接（三相四线制供电）：按图 8.24 连接实验电路，即三相灯组负载经三相自耦调压器接通三相对称电源。将三相调压器的旋柄置于输出为零的位置（即逆时针旋到底）。经指导教师检查合格后，方可开启实验台电源，然后调节调压器的输出，使输出的三相线电压为 380V。

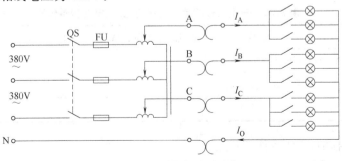

图 8.24　三相负载星形连接

（5）三相负载三角形连接(三相三线制供电)：按图 8.25 改接线路，并调节调压器，使其输出线电压为 220V。

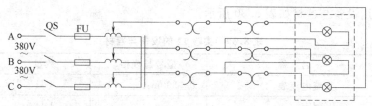

图 8.25　三相负载三角形连接

4. 实验内容与步骤

1）三相负载星形连接的电压、电流测量

实验电路如图 8.24 所示，分别测量三相负载的线电压、相电压、线电流、相电流、中线电流、电源与负载中点间的电压。将测得的数据填入表 8.31，并观察各相灯组亮暗的变化程度。特别要注意观察中线的作用。

表 8.31　三相负载星形连接的电压、电流测量数据

测量数据 实验内容 （负载情况）	开灯盏数			线电流/A			线电压/V			相电压/V			中线电流 I_0/A	中点电压 U_{N0}/V
	A 相	B 相	C 相	I_A	I_B	I_C	U_{AB}	U_{BC}	U_{CA}	U_{A0}	U_{B0}	U_{C0}		
有中线平衡负载	3	3	3											
无中线平衡负载	3	3	3											
有中线不平衡负载	1	2	3											
无中线不平衡负载	1	2	3											
有中线 B 相断开	1		3											
无中线 B 相断开	1		3											
无中线 B 相短路	1		3											

2）三相负载三角形连接的电压、电流测量

实验电路如图 8.25 所示，经指导教师检查合格后接通三相电源，按表 8.32 所示的内容设计并进行测试。

表 8.32　三相负载三角形连接的电压、电流测量数据

测量数据 负载情况	开 灯 盏 数			线电压＝相电压/V			线电流/A			相电流/A		
	A—B 相	B—C 相	C—A 相	U_{AB}	U_{BC}	U_{CA}	I_A	I_B	I_C	I_{AB}	I_{BC}	I_{CA}
三相平衡	3	3	3									
三相不平衡	1	2	3									

在实验过程中，应注意如下几点。

（1）本实验采用三相交流市电，线电压为 380V，应穿绝缘鞋进实验室。实验时要注

意人身安全,不可触及导电部件,防止意外事故发生。

(2) 每次接线完毕,同组学生应自查一遍,由指导教师检查后,方可接通电源。必须严格遵守先断电、再接线、后通电;先断电、后拆线的实验操作原则。

(3) 星形负载作短路实验时,必须首先断开中线,以免发生短路事故。

5. 实验总结与分析

(1) 用实验测得的数据验证对称三相电路中的$\sqrt{3}$关系。

(2) 用实验数据和观察到的现象,总结三相四线供电系统中中线的作用。

(3) 根据不对称负载三角形连接时的相电流值作相量图,并求出线电流值,然后与实验测得的线电流作比较,并进行分析。

(4) 回答以下问题。

① 在本次实验中,为什么要通过三相调压器将 380V 的市电线电压降为 220V 的线电压使用?

② 不对称三角形连接的负载能否正常工作? 实验是否能证明这一点?

实验 13　对称三相电路的功率测量(综合性实验)

1. 实验目的

(1) 学习用一瓦计法和两瓦计法测量三相电路的有功功率。

(2) 掌握测量三相对称电路无功功率的方法。

2. 实验设备与器材

实验所用设备与器材如表8.33所示。

表 8.33　实验 13 的设备与器材

序号	名　称	型号与规格	数量	备　注
1	三相对称电源		1台	
2	交流电流表	0~500mA	1只	
3	数字万用表		1只	
4	三相自耦调压器		1台	
5	三相灯组负载	220V,15W白炽灯	6个	
6	单相功率表		2台	

3. 实验电路与说明

(1) 对于三相四线制供电的三相星形连接的负载,可用一只功率表测量各相的有功功率 P_A、P_B、P_C(功率表的电压线圈接在火线和中线之间),三相功率之和($\sum P = P_A + P_B + P_C$)即为三相负载的总有功功率值(所谓的一瓦计法,就是用一只单相功率表分别测量各相的有功功率)。若三相负载是对称的,只需测量一相的功率即可。该相功率乘以3,即得三相总的有功功率。

（2）在三相三线制电路中,不论负载对称与否,也不论负载是星形连接还是三角形连接,通常用两只功率表测量三相功率,故称两瓦计法。如图 8.26 所示,三相负载消耗的总功率 P 为两只功率表读数的代数和,即

$$P = P_1 + P_2$$
$$= U_{AC} I_A \cos\varphi_1 + U_{BC} I_B \cos\varphi_2$$
$$= P_A + P_B + P_C$$

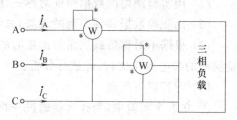

图 8.26　用两瓦计法测有功功率

式中:P_1 和 P_2 表示两只功率表的读数。利用功率的瞬时表达式,不难推出上述结论。

若负载为感性或容性的,且当相位差 $\varphi > 60°$ 时,线路中的一只功率表指针将反偏(对于数字式功率表,将出现负读数),这时应将功率表电流线圈的两个端子调换(不能调换电压线圈端子),读数记为负值。

两瓦计法适用于对称或不对称的三相三线制电路;而对于三相四线制电路,一般不适用。

图 8.26 所示是两瓦计法的一种接线方式。一般的接线原则如下。

① 两只功率表的电流线圈分别串接于任意两相相线,电流线圈的发电机端(" * "号端)必须接在电源侧。

② 两只功率表电压线圈的发电机端必须各自接到电流线圈的发电机端,而两只功率表电压线圈的非发电机端必须同时接到没有接入功率表电流线圈的第三相相线上。

（3）对称三相三线制供电的三相对称负载,可以用两瓦计法测得读数,求得负载的无功功率 Q,其关系式为

$$Q = \sqrt{3}(P_1 - P_2)$$
$$\varphi = \arctan\sqrt{3}\left(\frac{P_1 - P_2}{P_1 + P_2}\right)$$

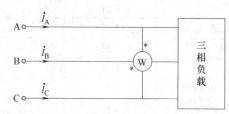

图 8.27　用一瓦计法测无功功率

对称三相电路的无功功率还可以用一只功率表来测量。将功率表的电流线圈串接于任一相线,电压线圈跨接到另外两相相线之间,如图 8.27 所示,则有:

$$Q = \sqrt{3}P$$

式中:P 是功率表的读数。当负载为感性时,功率表正向偏转;当负载为容性时,功率表反向偏转(读数取负值)。

4. 实验内容与步骤

（1）用一瓦计法测量三相四线制对称负载及不对称负载的总功率 $\sum P$,实验线路自拟。将拟好的实验线路连接好,并将测量数据填入表格,表格自拟(线路中可接入电压表和电流表监视三相电流和电压,以免超过功率表电压和电流的量程)。

（2）用两瓦计法测量三相三线制供电星形连接负载的总功率,电路图自拟,并将测试

数据填入表格。

（3）用一瓦计法测量三相三线制供电对称负载的无功功率，实验线路自拟，将所测数据填入表格中（自己设计表格）。

实验注意事项如下所述。

① 注意三相电源和三相负载的正确连接，特别是中性点 N 与 N′要连在一起。

② 注意功率表的接线方式，电压量程与电流量程的选择以及功率表的读数方法。

③ 用两瓦计法测量时，如果按照规则连线，功率表指针反向偏转时，应把功率表电流线圈的接头对调，或通过功率表的转换旋钮倒换，并把读数记为负值。

④ 每次改变接线，均需断开电源，以确保人身和仪器设备安全。

5. 实验总结与分析

（1）整理实验数据和结果，说明用一瓦计法和两瓦计法测量三相电路有功功率的适用场合。

（2）将一瓦计法和两瓦计法测量三相对称负载所消耗的功率相比较，并与理论计算值进行比较分析。

（3）若为非三相对称负载情况，用两瓦计法测有功功率和用一瓦计法测无功功率，可行吗？

部分习题与自测题答案

习题一

1.5　(1) $I=1\mathrm{A}$；(2) $P=-25\mathrm{W}$,发出功率

1.7　$I_\mathrm{N}=0.1\mathrm{A}$；$U_\mathrm{N}=10\mathrm{V}$

1.9　$I=2\mathrm{A}$；$U=25\mathrm{V}$；电压源功率:10W；电流源功率:$-50\mathrm{W}$；电阻功率:40W

1.10　$I=-2\mathrm{A}$；$U=-15\mathrm{V}$；电压源功率:$-10\mathrm{W}$；电流源功率:$-30\mathrm{W}$；电阻功率:40W

1.11　(1) $U_\mathrm{A}=10\mathrm{V}$；(2) $I_\mathrm{B}=-1\mathrm{A}$；(3) $-10\mathrm{W}$(吸收功率)；(4) $U_\mathrm{ab}=5\mathrm{V}$；(5) $U_\mathrm{ab}=13\mathrm{V}$

1.12　图(a):$u=-15i(\mathrm{V})$；图(b):$u=L\dfrac{\mathrm{d}i}{\mathrm{d}t}$ (V)；图(c):$i=-5\times10^{-6}\dfrac{\mathrm{d}u}{\mathrm{d}t}(\mathrm{A})$；图(d):$u=-10\mathrm{V}$；图(e):$I=-2\mathrm{A}$

1.13　图(a):$U=15\mathrm{V}$；图(b):$I=-1\mathrm{A}$；图(c):$U=-10\mathrm{V}$

1.14　$I_1=-8\mathrm{A}$；$I_2=-10\mathrm{A}$；$U_\mathrm{R}=-80\mathrm{V}$

1.15　$u_\mathrm{L}=10\mathrm{V}$；$u_\mathrm{L}=0$

1.16　图(a):$U=15\mathrm{V}$；图(b):$U=50\mathrm{V}$

1.17　图(a):$U=18\mathrm{V}$；图(b):$U_\mathrm{ab}=-1.8\mathrm{V}$

1.18　图(a):$U_\mathrm{ab}=8\mathrm{V}$；图(b):$U_\mathrm{ab}=-12\mathrm{V}$；图(c):$I=1.6\mathrm{A}$；图(d):$U_\mathrm{ab}=0$

1.19　电压源:$P_1=20\mathrm{W}$(吸收功率)；电流源:$P_2=-80\mathrm{W}$(产生功率)

1.20　①$U_\mathrm{ab}=5\mathrm{V}$,$I=2\mathrm{A}$；②$I=2\mathrm{A}$,电流不变,因为 4V 电压源与 2Ω 电阻串联支路的端电压仍然为 8V。

1.21　$V_\mathrm{a}=-40\mathrm{V}$

1.22　①$V_\mathrm{a}=-25\mathrm{V}$；②$V_\mathrm{a}=8\mathrm{V}$

1.23　$U_1=30\mathrm{V}$；$U_2=16\mathrm{V}$

1.24　U_S；$[R_\mathrm{L}/(R_\mathrm{S}+R_\mathrm{L})]\cdot U_\mathrm{S}$

1.25　电流源功率:$-20\mathrm{W}$(发出功率)；电压源的功率:20W(吸收功率)

1.26　$-1\mathrm{A}$

1.27　$I=25\mathrm{A}$,$V_\mathrm{a}=250\mathrm{V}$,$V_\mathrm{b}=0\mathrm{V}$,$V_\mathrm{c}=300\mathrm{V}$,$V_\mathrm{d}=400\mathrm{V}$

1.28　$I_\mathrm{S2}=5\mathrm{A}$

1.29　$U=60\mathrm{V}$

1.30　$I = -0.1\text{A}$

1.31　$U = 34\text{V}$,电流源:-170W(发出功率);电压源:20W(吸收功率)

1.32　$U = 30\text{V}$;$I = -2\text{A}$

1.33　$u = 20\text{V}$;$i = 4\text{A}$

1.34　$V_\text{A} = 2\text{V}$;$V_\text{B} = 0$

自测题一

一、填空题

1. (A、C);(B、D)

2. 2;10

3. -60;20

4. -1.5

5. 115

6. R_2

7. 图(c);图(a)、图(b)

8. 0

9. 3,10

二、单选题

10. C

11. B

12. D

13. A

14. D

三、计算题

15. $V_\text{a} = V_\text{b} = 220\text{V}$;$S_1$

16. $V_\text{a} = 150\text{V}$;$V_\text{b} = 135\text{V}$;$V_\text{c} = 100\text{V}$

17. $U_\text{ab} = 30\text{V}$;$U_\text{R} = -20\text{V}$;$I = -2\text{A}$

18. 图(a):$P = 40\text{W}$(吸收功率);图(b):$P = -250\text{W}$(发出功率)

习题二

2.4　$R_\text{ab} = 2.5\Omega$

2.5　$R_\text{ab} = 5\Omega$

2.6　$R_\text{ab} = 6\Omega$

2.7　$R_\text{ab} = 13.5\Omega$;$R_\text{cd} = 6.667\Omega$

2.8　图(a):36Ω;图(b):9Ω;图(c):12Ω

2.9　8Ω

2.10　8.52Ω

2.11　(a) 1.2Ω；(b) 1.6Ω

2.14　(a) 25V 电压源(正极在"a"点)与 9Ω 电阻串联；(b) 10A 电流源

2.15　6V 电压源(正极在"a"点)与 12Ω 电阻串联

2.16　(a) U_{S1} 电压源(正极在"a"点)与 R_1 电阻串联

　　　(b) 18V 电压源(正极在"a"点)与 7Ω 电阻串联

2.17　(a) 1.5A 电流源；(b) 1.5A 电流源与 8Ω 电阻并联

2.18　(a) 24V 电压源(正极在"a"点)

　　　(b) 24V 电压源(正极在"a"点)与 4Ω 电阻串联

2.19　$R_{ab} = -8Ω$

2.20　$R_{ab} = -6Ω$

2.21　$R_{ab} = 10Ω$

2.22　$R_{ab} = 4Ω$

2.24　$I_1 = 2A, I_2 = I_3 = 1A$

2.25　$U = 4V$

2.31　$I_1 = 6A, I_2 = 4A$

2.32　$I_1 = 3A, I_2 = 0, I_3 = 3A$；$R_3$ 消耗的功率为 18W

2.33　$U = -34V$

2.36　$I_3 = 0.72A$

2.37　$U = 11V$

2.38　$I_1 = 3.5A, I_2 = 2.5A$

2.41　$u_o/u_i = 21$

2.42　$u_o/u_i = -20$

2.43　$u_o = -R_f \left(\dfrac{u_1}{R_1} + \dfrac{u_2}{R_2} \right)$，反相加法器

自测题二

一、填空题

1. 13Ω

2. 9Ω、4Ω、16Ω

3. 去掉、保留

4. 26Ω

5. $-5/9Ω$

6. 虚开路、虚短路

7. 正、负

8. 电流

9. 线性区、正饱和区

二、单选题

10. B

11. C

12. A

13. D

14. A

三、计算题

15. 图(a):$R_{ab}=2\Omega$；图(b):开路($R_{ab}\to\infty$)；图(c):$R_{ab}=1\Omega$

16. ① 节点法

列节点方程：

$$V_1(1/2+1+1/2)-1/2\,V_2=2-3U$$
$$-1/2\,V_1+V_2(1/2+15/12)=3U$$
$$U=V_2$$

解得：$U=-0.8(V)$

② 网孔法

列网孔方程：

$$I_A(2+2)-2I_B=2$$
$$-2I_A+I_B(2+2+12/15)-2I_C=0$$
$$I_C=3U$$
$$U=12/15\,I_B$$

解得：$I_B=-1(A)$，$U=-0.8(V)$

17. $u_o=\left(1+\dfrac{R_1}{R_2}\right)(u_{i2}-u_{i1})$

18. $u_o=\dfrac{R_2}{R_1}(u_2-u_1)=50(u_2-u_1)$

习题三

3.4 $U_1=9V$，$U_2=5V$

3.5 $I_1=0$，$I_2=1.5A$，$I_3=-1.5A$

3.7 $I_3=3.5A$

3.8 $U_{OC}=10V$，$R_0=10\Omega$

3.9 $U_{OC}=44V$，$R_0=4\Omega$

3.10 $i_1=-3A$

3.11 $U=12.8V$

3.12 $U=3V$，$I=4.5A$

3.13 $I_{SC} = 6A, R_0 = 2\Omega$

3.14 $R_L = 4\Omega, P_{max} = 9/16W$

3.15 $R_L = 10\Omega, P_{max} = 2.5W$

自测题三

一、填空题

1. 非线性

2. 独立源

3. 短路线，开路

4. 线性，叠加，不能

5. 齐次性

6. 开路电压，等效电阻

二、单选题

7. A

8. C

9. A

10. C

11. B

三、计算题

12. $12V, 4\Omega$

13. $4A，8\Omega$

14. 求戴维南等效电路：

$$R_0 = 5\Omega, \ U_{OC} = 5V$$

由等效电路可得：

$$U = 5R/(5+R)$$

15. 断开 R_L，求诺顿等效电路

$$R_0 = 10\Omega, \quad I_{SC} = 0.5A$$

当 $R_L = R_0 = 10\Omega$，R_L 获得最大功率。

$$P_{max} = 5/8W$$

习题四

4.4 $0；6 \times 10^{-4}s；5V$

4.5 $i_1(0_+) = 0；i_2(0_+) = 0.5A；i_C(0_+) = -0.5A；u_C(0_+) = u_2 = 2.5V；u_1(0_+) = 0$

4.6 $u_C(48ms) = 8e^{-9}V；u_C(80ms) = 8e^{-15}V$

4.7 $t = 0.5s$

4.8　$u(t)=(4+2\mathrm{e}^{-\frac{t}{6.7}})(\mathrm{V})\ (t\geqslant0)$

4.9　$i_{\mathrm{L}}(t)=(2+1.6\mathrm{e}^{-450t})(\mathrm{A})\ (t\geqslant0)$

4.10　$u_{\mathrm{C}}(0_+)=30\mathrm{V};u_{\mathrm{C}}(\infty)=40\mathrm{V};\tau=5\mathrm{s};u_{\mathrm{C}}(t)=(40-10\mathrm{e}^{-\frac{t}{5}})(\mathrm{V})\ (t\geqslant0)$

4.11　$u_{\mathrm{C}}=10+10\mathrm{e}^{-125t}(\mathrm{V})\ (t\geqslant0);i_{\mathrm{C}}=-2.5\mathrm{e}^{-125t}(\mathrm{mA})\ (t\geqslant0)$

4.12　$i_{\mathrm{L}}=0.1(1-\mathrm{e}^{-10^5t})(\mathrm{A})\ (t\geqslant0);u_{\mathrm{L}}=8\mathrm{e}^{-10^5t}(\mathrm{V})\ (t\geqslant0)$

4.13　$i_{\mathrm{L}}=2\mathrm{e}^{-10t}(\mathrm{A})\ (t\geqslant0);i=6\mathrm{A};i_{\mathrm{S}}=6-2\mathrm{e}^{-10t}(\mathrm{A})\ (t\geqslant0)$

4.14　$R=10\Omega\left(提示:\tau_1=\dfrac{L}{R}=1\mathrm{s},\tau_2=\dfrac{L}{R+10}=0.5\mathrm{s},\dfrac{L}{R}=\dfrac{2L}{R+10}\right)$

4.15　$u_{\mathrm{C}}(t)=100(1-\mathrm{e}^{-20t})\varepsilon(t)(\mathrm{V});i_{\mathrm{C}}(t)=10\mathrm{e}^{-20t}\varepsilon(t)(\mathrm{mA})$

4.16　$u_{\mathrm{C}}(t)=\left(\dfrac{8}{3}+\dfrac{4}{3}\mathrm{e}^{-5\times10^4t}\right)\varepsilon(t)(\mathrm{V})$

4.17　$u_{\mathrm{C}}(t)=(10+30\mathrm{e}^{-0.4t})\varepsilon(t)(\mathrm{V})$

4.18　$i_{\mathrm{L}}(t)=4(1-\mathrm{e}^{-10t})\varepsilon(t)(\mathrm{A})$

4.19　$i_{\mathrm{L}}(t)=3[1-\mathrm{e}^{-2000(t-2)}]\varepsilon(t-2)-3[1-\mathrm{e}^{-2000(t-4)}]\varepsilon(t-4)+2\mathrm{e}^{-2000t}\varepsilon(t)$
　　　(mA)

4.20　$u_{\mathrm{C}}(t)=10\mathrm{e}^{-4t}\varepsilon(t)+2.5(1-\mathrm{e}^{-4t})\varepsilon(t)-2.5(1-\mathrm{e}^{-(t-1)})\varepsilon(t-1)(\mathrm{V})$

4.21　$i(t)=\left[(1-\mathrm{e}^{-\frac{6}{5}t})\varepsilon(t)-(1-\mathrm{e}^{-\frac{6}{5}(t-1)})\varepsilon(t-1)\right](\mathrm{A})$

4.24　(1) $u_{\mathrm{C}}(t)=(8\mathrm{e}^{-2t}-2\mathrm{e}^{-8t})\varepsilon(t)(\mathrm{V});i(t)=4(\mathrm{e}^{-2t}-\mathrm{e}^{-8t})\varepsilon(t)(\mathrm{A});$ (2) $R=$
　　　2Ω

4.25　① 若 $R=4.5\Omega$,有

$$i_{\mathrm{L}}(t)=15\mathrm{e}^{-t}-5\mathrm{e}^{-3t}(\mathrm{A})\quad(t\geqslant0)$$

$$u_{\mathrm{C}}(t)=u_{\mathrm{L}}(t)=L\frac{\mathrm{d}i_{\mathrm{L}}(t)}{\mathrm{d}t}=90\mathrm{e}^{-t}-90\mathrm{e}^{-3t}(\mathrm{V})\quad(t\geqslant0)$$

② 若 $R=5.196\Omega$,有

$$i_{\mathrm{L}}(t)=10(1+\sqrt{3}t)\mathrm{e}^{-\sqrt{3}t}(\mathrm{A})\quad(t\geqslant0)$$

$$u_{\mathrm{C}}(t)=u_{\mathrm{L}}(t)=L\frac{\mathrm{d}i_{\mathrm{L}}(t)}{\mathrm{d}t}=180t\mathrm{e}^{-\sqrt{3}t}(\mathrm{V})\quad(t\geqslant0)$$

③ 若 $R=6.369\Omega$,有

$$i_{\mathrm{L}}(t)=\sqrt{3}\times10\mathrm{e}^{-\sqrt{2}t}\sin(t+35.27°)(\mathrm{A})\quad(t\geqslant0)$$

$$u_{\mathrm{C}}(t)=u_{\mathrm{L}}(t)=L\frac{\mathrm{d}i_{\mathrm{L}}(t)}{\mathrm{d}t}=-180\mathrm{e}^{-\sqrt{2}t}\sin t(\mathrm{V})\quad(t\geqslant0)$$

自测题四

一、填空题

1. 动态过程

2. $u_{\mathrm{C}}(0_+)=u_{\mathrm{C}}(0_-),i_{\mathrm{L}}(0_+)=i_{\mathrm{L}}(0_-)$,有限

3. 零输入响应,零状态响应

4. $f(t) = f(\infty) + \left[f(0_+) - f(\infty)\right] e^{-\frac{t}{\tau}} (t \geqslant 0)$

5. (1) 取电阻两端的电压为输出电压   (2) 电容器充放电的时间常数 τ 远小于矩形脉冲宽度 t_p

6. $\varepsilon(t)$

7. $RC, L/R$

8. 过阻尼,临界阻尼,欠阻尼

二、单选题

9. A

10. B

11. B

12. C

13. B

三、计算题

14. $R = 10\,\Omega$

15. (1) $i_L(0_+) = 1\text{A}$;(2) $i_L(t) = e^{-t}\varepsilon(t)(\text{A})$;(3) $W_L = 0.5L(e^{-t})^2$

16. $i_L(0_+) = i_L(0_-) = 0.75\text{A}, u_C(0_+) = u_C(0_-) = 3\text{V}, i_R(0_+) = \dfrac{3}{12} = 0.25(\text{A})$,

$u_L(0_+) = 0, i_C(0_+) = -\left[i_L(0_+) + i_R(0_+)\right] = -1(\text{A})$

17. $i_L(0_+) = 1\text{A}, i(0_+) = 0.5\text{A}, i_L(\infty) = 2\text{A}, i(\infty) = 0, \tau = 0.4\text{s}$

$i_L(t) = \left[2 - e^{-2.5t}\right](\text{A}) (t \geqslant 0)$

$i(t) = 0.5e^{-2.5t}(\text{A})(t \geqslant 0)$

18. 电容的充电电压为 $u_C(t) = 3(1 - e^{-10^3 t})(\text{V}) (t \geqslant 0)$

当 $t = 1\text{ms}$ 时,电容电压为 $u_C(1\text{ms}) = 1.9\text{V}$

19. $i(t) = -5e^{-\frac{t}{2}}\varepsilon(t) + 2.5e^{-\frac{t-2}{2}}\varepsilon(t-2)(\text{A})$

习题五

5.2 $U_m = \sqrt{2} \times 220\text{V}; I = 10/\sqrt{2}\text{A}$

5.4   图(a):$i_1 = I_{m1}\sin\omega t(\text{A}); i_2 = I_{m2}\sin(\omega t + 90°)(\text{A})$

图(b):$i_1 = I_m\sin(\omega t + 90°)(\text{A}) = -i_2$

5.6   (1) $\dot{U} = 10\angle 90°\text{V}$; (2) $\dot{I}_1 = 5\angle 0°\text{A}$; (3) $\dot{I} = 6\angle -90°\text{A}$

5.16 $i = 100\sin\left(\omega t - \dfrac{2}{3}\pi\right)(\text{A})$

5.19   ①$i_R = \sqrt{2}\sin(314t + 30°)(\text{mA})$; ②$i_L = 0.318\sqrt{2}(\sin 314t - 60°)(\text{mA})$

③$i_C = 15.7\sqrt{2}\sin(314t + 120°)(\text{mA})$

5.20　$X_{C1}=318.47\Omega;\dot{I}_1=0.69\angle 90°A;X_{C2}=636.9\Omega;\dot{I}_2=0.345\angle 90°A$

5.21　$i_R=22\sqrt{2}\sin\omega t(A);i_L=22\sqrt{2}\sin(\omega t-90°)(A);i_C=22\sqrt{2}\sin(\omega t+90°)(A)$

5.22　$R=4\Omega;L=9.55mH;X_L=3\Omega$

5.23　$C\approx1.33\mu F$

5.24　①$|Z|=1581.1\Omega$；　②$|Z|=971.8\Omega$

5.25　$I_1=20A,\varphi_1=-53.1°;I_2=31.6A,\varphi_2=-18.25°$

5.26　图(a):$10\sqrt{2}A$;图(b):$10A$;图(c):$40V$;图(d):$100V$

5.27　①$\cos\varphi=0.6$；②$R=6\Omega;X_L=8\Omega$

5.28　$C=3.3\mu F$

5.29　①$Z=10\angle 36.9°\Omega$，感性负载；②$\cos\varphi=0.8;P=3872W;Q=2094var$

5.30　$i(t)=16\sqrt{2}\sin(3000t-37°)(mA)$

　　　$i_C(t)=11.3\sqrt{2}\sin(3000t+98°)(mA)$

　　　$i_L(t)=25.3\sqrt{2}\sin(3000t-45.3°)(mA)$

5.34　图(a)：$\dfrac{1}{\sqrt{C(L_1+L_2)}}$；图(b)：$\sqrt{\dfrac{L_1+L_2}{L_1L_2(C_1+C_2)}}$

5.35　$f_0=500Hz;I=0.2A;U_R=10V;U_L=U_C=251.32V$

5.40　$i=16.1\sin(\omega t+74.5°)+5.7\sin(3\omega t-79.1°)(A),I=12.077A$

5.41　$i=[20\sin\omega t+25.6\sin(3\omega t+69.45°)+24.5\sin(5\omega t+78.2°)](A)$

　　　$I=28.8A;P=2529W$

5.42　$U_1=77.14V;U_3=63.64V$

5.43　$u=50+9\sin(\omega t+1.3°)(V);50.4V;25.5W$

5.44　370V

5.45　$L_1=1H,L_2=66.67mH$

5.46　$C=\dfrac{1}{9\omega_1^2},L=\dfrac{1}{49\omega_1^2}$ 或 $C=\dfrac{1}{49\omega_1^2},L=\dfrac{1}{9\omega_1^2}$

自测题五

一、填空题

1. 120°,超前

2. 电感,电容

3. 电感,电容,电阻

4. 尖锐,越好

5. $\rho=\omega_0 L=\dfrac{1}{\omega_0 C}=\dfrac{1}{\sqrt{LC}}\times L=\sqrt{\dfrac{L}{C}},Q=\dfrac{\rho}{R}=\dfrac{\omega_0 L}{R}=\dfrac{1}{\omega_0 RC}=\dfrac{1}{R}\sqrt{\dfrac{L}{C}}$

6. 离散性,谐波性,收敛性

二、单选题

7. C

8. D

9. B

10. A

三、计算题

11. $Z_{in}=2\Omega,\dot{I}_1=4\angle 0°A$

12. $Z_{ab}=(2.5+j1.5)\Omega,Y_{ab}=\dfrac{1}{Z_{ab}}=(0.29-j0.1765)S$

13. $P=80+360=440(W)$

14. $U=67.08V$

15. $U=25V$

16. $P=50W,Q=50var,\cos\varphi=0.707$

17. ①$Z_0=\left(\dfrac{1}{3}-j\dfrac{7}{3}\right)\Omega,Z_L=\left(\dfrac{1}{3}+j\dfrac{7}{3}\right)\Omega,P_{Lmax}=3W$；②$Z_L=(1.886+j1.414)$
   $\Omega,P'_{Lmax}=0.7W$

习题六

6.3　图(a):1.5H;图(b):5.2H;图(c):1.667H

6.4　图(a):$Z=j1.5\Omega$;图(b):$Z=-j1\Omega$;图(c):$Z=\infty$

6.5　$M=25H$

6.6　$M=52.86mH$

6.7　$\dot{U}_1=215.75\angle 25.95V$

6.8　$C=33.33\mu F;P=100W$

6.9　$\dot{U}_{OC}=60\angle 0°V;Z_{eq}=(3+j7.5)\Omega$

6.10　$\dot{I}_1=\dot{I}_3=0.2\angle -84.29A;\dot{I}_2=0$

6.11　$(R_1+R_2+j\omega L_1)\dot{I}_1-(R_1-j\omega M)\dot{I}_2-(R_2+j\omega M)\dot{I}_3=0$

$\quad -(R_1-j\omega M)\dot{I}_1+(R_1+j\omega L_2)\dot{I}_2-j\omega L_2\dot{I}_3=\dot{U}_S$

$\quad -(R_2+j\omega M)\dot{I}_1-j\omega L_2\dot{I}_2+\left(R_2+j\omega L_2-j\dfrac{1}{\omega C}\right)\dot{I}_3=0$

6.12　$\dot{U}_{OC}=22.36\angle -45°V,Z_{eq}=70.7\angle 45°;\dot{I}_{SC}=0.32\angle -90°A$

6.13　$\dot{I}_2=5.47\angle -15.44A$

6.14　$u_2(t)=-120e^{-200t}(V)$

6.15　$\dot{I}=4.78\angle 43.5°\text{A}$

6.16　$u_1=25.6\sin2t(\text{V})$

6.17　$n=\sqrt{5}$

6.18　$R=5.4\Omega;P_{\max}=580.74\text{W}$

6.19　$Z=\text{j}1\Omega$

6.20　$i_1(t)=\left(1-\dfrac{2}{3}\text{e}^{-\frac{4}{3}t}\right)(\text{A});i_2(t)=\dfrac{1}{6}\text{e}^{-\frac{4}{3}t}(\text{A})$

自测题六

一、填空题

1. 6.75H

2. 356Hz

3. $-\text{j}5.5\Omega$

4. $8\Omega;50\text{W}$

二、单选题

5. A

6. B

7. C

8. D

9. A

三、计算题

10. $U_1=44.8\text{V}$

11. $\dot{I}_1=0.769\angle -59.5°\text{A};\dot{I}_2=0.688\angle 33.9°\text{A};P=39.03\text{W}$

12. $i_1=2.94\sqrt{2}\cos(100t-17.1)(\text{A})$

13. $Z_L=(4+\text{j}4)\text{k}\Omega;P=1.25\text{W}$

14. $Z_i=2/17\Omega$

习题七

7.16　①各相负载的电压为 $220\sqrt{2}(\omega t+30°)(\text{V}),220\sqrt{2}(\omega t-90°)\text{V},$
$220\sqrt{2}(\omega t+150°)(\text{V});$各相负载的电流为 $22\sqrt{2}(\omega t-6.8°)(\text{A}),$
$22\sqrt{2}(\omega t-126.8°)(\text{A}),22\sqrt{2}(\omega t+113.2°)(\text{A}),$中线电流为0A;
③各相负载的电压为 $220\sqrt{2}(\omega t+30°)(\text{V}),220\sqrt{2}(\omega t-90°)(\text{V}),$
$220\sqrt{2}(\omega t+150°)(\text{V})$。各相负载的电流为 $22\sqrt{2}(\omega t-6.8°)(\text{A}),$

$22\sqrt{2}(\omega t-126.8°)(A),22\sqrt{2}(\omega t+113.2°)(A)$

7.17　$I_P=1.52A,I_L=2.63A$

7.18　三相负载的电压为 $215.9\angle-0.7°V$、$215.9\angle-120.7°V$、$215.9\angle119.3°V$

　　　三相负载的电流为 $2.159\angle-30.7°A$、$2.159\angle-150.7°A$、$2.159\angle89.3°A$

7.19　电源的线电压为 $395V$

7.20　不对称。$\dot{I}_A=22\angle0°A,\dot{I}_B=22\angle-30°A,\dot{I}_C=22\angle30°A,\dot{I}_N=60.1\angle0°A$

7.21　$R=28.5\Omega,X=16.5\Omega$

7.22　$\dot{U}_{AB}=332.78\angle-7.4°V,\lambda'=0.9917(超前)$

7.23　① $I_L=11.5A,P=4761W$

　　　② $I_L=19.9A,P=4761W$

7.24　$I_P=4.4A,P=2316W,Q=1737var,S=2895V\cdot A$

7.25　① $I_A=I_B=I_C=I_P=10A$

　　　② $P=9500W,Q=3290var,S=10053.6V\cdot A$

7.26　$\dot{U}_{AB}=396\angle31.54°V$

自测题七

一、填空题

1. $U_m\sin(\omega t-90°)$,$U_m\sin(\omega t+150°)$

2. $310\sin\omega t$,$310\sin(\omega t-120°)$,$310\sin(\omega t+120°)$

3. $20\sqrt{3}\angle-60°$

4. $2514W,3353var,4191V\cdot A$

5. $2.88,5,2.88$

6. $127,127,110$

二、单选题

7. D

8. C

9. C

10. A

11. C

12. A

13. D

14. C

15. B

三、计算题

16. $\dot{I}_A=44\angle-30°A,\dot{I}_B=44\angle-150°A,\dot{I}_C=44\angle90°A,P=25kW,Q=14.5kvar$

17. $\dot{I}_A = 1.174\angle{-26.98^\circ}$A, $\dot{I}_B = 1.174\angle{-146.98^\circ}$A, $\dot{I}_C = 1.174\angle{93.02^\circ}$A

　　$\dot{U}_{A'B'} = 377.41\angle{30^\circ}$V, $\dot{U}_{B'C'} = 377.41\angle{-90^\circ}$V, $\dot{U}_{C'A'} = 377.41\angle{150^\circ}$V

18. (1) 星形连接负载时,有: $\dot{I}_A = 6.64\angle{-53.13^\circ}$A, $\dot{I}_B = 6.64\angle{-173.13^\circ}$A,

　　$\dot{I}_C = 6.64\angle{66.87^\circ}$A, $P = 1587.11$W

　　(2) 三角形连接负载,有: $\dot{I}_A = 19.92\angle{-83.13^\circ}$A, $\dot{I}_B = 19.92\angle{-156.87^\circ}$A,

　　$\dot{I}_C = 19.92\angle{36.87^\circ}$A, $P = 4761.34$W

　　(3) 比较(1)和(2)的结果可知,在相同的电源线电压下,负载由Y连接改为△连接后,相电流增加到原来的$\sqrt{3}$倍,线电流增加到原来的3倍,功率增加到原来的3倍。

19. A_1 的读数为 55A, A_2 的读数为零。$P = 17.424$kW, $Q = -13.068$kvar

20. (1) $\dot{U}_{N'N} = 50.09\angle{115.52^\circ}$V, $\dot{I}_A = 8.17\angle{-44.29^\circ}$A, $\dot{I}_B = 44.51\angle{155.52^\circ}$A,

　　$\dot{I}_C = 76.07\angle{94.76^\circ}$A, $\dot{I}_N = 10.02\angle{78.65^\circ}$A, $P = 33.439$kW

　　(2) $\dot{U}_{N'N} = 0$, $\dot{I}_A = 0$, $\dot{I}_B = 38.89\angle{-165^\circ}$A, $\dot{I}_C = 98.39\angle{93.43^\circ}$A,

　　$\dot{I}_N = 98.28\angle{116.43^\circ}$A

　　如果无中线(即 $Z_N = \infty$)且 A 相开路, $\dot{I}_N = 0$, $\dot{I}_A = 0$, 则 $\dot{I}_B = 48.66\angle{-129.81^\circ}$A,

　　$\dot{I}_C = 48.66\angle{50.19^\circ}$A。

参 考 文 献

[1] 曹才开.电路分析[M].北京:清华大学出版社,2004.

[2] 曹才开.电路实验[M].北京:清华大学出版社,2005.

[3] 曹才开.电路与电子技术实验[M].长沙:中南大学出版社,2010.

[4] 李瀚荪.电路分析基础[M].4版.北京:高等教育出版社,2006.

[5] 邱关源.电路[M].5版.北京:高等教育出版社,2006.

[6] 刘健.电路分析[M].2版.北京:电子工业出版社,2010.

[7] 张卫钢.电路分析[M].西安:西安电子科技大学出版社,2014.

[8] 张永瑞.电路分析基础[M].4版.西安:西安电子科技大学出版社,2013.

[9] 石生,韩肖宁.电路基本分析[M].北京:高等教育出版社,2002.

[10] 周长源.电路理论基础[M].北京:高等教育出版社,1985.

[11] 林梓.电路分析[M].北京:人民邮电出版社,2011.

[12] 周守昌.电路原理[M].北京:高等教育出版社,1999.

[13] 江泽佳.电路原理[M].北京:人民教育出版社,1982.

[14] 徐国凯.电路原理[M].北京:机械工业出版社,1997.

[15] 周欣荣.电路理论[M].北京:机械工业出版社,1990.

[16] 胡翔骏.电路基础[M].北京:高等教育出版社,1995.

[17] 易沉屏.电工学[M].北京:高等教育出版社,2001.

[18] 席时达.电工技术[M].北京:高等教育出版社,2001.

[19] 常青美.电路分析[M].北京:清华大学出版社,2005.